现代软件工程

张晓龙　主编

顾进广　刘茂福　　副主编

清华大学出版社

北京

内容简介

本书系统地讲述了现代软件工程的基本概念、原理和现代软件方法学。本书由 12 章组成。首先介绍了软件工程相关概念,面向对象方法学的基本概念、面向对象的开发过程以及面向对象分析和面向对象设计技术;接着介绍了 UML 建模技术以及各种用于可视化建模的模型与图例。第 5～8 章讲述了基于软件复用的高级软件工程,包括软件复用的基本概念,基于组件及组件复用,软件设计模式,软件体系结构及其在软件工程中的应用。第 9 章介绍了敏捷软件过程,强调敏捷软件过程在软件工程中的作用。第 10 章介绍软件测试技术与工具,最后两章分别介绍了软件项目管理,以及基于 CMM/CMMI/TSP/PSP 的软件过程。

本书适合计算机及计算机相近专业的本科生和研究生作为学习软件工程的教材,也适合软件开发人员及其他有关人员作为自学的参考书或培训教材。

图书在版编目(CIP)数据

现代软件工程/张晓龙主编.--北京:清华大学出版社,2011.10
(21 世纪高等学校规划教材·软件工程)
ISBN 978-7-302-26139-1

Ⅰ.①现… Ⅱ.①张… Ⅲ.①软件工程 Ⅳ.①TP311.5

中国版本图书馆 CIP 数据核字(2011)第 135618 号

责任编辑:魏江江 薛 阳
责任校对:白 蕾
责任印制:杨 艳
出版发行:清华大学出版社   地   址:北京清华大学学研大厦 A 座
          http://www.tup.com.cn   邮   编:100084
          社 总 机:010-62770175   邮   购:010-62786544
          投稿与读者服务:010-62795954,jsjjc@tup.tsinghua.edu.cn
          质 量 反 馈:010-62772015,zhiliang@tup.tsinghua.edu.cn
印 装 者:三河市李旗庄少明印装厂
经   销:全国新华书店
开   本:185×260 印 张:17.5 字 数:439 千字
版   次:2011 年 10 月第 1 版   印   次:2011 年 10 月第 1 次印刷
印   数:1～3000
定   价:29.00 元

产品编号:028846-01

编审委员会成员

浙江大学	吴朝晖	教授
李善平	教授
扬州大学	李云	教授
南京大学	骆斌	教授
	黄强	副教授
南京航空航天大学	黄志球	教授
	秦小麟	教授
南京理工大学	张功萱	教授
南京邮电学院	朱秀昌	教授
苏州大学	王宜怀	教授
	陈建明	副教授
江苏大学	鲍可进	教授
中国矿业大学	张艳	教授
武汉大学	何炎祥	教授
华中科技大学	刘乐善	教授
中南财经政法大学	刘腾红	教授
华中师范大学	叶俊民	教授
	郑世珏	教授
	陈利	教授
江汉大学	颜彬	教授
国防科技大学	赵克佳	教授
	邹北骥	教授
中南大学	刘卫国	教授
湖南大学	林亚平	教授
西安交通大学	沈钧毅	教授
	齐勇	教授
长安大学	巨永锋	教授
哈尔滨工业大学	郭茂祖	教授
吉林大学	徐一平	教授
	毕强	教授
山东大学	孟祥旭	教授
	郝兴伟	教授
中山大学	潘小轰	教授
厦门大学	冯少荣	教授
仰恩大学	张思民	教授
云南大学	刘惟一	教授
电子科技大学	刘乃琦	教授
	罗蕾	教授
成都理工大学	蔡淮	教授
	于春	副教授
西南交通大学	曾华燊	教授

出 版 说 明

随着我国改革开放的进一步深化,高等教育也得到了快速发展,各地高校紧密结合地方经济建设发展需要,科学运用市场调节机制,加大了使用信息科学等现代科学技术提升、改造传统学科专业的投入力度,通过教育改革合理调整和配置了教育资源,优化了传统学科专业,积极为地方经济建设输送人才,为我国经济社会的快速、健康和可持续发展以及高等教育自身的改革发展做出了巨大贡献。但是,高等教育质量还需要进一步提高以适应经济社会发展的需要,不少高校的专业设置和结构不尽合理,教师队伍整体素质亟待提高,人才培养模式、教学内容和方法需要进一步转变,学生的实践能力和创新精神亟待加强。

教育部一直十分重视高等教育质量工作。2007 年 1 月,教育部下发了《关于实施高等学校本科教学质量与教学改革工程的意见》,计划实施"高等学校本科教学质量与教学改革工程(简称'质量工程')",通过专业结构调整、课程教材建设、实践教学改革、教学团队建设等多项内容,进一步深化高等学校教学改革,提高人才培养的能力和水平,更好地满足经济社会发展对高素质人才的需要。在贯彻和落实教育部"质量工程"的过程中,各地高校发挥师资力量强、办学经验丰富、教学资源充裕等优势,对其特色专业及特色课程(群)加以规划、整理和总结,更新教学内容、改革课程体系,建设了一大批内容新、体系新、方法新、手段新的特色课程。在此基础上,经教育部相关教学指导委员会专家的指导和建议,清华大学出版社在多个领域精选各高校的特色课程,分别规划出版系列教材,以配合"质量工程"的实施,满足各高校教学质量和教学改革的需要。

为了深入贯彻落实教育部《关于加强高等学校本科教学工作,提高教学质量的若干意见》精神,紧密配合教育部已经启动的"高等学校教学质量与教学改革工程精品课程建设工作",在有关专家、教授的倡议和有关部门的大力支持下,我们组织并成立了"清华大学出版社教材编审委员会"(以下简称"编委会"),旨在配合教育部制定精品课程教材的出版规划,讨论并实施精品课程教材的编写与出版工作。"编委会"成员皆来自全国各类高等学校教学与科研第一线的骨干教师,其中许多教师为各校相关院、系主管教学的院长或系主任。

按照教育部的要求,"编委会"一致认为,精品课程的建设工作从开始就要坚持高标准、严要求,处于一个比较高的起点上;精品课程教材应该能够反映各高校教学改革与课程建设的需要,要有特色风格、有创新性(新体系、新内容、新手段、新思路,教材的内容体系有较高的科学创新、技术创新和理念创新的含量)、先进性(对原有的学科体系有实质性的改革和发展,顺应并符合 21 世纪教学发展的规律,代表并引领课程发展的趋势和方向)、示范性(教材所体现的课程体系具有较广泛的辐射性和示范性)和一定的前瞻性。教材由个人申报或各校推荐(通过所在高校的"编委会"成员推荐),经"编委会"认真评审,最后由清华大学出版社审定出版。

目前，针对计算机类和电子信息类相关专业成立了两个"编委会"，即"清华大学出版社计算机教材编审委员会"和"清华大学出版社电子信息教材编审委员会"。推出的特色精品教材包括：

（1）21世纪高等学校规划教材·计算机应用——高等学校各类专业，特别是非计算机专业的计算机应用类教材。

（2）21世纪高等学校规划教材·计算机科学与技术——高等学校计算机相关专业的教材。

（3）21世纪高等学校规划教材·电子信息——高等学校电子信息相关专业的教材。

（4）21世纪高等学校规划教材·软件工程——高等学校软件工程相关专业的教材。

（5）21世纪高等学校规划教材·信息管理与信息系统。

（6）21世纪高等学校规划教材·财经管理与应用。

（7）21世纪高等学校规划教材·电子商务。

（8）21世纪高等学校规划教材·物联网。

清华大学出版社经过三十多年的努力，在教材尤其是计算机和电子信息类专业教材出版方面树立了权威品牌，为我国的高等教育事业做出了重要贡献。清华版教材形成了技术准确、内容严谨的独特风格，这种风格将延续并反映在特色精品教材的建设中。

清华大学出版社教材编审委员会

联系人：魏江江

E-mail：weijj@tup. tsinghua. edu. cn

前　言

　　软件工程是在克服 20 世纪 60 年代末所出现的"软件危机"的过程中逐渐形成与发展起来的一门学科，主要研究如何应用软件开发的科学理论和工程技术来指导大型软件系统的开发。它是涉及计算机科学、工程科学、管理科学、数学等领域的一门综合性的交叉学科。它借鉴传统工程的原则、方法，以提高质量，降低成本为目的。

　　软件工程作为一门当代迅速发展起来的新兴学科，是软件分析、开发及维护的重要指导。软件业虽然经过了几十年的发展，主流的软件工程的认识还停留在 20 世纪七八十年代传统软件工程的水平，把软件工程仅仅认为只有生命周期法，甚至还有很多人把软件工程片面理解成写足够多的文档。传统软件工程的原则基本还是正确的，但是从具体方法来说，20 世纪 90 年代以来已经有了新的发展和提高。传统的方法适合于在已知条件充足、需求不变时，以取得静态的最优解。然而，在实际开发应用中，条件往往不是很充分，需求多变，传统的软件工程方法就出现了不适用的情况。于是，提出了"现代软件工程"的概念。希望采用"现代软件工程"改变传统的软件开发方式，面向大规模和需求多变的软件系统，高效地实施软件开发。

　　本书第 1 章介绍了软件工程的基本概念，主要介绍了软件、软件工程、软件过程、软件生命周期和软件工程的目标和原则。第 2 章介绍了面向对象的软件分析技术。第 3 章在第 2 章的基础上作了延伸，介绍了面向对象的软件设计技术。第 4 章介绍了面向对象软件建模中的 UML 建模语言，并通过实例来介绍如何使用 UML 语言来进行建模。第 5 章介绍了软件复用基础。第 6 章介绍了基于组件/Web Service 的软件开发技术。第 7 章介绍了软件设计模式及其模式分类。第 8 章介绍了软件体系结构。第 9 章介绍了敏捷软件过程。第 10 章介绍了软件测试技术与工具。第 11 章从管理的角度介绍了软件项目管理。第 12 章介绍了 CMM、CMMI、PSP 和 TSP 的体系结构以及它们在软件开发中的作用。

　　本书适合计算机及计算机相近专业的本科生和研究生作为学习软件工程的教材，也适合软件开发人员及其他有关人员作为自学的参考书或培训教材。

　　本书第 1 章及第 9～12 章由张晓龙编写；第 2～4 章由刘茂福编写；第 5～8 章由顾进广编写；戴玲玲、罗惠萍、曲家鹏、曾娜、朱凯、王志伟、汪婷、李淑君、方芳、梁文豪、冯玲、胡青和刘朝辉等参与了文字输入、图像编辑等编写工作。

　　由于作者水平有限，书中难免存在疏漏和不足之处，恳请读者批评指正，以便本书得以改进和完善。

编　者

2011 年 8 月于武汉

目　录

第 1 章

现代软件工程概述

软件工程(Software Engineering)是在处理 20 世纪 60 年代末所出现的"软件危机"的过程中逐渐形成与发展的。它是一门指导计算机软件系统开发和维护的工程学科,是一门新兴的边缘学科,主要研究如何应用软件开发的科学理论和工程技术来指导大型软件系统的开发,是涉及计算机科学、工程科学、管理科学、数学等领域的一门综合性的交叉学科。它借鉴传统工程的原则、方法,以提高质量、降低成本为目的。本章主要围绕现代软件工程这一概念展开,包括软件、软件危机、软件工程、软件的生命周期和软件工程的目标和原则。

1.1 软件

1.1.1 软件的概念

在计算机系统发展的早期时代(20 世纪 60 年代中期以前),通用硬件相当普遍,软件却是为每个具体应用而专门编写的。这时的软件通常是规模较小的程序,编写者和使用者往往是同一个(或同一组)人。这种个体化的软件环境,使得软件设计通常是在人们头脑中进行的一个隐含的过程,除了程序清单之外,没有其他文档资料保存下来。

随着软件的不断发展和完善,才形成了软件的定义。软件是计算机系统中与硬件相互依存的另一部分,它是包括程序、数据及其相关文档的完整集合。其中,程序是按事先设计的功能和性能要求执行的指令序列;数据是使程序能正常操纵信息的数据结构;文档是与程序开发、维护和使用有关的图文材料。

如今,软件已成为信息化的核心,国民经济、国防建设、社会发展及人民生活都已离不开软件。软件产业是增长最快的产业,是高投入、高产出、无污染、低能耗的绿色产业。计算机软件已经成为一种驱动力,是进行商业决策的引擎,是现代科学研究和工程问题寻求解答的基础,也是鉴别现代产品和服务的关键因素。它被嵌入在各种类型的系统中,如交通、医疗、电信、军事、工业生产过程、娱乐、办公等。软件在现代社会中是必不可少的。进入 21 世纪以后,软件已成为从基础教育到基因工程的所有领域取得新进展的驱动器。

1.1.2 软件的特点

软件具有以下 8 个特点。

(1) 软件是一种逻辑实体,而不是具体的物理实体,它具有抽象性。软件与计算机硬件,或是其他工程对象有着明显的区别。人们可以把它记录在介质上,但却无法看到软件的形态,必须通过观察、分析、思考、判断,去了解它的功能、性能及其他特性。

(2) 软件的生产与硬件不同,在它的开发过程中没有明显的制造过程。软件是通过人们的智力活动,把知识与技术转化而形成的一种产品。

(3) 在软件的运行和使用期间,没有像硬件那样的机械磨损、老化问题。但是软件的维护比硬件的维护要复杂得多,与硬件的维修有着本质的差别。任何机械、电子设备在运行和使用中,其失效率大都遵循如图 1.1(a)所示的 U 形曲线(即浴盆曲线)。而软件的情况与此不同,因为它不存在磨损和老化问题。然而它存在退化问题,必须要经过多次修改(维护),如图 1.1(b)所示。

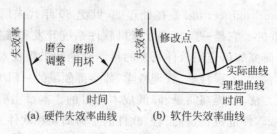

(a) 硬件失效率曲线　　(b) 软件失效率曲线

图 1.1　失效率曲线

(4) 软件的开发和运行常受到计算机系统的限制,对计算机系统有着不同程度的依赖性。

(5) 软件的开发至今尚未完全摆脱手工艺的开发方式。

(6) 软件本身是复杂的。包括实际问题的复杂性和程序逻辑结构的复杂性。

(7) 软件成本是昂贵的。

(8) 相当多的软件工作涉及社会因素。

1.1.3　软件的分类

对不同类型的工程对象进行开发和维护有着不同的要求和处理方法,因此需要对软件的类型进行必要的划分。但是,目前还找不到一个统一的严格分类标准,下面从不同的方面对软件进行分类。

1. 按照软件功能划分

(1) 系统软件。系统软件属于计算机系统中最靠近硬件的一层,其他软件一般都通过系统软件发挥作用,它与具体的应用领域无关,如操作系统、编译程序、设备驱动程序等。

(2) 支撑软件。支撑软件是协助用户开发软件的工具性软件,其中包括帮助程序人员开发软件产品的工具,也包括帮助管理人员控制开发进程的工具,如数据库管理系统、网络软件、软件开发环境等。

(3) 应用软件。应用软件是在特定领域内开发,为特定目的服务的一类软件,如工程与科学计算软件、CAD/CAM 软件、CAI 软件、信息管理系统等。

2．按照软件工作方式划分

（1）实时处理软件。指在事件或数据产生时，立即予以处理，并及时反馈信号，控制需要监测和控制的过程的软件。

（2）分时软件。它允许多个联机用户同时使用计算机。系统把处理机时间轮流分配给各联机用户，使各用户都感到只有自己在使用计算机的软件。

（3）交互式软件。它是能实现人机通信的软件。这类软件接收用户给出的信息，但在时间上没有严格的限定。这种工作方式给予用户很大的灵活性。

（4）批处理软件。批处理软件是把一组输入作业或一批数据以成批处理的方式一次运行，按顺序逐个处理完的软件。

3．按照软件服务对象的范围划分

（1）项目软件。由用户委托开发的软件。

（2）产品软件。由软件开发机构开发，提供给市场的软件。

4．按使用的频度进行划分

（1）一次使用软件。

（2）频繁使用软件。

5．按软件失效的影响进行划分

（1）高可靠性软件。

（2）一般可靠性软件。

1.2 软件危机

1.2.1 软件危机的出现

从20世纪60年代中期以后，随着计算机应用的日益广泛，软件数量急剧膨胀。但是，在程序运行时发现的错误需要设法改正；用户（或用户）有了新的需求时必须相应地修改程序；硬件或操作系统更新时，通常也需要修改程序以适应新的环境。这样就导致了越来越多的软件项目不能满足用户的要求，越来越多的软件项目超出预算和时间安排，以令人吃惊的比例耗费资源。更严重的是，许多程序的个体化特性使得它们最终成为不可维护的。这样就开始出现了软件危机。

软件危机是指在计算机软件的开发和维护过程中所遇到的一系列严重问题。这些问题绝不仅仅是不能正常运行的软件才具有的，实际上，几乎所有软件都不同程度地存在这些问题。软件危机主要包含下述两方面的问题：如何开发软件，以满足人们对软件日益增长的需求；如何维护数量不断膨胀的已有软件。

具体地说，软件危机主要有以下一些典型表现。

（1）对软件开发成本和进度的估计常常很不准确。实际成本比估计成本有可能高出一个数量级，实际进度比预期进度拖延几个月甚至几年的现象并不罕见。这种现象降低了软件开发组织的信誉；为了赶进度和节约成本又往往损害了软件产品的质量，从而不可避免地会引起用户的不满。

（2）用户对"已完成的"软件系统不满意的现象经常发生。软件开发人员常常在对用户要求只有模糊的了解，甚至对所要解决的问题还没有确切认识的情况下，就匆忙着手编写程序。软件开发人员和用户之间的信息交流往往很不充分，"闭门造车"必然导致最终的产品不符合用户的实际需要。

（3）软件产品的质量往往没有保证。软件质量保证技术（审查、复审和测试）还没有坚持不懈地应用到软件开发的全过程中，这些都导致软件产品发生质量问题。

（4）软件常常是不可维护的。很多程序中的错误是非常难以改正的，实际上不可能使这些程序适应新的硬件环境，也不能根据用户的需要在原有程序中增加一些新的功能。"可重用的软件"还是一个没有完全做到的、正在努力追求的目标，人们仍然在重复开发类似的或基本类似的软件。

（5）软件通常没有适当的文档资料。计算机软件不仅仅是程序，还应该有一整套文档资料。缺乏必要的文档资料或者文档资料不合格，必然给软件开发和维护带来许多严重的困难和问题。

（6）软件成本在计算机系统总成本中所占的比例逐年上升。由于生产自动化程度不断提高，硬件成本逐年下降，然而软件开发需要大量人力，软件成本随着软件规模和数量的不断扩大而持续上升。

（7）软件开发生产率提高的速度，远远跟不上计算机应用迅速普及深入的趋势。软件产品"供不应求"的现象使人类不能充分利用现代计算机硬件提供的巨大潜力。

以上列举的仅仅是软件危机的一些明显的表现，与软件开发的维护有关的问题远远不止这些。

1.2.2　产生软件危机的原因

软件危机的出现，使得人们去寻找产生危机的内在原因，其原因可归纳为两方面：一方面与软件本身的特点有关；另一方面和软件开发与维护的方法不正确有关。

具体地说，软件危机的产生主要有以下一些原因。

（1）软件不同于硬件，它是计算机系统中的逻辑部件而不是物理部件。管理和控制软件开发过程相当困难。在运行过程中发现的错误，很可能是一个在开发时期引入的，在测试阶段没能检测出来的故障。因此，软件维护通常意味着改正或修改原来的设计，这就在客观上使得软件较难维护。

（2）软件规模大，程序的复杂性将随着程序规模的增加而呈指数上升。如何保证每个人完成的工作合在一起确实能构成一个高质量的大型软件系统，更是一个极端复杂困难的问题，其中不仅涉及许多技术问题，诸如分析方法、设计方法、形式说明方法、版本控制等，更重要的是必须有严格且科学的管理。

（3）与软件开发和维护有关的许多错误认识和做法的形成，可以归因于在计算机系统发展的早期软件开发的个体化特点。这些错误认识和做法主要表现为忽视软件需求分析的重要性，认为软件开发就是写程序并设法使之运行，轻视软件维护等。事实上，对用户要求没有完整准确的认识就匆忙着手编写程序是许多软件开发工程失败的主要原因之一。

（4）软件的生命周期：一个软件从定义、开发、使用和维护，直到最终被废弃，要经历一个漫长的周期。通常把软件经历的这个漫长的时期称为生命周期，主要包括问题定义、可行性研究、需求分析、软件设计（总体设计和详细设计）、编写程序（软件开发全部工作量的10%～20%）和测试（软件开发全部工作量的40%～50%）等阶段。在生命周期的每个阶段都要得出最终产品的一个或几个组成部分。在软件开发的不同阶段进行修改需要付出的代价是有很大差异的，在早期出现需求变动，涉及的面较少，因而代价也比较低；而在开发的中期软件配置的许多成分已经完成，引入一个变动要对所有已完成的配置成分都做相应的修改，不仅工作量大，而且逻辑上也更复杂，因此付出的代价剧增；在软件"已经完成"时再引入变动，则需要付出更高的代价。

（5）软件维护。在软件开发的不同阶段进行修改需要付出的代价是有很大差异的，根据美国一些软件公司的统计资料，在后期引入一个变动比在早期引入相同变动所需付出的代价高2～3个数量级。因此，轻视维护是一个最大的错误。许多软件产品的使用寿命长达10年甚至20年，在这样漫长的时期中不仅必须改正使用过程中发现的每一个潜在的错误，而且当环境变化时（例如硬件或系统软件更新换代）还必须相应地修改软件以适应新的环境，特别是必须经常改进或扩充原来的软件以满足用户不断变化的需要。所有这些改动都属于维护工作，而且是在软件已经完成之后进行的，因此维护是艰巨复杂的工作，需要花费很大代价。统计数据表明，实际上用于软件维护的费用占软件总费用的55%～70%。软件工程学的一个重要目标就是提高软件的可维护性，减少软件维护的代价。

1.2.3 消除软件危机的途径

消除软件危机有以下三个途径。

（1）组织管理：软件开发不是某种个体劳动的神秘技巧，而应该是一种组织良好、管理严密、各类人员协同配合、共同完成的工程项目。必须充分吸取和借鉴人类长期以来从事各种工程项目所积累的行之有效的原理、概念、技术和方法，特别要吸取几十年来人类从事计算机硬件研究和开发的经验教训。

（2）方法：应该推广使用在实践中总结出来的开发软件的成功的技术和方法，并且研究探索更好更有效的技术和方法，尽快消除在计算机系统早期发展阶段形成的一些错误概念和做法。

（3）工具：应该开发和使用更好的软件工具。在软件开发的每个阶段都有许多烦琐的工作需要做，在适当的软件工具辅助下，开发人员可以把这类工作做得既快又好。如果把各个阶段使用的软件工具有机地集合成一个整体，支持软件开发的全过程，则可构成一个良好的软件工程支撑环境。

为了解决软件危机，组织管理措施、方法和工具三者缺一不可。软件工程正是从管理和技术两方面研究如何更好地开发和维护计算机软件的一门新兴学科。

1.3　软件工程

1.3.1　软件工程的定义

软件工程(Software Engineering)是在为处理 20 世纪 60 年代末所出现的"软件危机"的过程中逐渐形成与发展的。从 1968 年北大西洋公约的软件可靠性会议(NATO)上,首次提出"软件工程"的概念,提出了在软件生产中采用工程化的方法,以及一系列科学的、现代化的方法技术来开发软件。

软件工程是一门指导计算机软件系统开发和维护的工程学科,是一门新兴的边缘学科,主要研究如何应用软件开发的科学理论和工程技术来指导大型软件系统的开发,涉及计算机科学、工程科学、管理科学、数学等领域。它借鉴传统工程的原则、方法,以提高质量、降低成本为目的。

软件工程一直以来都缺乏一个统一的定义,很多学者、组织机构都分别给出了自己的定义。Boehm 指出软件工程就是运用现代科学技术知识来设计并构造计算机程序及为开发、运行和维护这些程序所必需的相关文件资料。IEEE 在软件工程术语汇编中将软件工程定义为:将系统化的、严格约束的、可量化的方法应用于软件的开发、运行和维护,即将工程化应用于软件。Fritz Bauer 在 NATO 会议上给出的定义是建立并使用完善的工程化原则,以经济的手段获得能在实际机器上有效运行的可靠软件的一系列方法。《计算机科学技术百科全书》中对软件工程的定义为:软件工程是应用计算机科学、数学及管理科学等原理,开发软件的工程。软件工程借鉴传统工程的原则、方法,以提高质量、降低成本。其中,计算机科学、数学用于构建模型与算法,工程科学用于制定规范、设计范型(Paradigm)、评估成本及确定权衡,管理科学用于计划、资源、质量、成本等的管理。

目前比较认可的一种定义认为:软件工程是研究和应用如何以系统性的、规范化的、可定量的过程化方法去开发和维护软件,以及如何把经过时间考验而证明正确的管理技术和当前能够得到的最好的技术方法结合起来。

虽然人们对软件工程的定义不尽相同,但是,人们普遍认为软件工程具有下述的本质特性。

(1) 软件工程关注于大型程序的构造。通常把一个人在较短时间内写出的程序称为小型程序,而把多人合作用时半年以上才写出的程序称为大型程序。现在的软件开发项目通常构造出包含若干个相关程序的"系统"。

(2) 软件工程的中心课题是控制复杂性。软件所解决的问题十分复杂,所以通常把问题分解成若干个可以理解的小部分,而且各部分之间保持简单的通信关系。用这种方法虽然不能降低问题的整体复杂性,但是却可使它变成可以管理的。

(3) 软件经常变化。为了使软件不被很快淘汰,必须让其随着所模拟的现实世界一起变化。因此,在软件系统交付使用后仍然需要耗费成本,而且在开发过程中必须考虑软件将来可能的变化。

(4) 开发软件的效率非常重要。随着社会的进步,社会对新应用系统的需求越来越大,超过了人力资源所能提供的限度,软件供不应求的现象日益严重。因此,提高软件开发的效率非常重要。

（5）开发团队和谐地合作是软件开发的关键。软件处理的问题十分庞大，必须多人协同工作才能解决这类问题。因此，只有开发团队同心协力、和谐地合作才能开发出优质的软件。

（6）软件必须有效地支持它的用户。开发软件的目的是支持用户的工作，所以一个软件是否能够满足用户的要求是检验软件合格与否的标准。

（7）在软件工程领域中是由一种文化背景的人替另一文化背景的人创造产品。创造产品这个特性与前两个特性紧密相关。缺乏应用领域的相关知识，是软件开发项目出现问题的常见原因，软件工程师往往缺乏应用领域的实际知识以及该领域的文化知识。

1.3.2 软件工程的基本原理

自从1968年提出"软件工程"这一术语以来，研究软件工程的专家学者们陆续提出了一百多条关于软件工程的准则或信条。美国著名的软件工程专家Boehm综合这些专家的意见，并总结了TRW公司多年开发软件的经验，于1983年提出了软件工程的7条基本原理。Boehm认为，这7条原理是确保软件产品质量和开发效率的原理的最小集合。它们是相互独立的，是缺一不可的最小集合；同时，它们又是相当完备的。人们当然不能用数学方法严格证明它们是一个完备的集合，但是可以证明，在此之前已经提出的一百多条软件工程准则都可以由这7条原理的任意组合蕴涵或派生。

下面简要介绍软件工程的7条原理：

原理1 用分阶段的生命周期计划严格管理

这一条是吸取前人的教训而提出来的。统计表明，50％以上的失败项目是由于计划不周而造成的。在软件开发与维护的漫长生命周期中，需要完成许多性质各异的工作。这条原理意味着，应该把软件生命周期分成若干阶段，并相应制定出切实可行的计划，然后严格按照计划对软件的开发和维护进行管理。Boehm认为，在整个软件生命周期中应指定并严格执行6类计划：项目概要计划、里程碑计划、项目控制计划、产品控制计划、验证计划、运行维护计划。

原理2 坚持进行阶段评审

统计结果显示：大部分错误是在编码之前造成的，大约占63％，错误发现得越晚，改正它要付出的代价就越大，要差2～3个数量级。因此，软件的质量保证工作不能等到编码结束之后再进行，应坚持进行严格的阶段评审，以便尽早发现错误。

原理3 实行严格的产品控制

开发人员最难处理的事情之一就是需求变更。但是在实际项目开发过程中，需求的改动往往是不可避免的。这就要求人们要采用科学的产品控制技术来满足这种要求。通常要采用变动控制，又叫基准配置管理。当需求变动时，其他各个阶段的文档或代码随之做相应变动，以保证软件的一致性。

原理4 采纳现代程序设计技术

从20世纪六七十年代的结构化软件开发技术，到最近的面向对象技术，从第一、第二代语言，到第四代语言，人们已经充分认识到：采用先进的技术既可以提高软件开发的效率，又可以减少软件维护的成本。

原理 5　结果应该能清楚地审查

软件是一种看不见、摸不着的逻辑产品。软件开发小组的工作进展情况可见性差,难以评价和管理。为了有效管理,应根据软件开发的总目标及完成期限,尽量明确地规定开发小组的责任和产品标准,从而使所得到的标准能够清楚地审查。

原理 6　开发小组的人员应少而精

开发人员的素质和数量是影响软件质量和开发效率的重要因素,应该少而精。这一条基于两点原因:高素质开发人员的效率比低素质开发人员的效率要高几倍到几十倍,开发工作中犯的错误也要少得多;当开发小组为 N 人时,可能的通信信道为 $N(N-1)/2$,可见随着人数 N 的增大,通信开销将急剧增大。

原理 7　承认不断改进软件工程实践的必要性

遵从前面 6 条基本原理,就能够较好地实现软件的工程化生产。但是,它们只是对现有经验的总结和归纳,并不能保证赶上技术不断发展的步伐。因此,Boehm 提出应把承认不断改进软件工程实践的必要性作为软件工程的第 7 条原理。根据这条原理,不仅要积极采纳新的软件开发技术,还要注意不断总结经验,收集进度和消耗等数据,进行出错类型和问题报告统计。这些数据既可以用来评估新的软件技术的效果,也可以用来指明必须着重注意的问题和应该优先进行研究的工具和技术。

1.3.3　软件工程的框架

软件工程的框架可概括为软件工程目标、软件工程过程和软件工程原则。

(1) 软件工程目标指生产具有正确性、可用性以及代价合宜的产品。正确性指软件产品达到预期功能的程度。可用性指软件基本结构、实现及文档为用户可用的程度。代价合宜是指软件开发、运行的整个代价开销满足用户要求的程度。这些目标的实现不论在理论上还是在实践中均存在很多待解决的问题,它们形成了对过程、过程模型及工程方法选取的约束。

(2) 软件工程过程指生产一个最终能满足需求且达到工程目标的软件产品所需要的步骤。软件工程过程主要包括开发过程、运作过程、维护过程。它们覆盖了需求、设计、实现、确认以及维护等活动。需求活动包括问题分析和需求分析。问题分析获取需求定义,又称软件需求规约。需求分析生成功能规约。设计活动一般包括概要设计和详细设计。概要设计建立整个软件系统结构,包括子系统、模块以及相关层次的说明、每一模块的接口定义。详细设计产生程序员可用的模块说明,包括每一模块中数据结构说明及加工描述。实现活动把设计结果转换为可执行的程序代码。确认活动贯穿于整个开发过程,实现完成后的确认,保证最终产品满足用户的要求。维护活动包括使用过程中的扩充、修改与完善。伴随以上过程,还有管理过程、支持过程、培训过程等。

(3) 软件工程的原则指围绕工程设计、工程支持以及工程管理在软件开发过程中必须遵循的原则。

1.3.4　软件工程方法学

通常把在软件生命周期全过程中使用的一整套技术方法的集合称为方法学,也称为范型(Paradigm)。在软件工程领域中,这两个术语的含义基本相同。

软件工程方法学包含三个要素:方法、工具和过程。其中,方法是完成软件开发的各项任务的技术方法;工具是为运用方法而提供的自动的或半自动的软件工程支撑环境;过程是为了获得高质量的软件所需要完成的一系列任务的框架,它规定了完成各项任务的工作步骤。

大的软件公司和研究机构一直在研究软件工程方法学,而且也提出了很多实际的软件开发方法。下面简单介绍几种使用得最广泛的软件工程方法学。

1. 结构化方法学

结构化方法学也称为传统方法学,它采用结构化技术(结构化分析、结构化设计和结构化实现)来完成软件开发的各项任务,并使用适当的软件工具或软件工程环境来支持结构化技术的运用。这种方法学把软件生命周期的全过程依次划分为若干个阶段,然后顺序地完成每个阶段的任务。采用这种方法学开发软件的时候,从对问题的抽象逻辑分析开始,一个阶段一个阶段地进行开发。前一个阶段任务的完成是开始进行后一个阶段工作的前提和基础,而后一阶段任务的完成通常是使前一阶段提出的解法更进一步具体化,加进了更多的实现细节。每一个阶段的开始和结束都有严格标准,对于任何两个相邻的阶段而言,前一阶段的结束标准就是后一阶段的开始标准。在每一个阶段结束之前都必须进行正式严格的技术审查和管理复审,从技术和管理两方面对这个阶段的开发成果进行检查,通过之后这个阶段才算结束;如果没通过检查,则必须进行必要的返工,而且返工后还要再经过审查。审查的一条主要标准就是每个阶段都应该交出"最新式的"(即和所开发的软件完全一致的)高质量的文档资料,从而保证在软件开发工程结束时有一个完整准确的软件配置交付使用。文档是通信的工具,它们清楚准确地说明了到这个时候为止,关于该项工程已经知道了什么,同时奠定了下一步工作的基础。此外,文档也起到备忘录的作用,如果文档不完整,那么一定是某些工作忘记做了,在进入生命周期的下一个阶段之前,必须补足这些遗漏的细节。

结构化方法学中的程序设计采用的是结构化程序设计(Structure Programming, SP),是20世纪80年代主要的程序设计方法,其核心是模块化。SP方法主张使用顺序、选择、循环三种基本结构来嵌套连接成具有复杂层次的"结构化程序"。SP的要点是"自顶而下,逐步求精"的设计思想,"独立功能,单出、入口"的模块仅用三种(顺序、分支、循环)基本控制结构的编码原则。自顶向下的出发点是从问题的总体目标开始,抽象底层的细节,先专心构造高层的结构,然后再一层一层地分解和细化。这种方法使复杂的设计过程变得简单明了,过程的结果也容易做到正确可靠。

目前,结构化方法学仍然是人们在开发软件时使用得十分广泛的软件工程方法学。这种方法学历史悠久,为广大软件工程师所熟悉,而且在开发某些类型的软件时也比较有效,因此,在相当长一段时期内这种方法学还会有生命力。

2. 面向对象方法学

面向对象方法学的出发点和基本原则,是尽量模拟人类习惯的思维方式,使开发软件的方法与过程尽可能接近人类认识世界解决问题的方法与过程,从而使描述问题的问题空间

（也称为问题域）与实现解法的解空间（也称为求解域）在结构上尽可能一致。

面向对象的基本思想与结构化设计思想完全不同,面向对象的方法学认为世界由各种对象组成,任何事物都是对象,是某个对象的实例,复杂的对象可由较简单的对象以某种方式组成。对象是数据及对这些数据施加的操作组合在一起所构成的独立实体的总称;类是一组具有相同数据结构和相同操作的对象的描述。面向对象的基本机制是方法和消息。方法是对象所能执行的操作,它是类中所定义的函数,描述对象执行某个操作的算法,每一个对象类都定义了一组方法;消息是要求某个对象执行类中某个操作的规格说明。

面向对象方法学具有下述 4 个要点:

① 把对象(Object)作为融合了数据及在数据上的操作行为的统一的软件构件;

② 把所有对象都划分成类(Class);

③ 按照父类(或称为基类)与子类(或称为派生类)的关系,把若干个相关类组成一个层次结构的系统(也称为类等级);

④ 对象彼此间仅能通过发送消息互相联系。

随着 OOP(面向对象编程)向 OOD(面向对象设计)和 OOA(面向对象分析)的发展,最终形成了面向对象的软件开发方法 OMT (Object Modeling Technique)。这是一种自底向上和自顶向下相结合的方法,而且它以对象建模为基础,从而不仅考虑了输入输出数据结构,实际上也包含所有对象的数据结构。不仅如此,面向对象技术在需求分析、可维护性和可靠性这三个软件开发的关键环节和质量指标上有了实质性的突破,基本解决了在这些方面存在的严重问题。当前软件行业关于面向对象建模的标准是统一建模语言 UML (Unified Modeling Language)。

3. 后面向对象方法学

经过多年的实践摸索,人们逐渐发现面向对象方法也有其不足,如许多软件系统不完全都能按系统的功能来划分构建,仍然有许多重要的需求和设计决策,无论是采用面向对象语言还是过程型语言,都难以用清晰的、模块化的代码实现。因此,人们在面向对象的基础上发展了更多的新技术,以使面向对象技术能够更好地解决软件开发中的问题。这些建立在面向对象的基础上,并对面向对象做出扩展的新技术被广泛应用的时期,被称为"后面向对象时代"。在后面向对象时代,有许多新型的程序设计思想值得关注。

1) 敏捷开发方法

敏捷方法(Agile Methodology)也称做轻量级开发方法。该方法在无过程和过于烦琐的过程中达到了一种平衡,使得能以不多的步骤过程获取较满意的结果。敏捷型方法是"面向人"的而非"面向过程"的,敏捷型方法认为没有任何过程能代替开发组的技能,过程起的作用是对开发组的工作提供支持。

2) 面向方面程序设计

面向方面程序设计(Aspect-Oriented Programming,AOP)方法最早是由施乐(Xerox)公司在美国加州硅谷 PaloAlto 研究中心(PARC)的首席科学家、加拿大大不列颠哥伦比亚大学教授 Gregor Kicgales 等在 1997 年的欧洲面向对象编程大会(ECOOP 97)上提出的。所谓的 Aspect,就是 AOP 提供的一种程序设计单元,它可以将上面提到的那些在传统程序设计方法学中难以清晰地封装并模块化实现的设计决策,封装实现为独立的模块。Aspect

是 AOP 的核心,它超越了子程序和继承,是 AOP 将贯穿特性局部化和模块化的实现机制。通过将贯穿特性集中到 Aspect 中,AOP 就取得一种单一的结构化行为,该行为在传统程序中分布于整个代码中,这样就使 Aspect 代码和系统目标都易于理解。

3) 面向 Agent 程序设计

随着软件系统服务能力要求的不断提高,在系统中引入智能因素已经成为必然。Agent 作为人工智能研究重要的分支,引起了科学、工程、技术界的高度重视。在计算机科学主流中,Agent 的概念作为一个自包含、并行执行的软件过程能够封装一些状态并通过传递消息与其他 Agent 进行通信,被看做是面向对象程序设计的一个自然发展。

4) 其他后面向对象程序设计

除了上述两种主流的后面向对象程序设计方法外,还出现了许多值得关注的新的程序设计方法,如泛型程序设计、面向构件的程序设计等。

泛型程序设计(Generic Programming,GP)是一种范型(Paradigm),它致力于将各种类型按照一小组功能性的需求加以抽象,然后以这些需求为条件实现算法。由于算法在其操作的数据类型上定义了一个严格的窄接口,同一个算法便可以应用于各种类型之上。

在面向构件程序设计中构件就是一组业务功能的规格,面向构件针对的是业务规格,不需要源代码,可执行代码或者中间层的编译代码,在这个层面上可以做到代码的集成、封装、多态,做到 AOP,这才是面向构件的精髓。面向构件技术还包括另外一个重要思想,就是程序在动态运行时构件的自动装载。

1.4 软件的生命周期

1.4.1 软件生命周期及其各个阶段

软件工程强调使用生存周期方法学和各种结构分析及结构设计技术。它们是在 20 世纪 70 年代为了应对应用软件日益增长的复杂程度、漫长的开发周期以及用户对软件产品经常不满意的状况而发展起来的。

一般说来,软件生存周期由软件定义、软件开发和软件维护三个时期组成,每个时期又进一步划分成若干个阶段。

软件定义时期的任务是确定软件开发工程必须完成的总目标;确定工程的可行性,导出实现工程目标应该采用的策略及系统必须完成的功能;估计完成该项工程需要的资源和成本,并且制定工程进度表。这个时期的工作通常又称为系统分析,由系统分析员负责完成。软件定义时期通常进一步划分成三个阶段,即问题定义、可行性研究和需求分析。

开发时期具体设计和实现在软件定义时期定义的软件,它通常由下述 4 个阶段组成:总体设计、详细设计、编码和单元测试、综合测试。

维护时期的主要任务是使软件持久地满足用户的需要。具体地说,当软件在使用过程中发现错误时应该加以改正;当环境改变时应该修改软件以适应新的环境;当用户有新要求时应该及时改进软件满足用户的新需要。通常对维护时期不再进一步划分阶段,但是每一次维护活动本质上都是一次压缩和简化了的定义和开发过程。

下面简要介绍软件生存周期每个阶段的基本任务和结束标准。

1. 问题定义

问题定义阶段必须回答的关键问题是"要解决的问题是什么?"如果不知道问题是什么就试图解决这个问题,显然是盲目的,只会白白浪费时间和金钱,最终得出的结果很可能是毫无意义的。尽管确切地定义问题的必要性是十分明显的,但是在实践中它却可能是最容易被忽视的一个步骤。

通过问题定义阶段的工作,系统分析员应该提出关于问题性质、工程目标和规模的书面报告。通过对系统的实际用户和使用部门负责人的访问调查,分析员扼要地写出他对问题的理解,并在用户和使用部门负责人的会议上认真讨论这份书面报告,澄清含糊不清的地方,改正理解不正确的地方,最后得出一份双方都满意的文档。

2. 可行性研究

这个阶段要回答的关键问题是"对于上一个阶段所确定的问题有行得通的解决办法吗?"为了回答这个问题,系统分析员需要进行一次大的压缩和简化过的系统分析和设计的过程,即在较抽象的高层次上进行的分析和设计的过程。

可行性研究的时间应该比较短,这个阶段的任务不是具体解决问题,而是研究问题的范围,探索这个问题是否值得去解,是否有可行的解决办法。

在问题定义阶段提出的对工程目标和规模的报告通常比较含糊。可行性研究阶段应该导出系统的高层逻辑模型(通常用数据流图表示),并且在此基础上更准确、更具体地确定工程规模和目标。然后分析员更准确地估计系统的成本和效益,对建议的系统进行仔细的成本/效益分析是这个阶段的主要任务之一。

可行性研究的结果是使用部门负责人做出是否继续进行这项工程的决定的重要依据。可行性研究以后的那些阶段将需要投入更多的人力物力。及时中止不值得投资的工程项目,可以避免更大的浪费。

3. 需求分析

这个阶段的任务仍然不是具体地解决问题,而是准确地确定"为了解决这个问题,目标系统必须做什么",主要是确定目标系统必须具备哪些功能。

用户了解他们所面对的问题,知道必须做什么,但是通常不能完整准确地表达出他们的要求,更不知道怎样利用计算机解决他们的问题;软件开发人员知道怎样使用软件实现人们的要求,但是对特定用户的具体要求并不完全清楚。因此,系统分析员在需求分析阶段必须和用户密切配合,充分交流,以得出经过用户确认的系统逻辑模型。通常用数据流图、数据字典和简要的算法描述表示系统的逻辑模型。

在需求分析阶段确定的系统逻辑模型是以后设计和实现目标系统的基础,因此必须准确完整地体现用户的要求。系统分析员通常都是计算机软件专家,技术专家一般都喜欢很快着手进行具体设计,然而,一旦分析员开始谈论程序设计的细节,就会脱离用户,使他们不能继续提出他们的要求和建议。软件工程在使用的结构分析设计的方法时为每个阶段都规定了特定的结束标准,需求分析阶段必须提供完整准确的系统逻辑模型,经过用户确认之后才能进入下一个阶段,这就可以有效地防止和克服急于着手进行具体设计的倾向。

4. 总体设计

这个阶段必须回答的关键问题是"概括地说,应该如何解决这个问题?"

首先,应该考虑几种可能的解决方案。例如,目标系统的一些主要功能是用计算机自动完成还是用人工完成;如果使用计算机,那么是使用批处理方式还是人机交互方式;信息存储是用传统的文件系统还是数据库等。通常至少应该考虑下述几类可能的方案:低成本的解决方案、中等成本的解决方案和高成本的解决方案。

系统分析员应该使用系统流程图或其他工具描述每种可能的系统,估计每种方案的成本和效益,还应该在充分权衡各种方案的利弊的基础上,推荐一个较好的系统(最佳方案),并且制定实现所推荐的系统的详细计划。如果用户接受分析员推荐的系统,则可以着手完成本阶段的另一项主要工作。

上面的工作确定了解决问题的策略以及目标系统需要哪些程序,但是,怎样设计这些程序呢? 结构设计的一条基本原理就是程序应该模块化,也就是一个大程序应该由许多规模适中的模块按合理的层次结构组织而成。总体设计阶段的第二项主要任务就是设计软件的结构,也就是确定程序由哪些模块组成以及模块间的关系。通常用层次图或结构图描绘软件的结构。

5. 详细设计

总体设计阶段以比较抽象概括的方式提出了解决问题的办法。详细设计阶段的任务就是把解法具体化,也就是回答下面这个关键问题:"应该怎样具体地实现这个系统呢?"

这个阶段的任务还不是编写程序,而是设计出程序的详细规格说明。这种规格说明的作用非常类似于其他工程领域中工程师经常使用的工程蓝图,它们应该包含必要的细节,程序员可以根据它们写出实际的程序代码。

通常用 HIPO 图(层次图加输入/处理/输出图)或 PDL(过程描述语言)描述详细设计的结果。

6. 编码和单元测试

这个阶段的关键任务是写出正确的、容易理解、容易维护的程序模块。程序员应该根据目标系统的性质和实际环境,选取一种适当的高级程序设计语言(必要时用汇编语言),把详细设计的结果翻译成用选定的语言书写的程序,并且仔细测试编写出的每一个模块。

7. 综合测试

这个阶段的关键任务是通过各种类型的测试(及相应的调试)使软件达到预定的要求。

最基本的测试是集成测试和验收测试。所谓集成测试是根据设计的软件结构,把经过单元测试检验的模块按某种选定的策略装配起来,在装配过程中对程序进行必要的测试。所谓验收测试则是按照规格说明书的规定(通常在需求分析阶段确定),由用户(或在用户积极参加下)对目标系统进行验收。

必要时还可以再通过现场测试或平行运行等方法对目标系统进一步测试检验。

　　为了使用户能够积极参加验收测试,并且在系统投入生产性运行以后能够正确有效地使用这个系统,通常需要以正式的或非正式的方式对用户进行培训。

　　通过对软件测试结果的分析可以预测软件的可靠性;反之,根据对软件可靠性的要求也可以决定测试和调试过程什么时候可以结束。

　　测试计划、详细测试方案以及实际测试结果应该以文档形式保存下来,作为软件配置的一个组成部分。

8. 软件维护

　　维护阶段的关键任务是通过各种必要的维护活动使系统持久地满足用户的需要。

　　通常有 4 类维护活动:改正性维护,也就是诊断和改正在使用过程中发现的软件错误;适应性维护,即修改软件以适应环境的变化;完善性维护,即根据用户的要求改进或扩充软件使它更完善;预防性维护,即修改软件为将来的维护活动预先做准备。

　　虽然没有把维护阶段进一步划分成更小的阶段,但是实际上每一项维护活动都应该经过提出维护要求(或报告问题),分析维护要求,提出维护方案,审批维护方案,确定维护计划,修改软件设计,修改程序,测试程序,复查验收等一系列步骤,因此实质上是经历了一次压缩和简化了的软件定义和开发的全过程。

　　软件生命周期的各阶段有不同的划分。软件规模、种类、开发模式、开发环境和开发方法都影响软件生存期的划分。在划分软件生存期的阶段时,应遵循以下规则:各阶段的任务应尽可能相对独立,同一阶段各项任务的性质应尽可能相同,从而降低每个阶段任务的复杂程度,简化不同阶段之间的联系,有利于软件项目开发的组织和管理。

1.4.2　软件生命周期模型

　　通常使用生命周期模型简洁地描述软件过程。生命周期模型规定了把生命周期划分成哪些阶段及各个阶段的执行顺序,因此,也称为过程模型。

　　软件生命周期模型是从软件项目需求定义直至软件经使用后废弃为止,跨越整个生命期的系统开发、运作和维护所实施的全部过程、活动和任务的结构框架。

　　下面介绍几种常见的软件生命周期模型。

1. 瀑布模型

　　在 20 世纪 80 年代之前,瀑布模型一直是唯一被广泛采用的生命周期模型,现在它仍然是软件工程中应用得最广泛的过程模型。传统软件工程方法学的软件过程,基本上可以用瀑布模型来描述。

　　如图 1.2 所示为传统的瀑布模型。按照传统的瀑布模型开发软件,有下述几个特点。

　　1) 阶段间具有顺序性和依赖性

　　这个特点有两重含义:

　　① 必须等前一阶段的工作完成之后,才能开始后

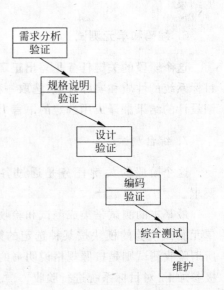

图 1.2　传统的瀑布模型

一阶段的工作;

② 前一阶段的输出文档就是后一阶段的输入文档。

2）推迟实现的观点

对于规模较大的软件项目来说,往往编码开始得越早最终完成开发工作所需要的时间反而越长。这是因为,前面阶段的工作没做或做得不扎实,过早地考虑进行程序实现,往往导致大量返工,有时甚至发生无法弥补的问题,带来灾难性后果。

3）质量保证的观点

软件工程的基本目标是优质、高产。为了保证所开发的软件的质量,在瀑布模型的每个阶段都应坚持两个重要做法:

① 每个阶段都必须完成规定的文档,没有交出合格的文档就是没有完成该阶段的任务。完整、准确、合格的文档不仅是软件开发时期各类人员之间相互通信的媒介,也是运行时期对软件进行维护的重要依据;

② 每个阶段结束前都要对所完成的文档进行评审,以便尽早发现问题,改正错误。事实上,越是早期阶段犯下的错误,暴露出来的时间就越晚,排除故障改正错误所需付出的代价也越高。因此,及时审查,是保证软件质量、降低软件成本的重要措施。

传统的瀑布模型过于理想化了,事实上,人们在工作过程中不可能不犯错误。在设计阶段可能发现规格说明文档中的错误,而设计上的缺陷或错误可能在实现过程中显现出来,在综合测试阶段也会发现需求分析、设计或编码阶段的错误。因此,实际的瀑布模型是带"反馈环"的,如图 1.3 所示(图中实线箭头表示开发过程,虚线箭头表示维护过程)。当在后面阶段发现前面阶段的错误时,需要沿图中左侧的反馈线返回前面的阶段,修正前面阶段的产品之后再回来继续完成后面阶段的任务。

但是,"瀑布模型是由文档驱动的"这个事实也是它的一个主要缺点。由于瀑布模型几乎完全依赖于书面的规格说明,很可能导致最终开发出的软件产品不能真正满足用户的需要。

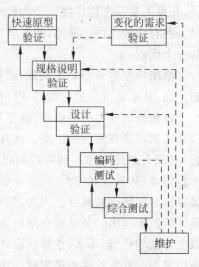

图 1.3 实际的瀑布模型

2．渐增模型

渐增模型也称为增量模型或演化模型,如图 1.4 所示。软件在该模型中是"逐渐"开发出来的,开发出一部分,向用户展示一部分,可让用户及早看到部分软件,及早发现问题。或者先开发一个"原型"软件,完成部分主要功能,展示给用户并征求意见,然后逐步完善,最终获得满意的软件产品。这个过程是一个迭代的过程。该模型具有较大的灵活性,适合于软件需求不明确,设计方案有一定风险的软件项目。

使用渐增模型开发软件时,把软件产品作为一系列的增量构件来设计、编码、集成和测试。每个构件由多个相互作用的模块构成,并且能够完成特定的功能。把软件产品分解成增量构件时,应该使构件的规模适中,规模过大或过小都不好。最佳分解方法因软件产品特

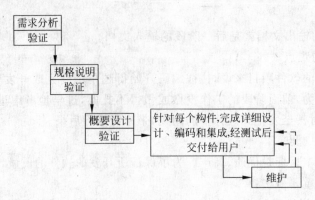

图 1.4　渐增模型

点和开发人员的习惯而异。分解时唯一必须遵守的约束条件是,当把新构件集成到现有软件中时,所形成的产品必须是可测试的。

采用瀑布模型开发软件时,目标都是一次就把一个满足所有需求的产品提交给用户。渐增模型则与之相反,它分批地逐步向用户提交产品,整个软件产品被分解成许多个增量构件,开发人员一个构件接一个构件地向用户提交产品。从第一个构件交付之日起,用户就能做一些有用的工作。显然,能在较短时间内向用户提交可完成部分工作的产品,是渐增模型的一个优点。

渐增模型的另一个优点是,逐步增加产品功能可以使用户有较充裕的时间学习和适应新产品,从而减少一个全新的软件可能给用户组织带来的冲击。

使用渐增模型的困难是,在把每个新的增量构件集成到现有软件体系结构中时,必须不破坏原来已经开发出的产品。此外,必须把软件的体系结构设计得便于按这种方式进行扩充,向现有产品中加入新构件的过程必须简单、方便,也就是说,软件体系结构必须是开放的。但是,从长远观点看,具有开放结构的软件拥有真正的优势,这样的软件的可维护性明显好于封闭结构的软件。因此,尽管采用渐增模型比采用瀑布模型需要更精心的设计,但在设计阶段多付出的劳动将在维护阶段获得回报。如果一个设计非常灵活而且足够开放,足以支持渐增模型,那么,这样的设计将允许在不破坏产品的情况下进行维护。事实上,使用渐增模型时开发软件和扩充软件功能(完善性维护)并没有本质区别,都是向现有产品中加入新构件的过程。

从某种意义上说,渐增模型本身是自相矛盾的。它一方面要求开发人员把软件看做一个整体,另一方面又要求开发人员把软件看做构件序列,每个构件本质上都独立于另一个构件。除非开发人员有足够的技术能力协调好这一明显的矛盾,否则用渐增模型开发出的产品可能并不令人满意。

3. 快速原型模型

所谓快速原型是快速建立起来的可以在计算机上运行的程序,它所能完成的功能往往是最终产品能完成的功能的一个子集。如图 1.5 所示(图中实线箭头表示开发过程,虚线箭头表示维护过程),快速原型模型的第一步是快速建立一个能反映用户主要需求的原型系统,让用户在计算机上试用它,通过实践来了解目标系统的概貌。通常,用户试用原型系统之后会提出许多修改意见,开发人员按照用户的意见快速地修改原型系统,然后再次请用户试用。一旦用户认为这个原型系统确实能做他们所需要的工作,开发人员便可据此编写规格说明文档,根据这份文档开发出的软件可以满足用户的真实需求。

从图1.5可以看出,快速原型模型是不带反馈环的,这正是这种过程模型的主要优点:软件产品的开发基本上是线性顺序进行的。能做到基本上线性顺序开发的主要原因如下:

(1)原型系统已经通过与用户交互而得到验证,据此产生的规格说明文档正确地描述了用户需求,因此,在开发过程的后续阶段不会因为发现了规格说明文档的错误而进行较大的返工。

(2)开发人员通过建立原型系统已经学到了许多东西(至少知道了"系统不应该做什么,以及怎样不去做不该做的事情"),因此,在设计和编码阶段发生错误的可能性也比较小,这自然减少了在后续阶段需要改正前面阶段所犯错误的可能性。

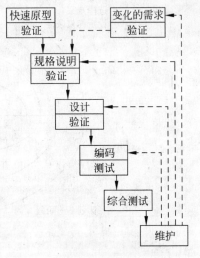

图1.5 快速原型模型

软件产品一旦交付给用户使用之后,维护便开始了。根据所需完成的维护工作种类的不同,可能需要返回到需求分析、规格说明、设计或编码等不同阶段,如图1.5中虚线箭头所示。

快速原型的本质是"快速"。开发人员应该尽可能快地建造出原型系统,以加速软件开发过程,节约软件开发成本。原型的用途是获知用户的真正需求,一旦需求确定了,原型将被抛弃。因此,原型系统的内部结构并不重要,重要的是,必须迅速地构建原型然后根据用户意见迅速地修改原型。UNIX Shell和超文本都是广泛使用的快速原型语言,最近的趋势是,广泛地使用第四代语言(4th Genenation Language,4GL)构建快速原型。

4. 螺旋模型

对于复杂的大型软件,开发一个原型往往达不到要求。螺旋模型将瀑布模型与渐增模型结合起来,并且加入两种模型均忽略了的风险分析。

所谓"软件风险",是普遍存在于任何软件开发项目中的实际问题。对于不同的项目,其差别只是风险有大有小而已。在制定软件开发计划时,系统分析员必须回答:项目的需求是什么,需要投入多少资源以及如何安排开发进度等一系列问题。然而,若要他们当即给出准确无误的回答是不容易的,甚至几乎是不可能的。但系统分析员又不可能完全回避这一问题。凭借经验的估计并给出初步的设想便难免带来一定风险。实践表明,项目规模越大,问题越复杂,资源、成本、进度等因素的不确定性越大,承担项目所冒的风险也越大。因此,风险是软件开发不可忽视的潜在不利因素,它可能在不同程度上损害到软件开发过程或软件产品的质量。软件风险控制的目标是在造成危害之前,及时对风险进行识别、分析,采取对策,进而消除或减少风险的损害。

螺旋模型沿着螺线旋转,如图1.6所示,在笛卡儿坐标的4个象限上分别表达了4个方面的活动,即:

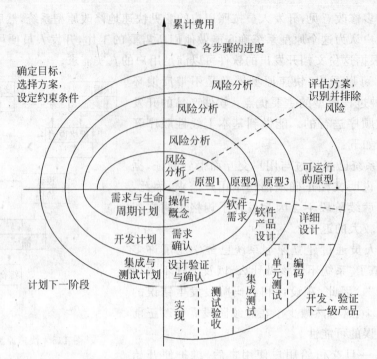

图 1.6　螺旋模型

（1）制定计划——确定软件目标，选定实施方案，弄清项目开发的限制条件。

（2）风险分析——分析所选方案，考虑如何识别和消除风险。

（3）实施工程——实施软件开发。

（4）用户评估——评价开发工作，提出修正建议。

　　沿螺线自内向外，每旋转一圈便开发出更为完善的一个新的软件版本。例如，在第一圈，确定了初步的目标、方案和限制条件以后，转入右上象限，对风险进行识别和分析。如果风险分析表明，需求有不确定性，那么在右下的工程象限内，所建的原型会帮助开发人员和用户，考虑其他开发模型，并对需求做进一步修正。用户对工程成果做出评价之后，给出修正建议。在此基础上需再次计划，并进行风险分析。在每一圈螺线上，风险分析的终点做出是否继续下去的判断。假如风险过大，开发者和用户无法承受，项目有可能终止。多数情况下沿螺线的活动会继续下去，自内向外，逐步延伸，最终得到所期望的系统。

　　螺旋模型有许多优点：对可选方案和约束条件的强调有利于已有软件的重用，也有助于把软件质量作为软件开发的一个重要目标；减少了过多测试（浪费资金）或测试不足（产品故障多）所带来的风险；更重要的是，在螺旋模型中维护只是模型的另一个周期，在维护和开发之间并没有本质区别。

　　螺旋模型主要适用于内部开发的大规模软件项目。如果进行风险分析的费用接近整个项目的经费预算，则风险分析是不可行的。事实上，项目越大，风险也越大，因此，进行风险分析的必要性也越大。此外，只有内部开发的项目，才能在风险过大时方便地中止项目。

　　螺旋模型的主要优势在于，它是风险驱动的，但是，这也可能是它的一个弱点。除非软件开发人员具有丰富的风险评估经验和这方面的专门知识，否则将出现真正的风险：当项目实际上正在走向灾难时，开发人员可能还认为一切正常。

5. 喷泉模型

喷泉模型对软件复用和生存期中多项开发活动的集成提供了支持,主要支持面向对象的开发方法。"喷泉"一词本身体现了迭代和无间隙特性。系统某个部分常常重复工作多次,相关功能在每次迭代中随之加入演进的系统。所谓无间隙是指在开发活动,即分析、设计和编码之间不存在明显的边界。喷泉模型如图1.7所示。

喷泉模型的特点如下:

(1) 喷泉模型各阶段相互重叠,反映了软件过程并行性的
特点。

(2) 喷泉模型以分析为基础,资源消耗呈塔形,在分析阶
段消耗的资源最多。

(3) 喷泉模型反映了软件过程迭代的自然特性,从高层返
回低层没有资源消耗。

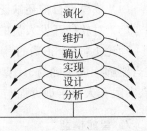

图1.7 喷泉模型

(4) 喷泉模型强调增量式开发,它依据分析一部分就设计一部分的原则,不要求一个阶段的彻底完成。整个过程是一个迭代的逐步细化的过程。

(5) 喷泉模型是对象驱动的过程,对象是所有活动作用的实体,也是项目管理的基本内容。

(6) 喷泉模型在实现时,由于活动不同,可分为对象实现和系统实现,不但反映了系统的开发全过程,而且也反映了对象的开发和复用的过程。

6. 变换模型

变换模型是一种基于形式化规格说明语言及程序变换的软件开发模型。它采用形式化的软件开发方法,对形式化的软件规格说明进行一系列自动的或半自动的程序变换,最终映射成为计算机系统能够接受的程序系统。

变换模型的表示如图1.8所示。

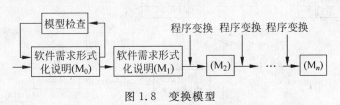

图1.8 变换模型

软件需求确定以后,可用某种形式化的需求规格说明语言(如 VDM 的 META-Ⅳ,CSP 和 Z)描述软件需求规格说明,生成形式化的设计说明。为了确认形式化规格说明与软件需求的一致性,往往以形式化设计说明为基础开发一个软件原型。用户可以从人机界面、系统主要功能、性能等几个方面对原型进行评审,必要时,可以对软件需求、形式化设计说明和原型进行修改,直到原型被确认为止。这时软件开发人员就可以对形式化的规格说明进行一系列的程序变换,直到生成计算机可以接受的目标代码。

多步程序变换过程的一个重要性质是每一步变换对相关的模型描述是"封闭的"。即每一步程序变换的正确性仅与该步变换所依据的规范 M_i 以及对变换后的假设 M_{i+1} 有关,在

此意义上,变换步骤独立于其他变换步骤。这称为变换的独立性。若没有这种独立性,就不能控制错误的蔓延。

变换模型的特点如下:

(1) 该模型只适合于软件的形式化开发方法。

(2) 需要严格的数学理论(如逻辑、代数等)和形式化技术支持。

(3) 需要一整套开发环境(如程序变换工具、定理证明工具等)的支持。

(4) 该模型目前还缺乏相应的支持工具,仍处于手工处理方式。

(5) 对软件开发人员的知识和方法要求较高。

理论上,一个正确的、满足用户要求的形式化规格说明,经过一系列正确的程序变换后,应当能够生成正确的、计算机系统能够接受的程序代码。但是,目前形式化开发方法在理论、实践和人员培训方面与工程应用还有一定的距离。

7. 智能模型

智能模型是基于知识的软件开发模型,它把瀑布模型和专家系统综合在一起。该模型在开发的各个阶段都利用了相应的专家系统来帮助软件人员完成开发工作,使维护能在系统需求说明一级上进行。为此,建立了各个阶段的知识库,将模型、相应领域知识和软件工程知识分别存入数据库,以软件工程知识为基础的生成规则构成的专家系统与包含应用领域知识规则的其他专家系统相结合,构成该应用领域的开发系统。

基于知识的智能模型如图 1.9 所示。该模型基于瀑布模型,在各阶段都有相应的专家系统支持。

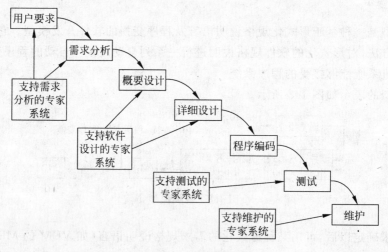

图 1.9   智能模型

(1) 支持需求活动的专家系统用于支持帮助减少需求活动中的二义性的、不精确的、冲突或易变的需求。这需要使用应用领域的知识和应用系统的规则,从而建立应用领域的专家系统以支持需求活动。

(2) 支持设计活动的专家系统用于选择支持设计功能的 CASE 工具和文档。它要用到软件开发的知识。

（3）支持测试活动的专家系统用来支持测试自动化。利用基于知识的系统来选择测试工具。生成测试用例，跟踪测试过程，分析测试结果。

（4）支持维护活动的专家系统将维护变成新的应用开发过程的重复，运行可利用的基于知识的系统来进行维护。

基于知识的模型将软件工程知识从特定领域中分离出来，随过程范例存入知识库，在接受软件工程技术的基础上编成专家系统，用来辅助软件的开发。在使用过程中，将软件工程专家系统与其他领域的应用知识的专家系统连接起来，形成特定软件系统，用于开发一个软件产品。

智能模型的优点是：

（1）通过领域的专家系统，可使需求说明更完整、准确和无二义性。

（2）通过软件工程专家系统，在开发过程中成为设计人员的助手。

（3）通过软件工程知识和特定应用领域知识和规则的应用可帮助系统的开发。

智能模型的缺点是：

（1）建立适合于软件设计的专家系统是非常困难的。

（2）建立一个既适合软件工程又适合应用领域的知识库也是非常困难的。

（3）目前的状况是正在软件开发中应用人工智能技术，在 CASE 工具系统中使用专家系统，用专家系统实现测试自动化，在软件开发的局部阶段已有进展。

1.5　软件工程的目标和原则

1.5.1　软件工程的基本目标

组织实施软件工程项目，从技术和管理上采取了多项措施以后，最终希望项目能够取得成功。所谓成功指的是达到以下几个主要的目标：

（1）达到要求的软件功能。

（2）取得较好的软件性能。

（3）开发的软件易于移植。

（4）能按时交付使用。

（5）付出较低的开发成本。

（6）较低的维护费用。

在具体项目的实际开发中，企图让以上几个目标都达到理想的程度往往是非常困难的。况且上述目标很可能是互相冲突的。例如，若降低开发成本，很可能同时也降低了软件的可靠性。另一方面，如果过于追求提高软件的性能，可能造成开发出的软件对硬件有较大的依赖，从而直接影响到软件的可移植性。

图 1.10 表明了软件工程目标之间存在的相互关系。其中有些目标之间是互补关系，例如，易于维护和高可靠性之间，低开发成本与按时交付之间。还有一些目标是彼此互斥的，例如，低开发成本与软件可靠性之间，提高软件性能与软件可移植性之间，就存在冲突。

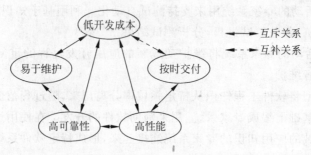

图 1.10　软件工程目标之间的关系

　　这里提到的几个目标很自然地成为判断软件开发方法或管理方法优劣的衡量尺度。如果提出一种新的开发方法,人们关心的是它对满足哪些目标比现有的方法更为有利。实际上,实施软件开发项目就是力图在以上目标的冲突中取得一定程度的平衡。

1.5.2　软件工程的原则

　　为达到以上软件工程的目标,在软件开发过程中必须遵循下列软件工程原则。

　　(1) 抽象:抽取事物最基本的特性和行为,忽略非基本的细节。采用分层次抽象,自顶向下、逐层分解的办法控制软件开发过程的复杂性。例如,软件瀑布模型、结构化分析方法、结构化设计方法,以及面向对象建模技术等都体现了抽象的原则。

　　(2) 信息隐蔽:将模块设计成"黑箱",实现的细节隐藏在模块内部,不让模块的使用者直接访问。这就是信息封装,使用与实现分离的原则。使用者只能通过模块接口访问模块中封装的数据。

　　(3) 模块化:模块是程序中逻辑上相对独立的成分,是独立的编程单位,应有良好的接口定义。如 C 语言程序中的函数过程,C++ 语言程序中的类。模块化有助于信息隐蔽和抽象,有助于表示复杂的系统。

　　(4) 局部化:要求在一个物理模块内集中逻辑上相互关联的计算机资源,保证模块之间具有松散的耦合,模块内部具有较强的内聚。这有助于加强模块的独立性,控制解的复杂性。

　　(5) 确定性:软件开发过程中所有概念的表达应是确定的、无歧义性的、规范的。这有助于人们之间在交流时不会产生误解、遗漏,保证整个开发工作协调一致。

　　(6) 一致性:整个软件系统(包括程序、文档和数据)的各个模块应使用一致的概念、符号和术语。程序内部接口应保持一致。软件和硬件、操作系统的接口应保持一致。系统规格说明与系统行为应保持一致。用于形式化规格说明的公理系统应保持一致。

　　(7) 完备性:软件系统不丢失任何重要成分,可以完全实现系统所要求功能的程度。为了保证系统的完备性,在软件开发和运行过程中需要严格的技术评审。

　　(8) 可验证性:开发大型的软件系统需要对系统自顶向下、逐层分解。系统分解应遵循系统易于检查、测试、评审的原则,以确保系统的正确性。

　　用一致性、完备性和可验证性的原则可以帮助人们实现一个正确的系统。

1.6 本章小结

本章作为学习软件工程的基础,介绍了软件工程的一些基本概念,主要介绍了什么是软件、软件危机、软件工程、软件过程、软件生命周期和软件工程的目标和原则。这些基本概念都为后续的软件工程的学习打下了基础。

习 题 1

1. 软件的概念是什么?
2. 软件有哪些特点?
3. 什么是软件危机? 软件危机产生的原因是什么?
4. 消除软件危机有哪些途径?
5. 软件工程的定义是什么? 软件工程有哪些基本原理?
6. 什么是软件工程方法学? 目前有哪几种方法学?
7. 什么是软件生命周期? 它有哪几个阶段?
8. 软件生命周期每个阶段的基本任务和结束标准分别是什么?
9. 软件生命周期有哪几种常见的模型?
10. 软件工程的基本目标是什么?
11. 什么是软件生命周期模型? 试比较瀑布模型、快速原型模型、增量模型和螺旋模型的优缺点,说明每种模型的适用范围。

第2章 面向对象软件开发方法

面向对象(Object-Oriented,OO)软件开发方法是一种全新的分析、设计与构造软件的方法,它使计算机解决问题的方式更符合人类的思维方式,更能直接地描述客观世界。它通过增加代码的可重用性、可扩充性和程序自动生成功能来提高编程效率,并且大大减少软件维护的开销,已经被越来越多的软件设计人员所接受。本章主要介绍面向对象的基本思想与基本概念、面向对象方法以及面向对象软件开发统一过程等。

2.1 面向对象基本思想

面向对象方法已深入到计算机软件领域的几乎所有分支。它不仅是一些具体的软件开发技术与策略,而且是关于如何看待软件系统与现实世界的关系,用什么观点来研究问题并对问题进行求解,以及如何进行软件系统构造的软件方法学。

较为完善的面向对象软件开发方法出现在20世纪80年代末期。传统的软件开发方法只注重从一个或少数几个方面构造软件系统;为了克服传统软件开发方法的不足,面向对象软件开发方法从现实世界中的客观对象入手来解决问题,尽量运用人类的自然思维方式从多个方面来构造软件系统,这与使用传统软件开发方法构造系统是不一样的。面向对象软件开发方法有着自己的基本思想。

1. 在系统的构造中运用人类的自然思维方式

使用面向对象软件开发方法构造系统,首先是从现实世界的客观事物出发,所以所构造的系统的基本元素就是对象;并且在构造过程中,使用人类最自然的思维方式来构造。在人类进行自然思维的时候,会用到很多的思维方式,包括抽象、分类、推理等,这些思想也会用到面向对象的软件开发过程中。

2. 以对象以及对象间关系为中心

客观世界中的事物都是对象,对象间存在一定的关系。面向对象软件开发方法是从现实世界中客观存在的事物(即对象)出发来构造软件系统,并在系统构造中尽可能运用人类的自然思维方式,强调直接以问题域(现实世界)中的事物为中心来思考问题、认识问题,并根据这些事物的本质特点,把它们抽象地表示为系统中的对象,作为系统的基本构成单位。这可以使系统直接地映射问题域,保持问题域中事物及其相互关系的本来面貌。

把众多的事物进行归纳分类是人们在认识客观世界时经常采用的思维方法，"物以类聚，人以群分"就是分类的意思，分类所依据的原则是抽象。抽象（Abstraction）就是忽略事物中与当前目标无关的非本质特征，更充分地注意与当前目标有关的本质特征。从而找出事物的共性，并把具有共性的事物划为一类，得到一个抽象的概念。

例如，在设计一个学生成绩管理系统的过程中，考察学生"张三"这个对象时，就只关心他的班级、学号、成绩等，而忽略他的身高、体重等信息。因此，抽象性是对事物的抽象概括描述，实现了客观世界向计算机世界的转化。将客观事物抽象成对象及类是比较难的过程，也是面向对象方法的第一步。例如，将学生抽象成对象及类的过程如图 2.1 所示。

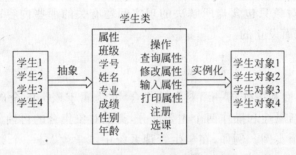

图 2.1 抽象过程示意图

面向对象方法还可以利用抽象思想从客观世界中发现对象之间的关系，其中包括整体对象与部分对象，进而把对象之间的关系抽象为类之间的关系。通过继续运用抽象思想，确定类之间的继承关系。

通过抽象思想，可以建立软件基于对象的系统静态模型，系统其他模型也可以通过类似的方式来建立。通过面向对象建模，对所要解决的问题有了深刻且完整的认识，进而把其转化成可运行的软件，使得计算机内对象是对现实世界对象的抽象。

2.2 面向对象基本概念

面向对象中的基本概念包括对象、属性、操作、类、继承、多态、关联和聚合等。

1. 对象（Object）

面向对象软件开发方法的最终目的是将现实世界的相关事物转化为要开发构造的软件系统中的对象。

与人们认识客观世界的规律一样，面向对象方法认为客观世界是由各种各样的对象组成，每种对象都有各自的内部状态和运动规律，不同对象间的相互作用和联系就构成了各种不同的系统，构成了客观世界。因此，现实世界中存在的任何事物都可以被看做对象。这样的对象可以是有形的，如汽车、教室、学生等；也可以是无形的，如一项计划或者一个抽象概念。无论从哪个方面看，对象都是一个独立单位，它具有自己的性质和行为。对于要构造的特定软件系统模型而言，现实世界的有些对象是有待于抽象的事物。

在面向对象的软件系统模型中，对象是用来描述客观事物的实体，它是组成一个系统的基本逻辑单元。一个对象由一组属性和对这组属性进行操纵的一组操作构成，对象只有在具有属性和行为的情况下才有意义。属性是用来描述对象静态特征的一个数据项,行为是用来描述对象动态特征的一个操作,操作又称为服务,在面向对象编程语言中称为方法。对象是包含客观事物特征的抽象实体,是属性和操作的封装体,可以用"对象=属性+操作"这一公式来表达。在面向对象的软件系统中,客观世界被描绘成一系列完全自治、封装的对象,这些对象通过外部接口访问其他对象。可见,对象是一个有组织形式的含有信息的实体。

在使用面向对象方法进行系统开发时,先要对现实世界中的对象进行分析归纳,以此为基础来定义系统中的对象。系统中的一部分对象是对现实世界中的对象的抽象,但其内容不是全部照搬,这些对象只包含与所解决的现实问题有关的那些内容;系统中的另一部分对象是为了构造系统而设立的。

2. 类(Class)

类是具有相同属性和操作的一组对象的集合,它为属于该类的全部对象提供了统一的抽象描述,其内部包括属性和操作两个主要部分,类是对象集合的再抽象。类的作用是创建对象,对象是类的一个实例。例如,在学生管理系统中,"学生"是一个类,"学生"类具有"学号"、"姓名"、"性别"、"年龄"等属性,还具有"注册"、"选课"等操作。一个具体的"学生"对象就是"学生"类的一个实例。同一个类所产生的对象之间一般有着不同点,因为每个对象的属性值可能是不同的。类与对象的关系如同一个模具与用这个模具铸造出来的铸件之间的关系。类给出了属于该类的全部对象的抽象定义,而对象则是符合这种定义的一个实体。

在寻找类时,要用到两个概念,即抽象与分类。如前所述,抽象就是忽略事物的非本质特征,只注意与当前目标相关的本质特征,从而找出事物的共性。把具有共同性质的事物划分出来,得出一个抽象的概念,即类。

3. 封装(Encapsulation)

封装体现了面向对象方法的"信息隐藏与局部化"原则。

封装把描述一个事物的静态特征和动态行为结合在一起,对外形成该事物的一个界限。在面向对象方法中,封装就是把对象的属性与操纵这些属性的操作包装起来,形成一个独立的实体单位。封装使对象能够集中而完整地描述并对应一个具体的事物,体现了事物的相对独立性。

通过封装,对象的内部信息对外是隐蔽的,外界不能直接存取对象的内部信息(属性)以及隐藏起来的内部操作,外界也不用知道对象操作的内部实现细节,而只能通过有限的接口与对象发生联系。对于对象的外界而言,只需要知道对象所表现的外部行为,不必了解对象行为的内部实现细节。例如,用陶瓷封装起来的一块集成电路芯片,其内部电路是不可见的,而且使用者也不关心它的内部结构,只关心芯片引脚的个数、引脚的电气参数及引脚提供的功能,利用这些引脚,使用者将各种不同的芯片连接起来,就能组装成具有一定功能的模块。

封装的结果使对象以外的部分不能随意存取对象的内部属性,从而有效地避免了外部错误对它的影响,大大减小了查错和排错的难度。另一方面,当对象内部进行修改时,由于它只通过少量的外部接口对外提供服务,因此同样减小了内部的修改对外部的影响。同时,如果一味地强调封装,则对象的任何属性都不允许外部直接存取,要增加许多没有其他意义、只负责读或写的行为;这为编程工作增加了负担,增加了运行开销,并且使得程序显得臃肿。为了避免这一点,在语言的具体实现过程中应使对象有不同程度的可见性,进而与客观世界的具体情况相符合。

封装机制将对象的使用者与设计者分开,使用者不必知道对象行为实现的细节,只需要知道如何使用设计者设计的对象外部接口。封装的结果实际上隐蔽了复杂性,并提供了代码重用性,从而降低了软件开发的难度。

4. 继承(Inheritance)

继承是指特殊类自动拥有或隐含复制其一般类的全部属性与操作,这种机制也称做一般类与特殊类的泛化。继承表示"是一种"的含义,在图2.2中,教师"是一种"人,学生也"是一种"人;"教师"和"学生"作为特殊类继承了一般类"人"的所有属性与操作,继承体现了"一般与特殊"的语义关系。

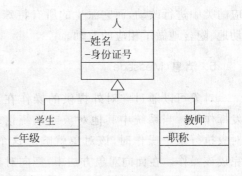

图2.2　继承示例

在类的继承层次中,位于上层的类称为一般类,而位于下层的类则称为特殊类。在图2.2中,"人"是一般类,而"教师"和"学生"是特殊类。

通过不同程度的泛化或者抽象,可以得到较一般的类;而不同程度的细化或者继承,可以得到较特殊的类。图2.3则是基于运输工具类的不同层次的抽象与继承,图中共具有三个不同的层次。从图2.3中还可以看出,继承具有传递性。

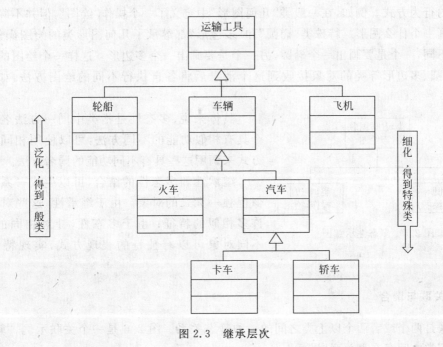

图2.3　继承层次

有时一个类可以同时继承两个或两个以上的一般类的属性和操作,这种允许一个特殊类具有一个以上一般类的继承模式称为多继承,图 2.4 给出了一个多继承的示例。

由此可见,继承是对客观世界的直接反映,通过类的继承,能够实现对问题的深入抽象描述,反映出人类认识问题的发展过程。

在软件开发过程中,继承性实现了软件模块的可重用性、独立性,缩短了开发周期,提高了软件开发的效率,同时使软件易于维护和修改。这是因为要修改或增加某一属性或行为,只需在相应的类中进行改动,而它派生的所有特殊类都自动地、隐含地做了相应的改动。

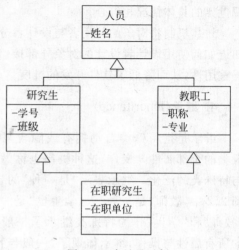

图 2.4　多继承示例

5. 消息(Message)

对象可以通过它对外提供的操作在系统中发挥作用。当系统中其他对象或系统请求这个对象执行某个操作时,该对象就响应这个请求,完成该操作。在面向对象方法中,把向对象发出的操作请求称为消息。

对象之间通过消息进行通信,实现了对象之间的动态联系。至于消息的具体用途,它们有很多种,例如读取或设置对象某个属性的值。

6. 多态(Polymorphism)

面向对象设计借鉴了客观世界的多态性,体现在不同的对象收到相同的消息时产生多种不同的行为方式。例如,在一般类"几何图形"中定义了一个操作"绘图",但并不确定执行时到底画一个什么图形。特殊类"椭圆"和"多边形"都继承了几何图形类的绘图操作,但其功能却不同,一个是要画出一个椭圆,另一个是要画出一个多边形。这样一个绘图的消息发出后,椭圆、多边形等类的对象接收到这个消息后将各自执行不同的绘图方法,如图 2.5 所示。

图 2.5　多态性示意图

具体来说,多态性是指类中同一方法名对应多个具有相似功能的不同方法,可以使用相同的调用方式来调用这些具有不同功能的同名方法。

继承性和多态性的结合,可以生成一系列虽类似但独一无二的对象。由于继承性,这些对象共享许多相似的特征;由于多态性,针对相同的消息,不同对象可以有独特的表现方式,实现特性化的设计。

7. 关联与聚合

关联是两个或者两个以上类之间的一种静态关系。图 2.6 是一个关联示例,"教师"类与"课程"类之间存在着关联"讲授"。

在实例化后,由类产生对象,由类关联关系产生对象之间的联系。关联关系在实现时,可以通过对象的属性值表达出来。例如,由"教师"类创建的一个对象"张老师"中有一个集合类型的属性"讲授的课程",当前该属性的值为"离散数学"和"软件工程",这意味着张老师讲授这两门课程。

图 2.6　关联示例

一个较复杂的对象由其他若干较简单的对象作为其构成部分,把这种对象间的关系称为组合或聚合关系。聚合关系刻画了现实世界事物之间的构成关系,例如圆心与圆之间的关系,计算机与内存间的关系。聚合是具有"整体与部分"语义的关联关系;也就是说,聚合是关联的一种,只是它还具有明显的"整体与部分"含义。

2.3　面向对象方法

面向对象方法的核心思想是利用面向对象的概念和方法,运用面向对象分析(OO Analysis,OOA)技术为软件需求建立模型,使用面向对象设计(OO Design,OOD)技术进行系统设计,采用面向对象编程语言(OO Programming Language,OOPL)完成面向对象系统实现(OO Implementation,OOI),并对系统进行面向对象测试(OO Testing,OOT)和面向对象维护(OO Maintenance,OOM)。

面向对象技术是软件工程领域中的重要技术,是一种把面向对象的思想运用于软件开发过程中指导开发活动的系统方法,是建立在面向对象基本概念基础上的方法。

2.3.1　面向对象方法简介

面向对象思想在程序设计中的应用起源于 20 世纪 60 年代中期的程序设计语言 Simula-67,该语言首次引入了类和继承的概念。随后的 CLU、Ada 和 Modula-2 等语言对抽象数据类型理论的发展起到了重要作用,它们支持数据与操作的封装。1972 年的 PARC 研究中心发布了 Smalltalk-72,其中正式使用了"面向对象"这个术语。Smalltalk 的问世标志着面向对象程序设计方法的正式形成,但是最初的 Smalltalk 语言还不够完善。

PARC 先后发布了 Smalltalk-72、Smalltalk-76 和 Smalltalk-78 等版本,直至 1981 年推出该语言的完善版本 Smalltalk-80。该版本的问世被认为是面向对象语言发展史上的最重要的里程碑,目前绝大部分面向对象的基本概念及其支持机制在 Smalltalk-80 中都已具备。Smalltalk-80 是一个完备的、能够实际应用的面向对象语言,但随后却没有被广泛应用。

从 20 世纪 80 年代中期到 20 世纪 90 年代,面向对象的软件设计和程序设计方法已经发展成为一种成熟、有效的软件开发方法,出现了大批比较实用的面向对象编程语言。现在,在面向对象编程方面,普遍采用语言、类库和可视化编程环境相结合的方式,面向对象方法也从程序设计发展到了分析、设计,进而发展到了整个软件生命周期。

面向对象方法已经成为新的流行趋势,面向对象方法论自 1986 年 Booch 率先提出后,至今已经有 Booch、OMT、OOSE 以及 Coad/Yourdon 等 50 种以上。1997 年,在整合

Booch、OMT、OOSE 以及 Coad/Yourdon 等面向对象方法概念的基础上,提出了统一建模语言(Unificd Modeling Language,UML)。UML 是一种可视化建模语言,完全支持面向对象的软件开发方法。UML 定义了建立系统模型所需要的概念并给出了表示法,但它并不涉及如何进行系统建模。因此,它只是一种建模语言,而不是建模方法;UML 是独立于开发过程的,也就是说,它可以适合于不同的开发过程。

所有的面向对象方法都遵守相同的基本观点,即"面向对象=对象+类+继承+通信"。

(1) 现实世界是由对象组成的。任何客观事物和实体都是对象,复杂对象可以由简单对象组成。

(2) 具有相同数据和操作的对象可以归并为一个类。对象具有封装性,它可以对数据和操作形成一个包装。对象是类的一个实例,一个类可以产生若干对象。

(3) 类可以派生子类,继承能避免共同数据和操作的重复。

(4) 对象之间通过传递消息进行联系。

当前,面向对象方法几乎覆盖了计算机软件领域的所有分支。此外,许多新领域都以面向对象理论为基础或者作为主要技术,如面向对象的软件体系结构、领域工程、智能代理和基于组件的软件工程等。

2.3.2　几种典型的面向对象方法

20 世纪 80 年代以来,随着面向对象技术成为研究热点,出现了几十种支持软件开发的面向对象方法,其中,Booch 方法、Jacobson 方法以及 Coad/Yourdon 方法、OMT 方法在面向对象软件开发界得到了广泛的认可。

1. Booch 面向对象方法

Booch 在 1986 年提出了"面向对象分析与设计"(OOAD)方法,认为软件开发是一个螺旋上升的过程,它强调过程的多次重复。

Booch 面向对象方法的基本开发模型包括逻辑模型、物理模型、静态模型和动态模型。逻辑模型描述系统的类结构和对象结构,分别用类图和对象图表示;物理模型描述系统的模块结构和进程结构,分别用模块图和进程图表示;静态模型描述系统的静态组成结构;动态模型描述系统执行过程中的行为,用状态转换图和时序图表示。

Booch 面向对象方法的开发过程分为技术层开发和管理层开发。技术层开发过程让开发人员有充分的自由度,实践渐进的与可复用的开发理念。管理层开发过程有利于管理者有序地掌握控制开发进度、产品质量以及系统总体结构的正确性。Booch 面向对象方法的系统技术层开发步骤包括发现类与对象、确定类与对象的语义、标识类与对象间关系;而管理层开发步骤包括强调团队技术管理、明确用户关键需求、建立系统分析模型、完善设计系统结构、软件系统实现以及软件交付。

2. Jacobson 面向对象方法

Jacobson 的"面向对象软件工程"(OOSE)方法提出一种用例驱动的面向对象方法,它提供了相应的 CASE 工具来快速建立系统分析模型和系统设计模型。

与系统用户充分交互,明确双方责任,根据用户要求和系统实际运行环境建立用户需求模型和系统分析模型,从而建立面向对象分析模型。其中,建立用户需求模型包括定义执行者及其责任、标识用例、制定初始视图模型、利用用例复审模型等步骤;建立系统分析模型包括标识界面对象、创建界面对象的结构视图模型、表示对象行为操作、分离子系统模型以及利用用例复审模型等步骤。

在建立的分析模型的基础上进行修改、完善,使分析模型适合现实世界环境;同时,创建模块作为主要的设计对象,创建一个显示激励如何在模块间传送的交互图,进而把模块组成子系统,从而建立系统设计模型。

3. Coad/Yourdon 面向对象方法

Coad/Yourdon 的面向对象方法发表于 1991 年,它严格区分了面向对象分析 OOA 和面向对象设计 OOD,其概念由信息模型、模型对象语言及知识库系统衍生而来。

Coad/Yourdon 方法利用 5 个层次和相应的 5 个活动来定义和记录系统行为、输入以及输出,这 5 个层次以及相应的 5 个活动包括:

1) 类与对象层

描述如何发现类与对象。从应用领域开始识别类与对象,形成整个应用的基础,然后据此分析系统的责任。

2) 结构层

该活动分为识别一般与特殊结构和识别整体与部分结构两个步骤,一般与特殊结构捕获并识别出的类的层次结构;整体与部分结构用来表示一个对象如何成为另一个对象的一部分,以及多个对象如何组装成更大的对象。

3) 主题层

主题由一组类及对象组成,用于将类与对象模型划分为更大的单位,便于理解。

4) 属性层

该层包括确认对象属性、定义类实例(对象)之间的实例连接。

5) 服务层

包括确认操作、定义对象之间的消息连接。

在面向对象分析阶段,经过 5 个层次的活动后的结果是一个分成 5 个层次的问题域模型,包括主题、类与对象、结构、属性和服务 5 个层次,由类和对象图表示,5 个层次活动的顺序并不重要。

面向对象设计模型由 4 个部件模型和 4 个活动组成。4 个部件模型是人机接口部件模型、问题域部件模型、任务管理部件模型和数据管理部件模型。相应的 4 个活动是设计问题域部件、设计人机接口部件、设计任务管理部件和设计数据部件。

在 OOD 建立模型的整个过程中始终贯穿 OOA 的 5 个层次和 5 个活动,OOA 的结果就是 OOD 的问题域部件,但在 OOD 中可以改动和增补。

4. OMT 面向对象方法

"面向对象技术"(OMT)方法是 James Rumbaugh 等提出的,该技术从三个相关但体现系统不同方面的角度去对一个系统进行建模,得到对象模型、动态模型和功能模型,每一种模型描述系统的一个方面。

1）对象模型

对象模型通过反映系统中的对象及对象之间的关系以及表示对象、类、属性和操作来表达一个被建模系统的静态结构，对象模型是 OMT 模型中最重要的一个部分，更贴近现实世界。

2）动态模型

动态模型关心的是随着时间的变化，对象与对象之间关系的变化。对象与对象之间相互作用或者事件的发生，导致它们的状态不断发生变化。一个事件是指一个单独对象对另一个对象的激励。

3）功能模型

功能模型确定什么事件发生，动态模型决定什么时候，什么条件下发生，对象模型定位该事件发生在哪个对象上。功能模型反映的是系统模块的输入值和输出值。

这三种模型是随着开发过程不断演变的，即从问题域模型逐步演变为计算机域模型。在系统分析阶段，问题域的模型被创建，这时不用考虑实现；在系统设计阶段，解决方法的一些结构要加到模型中去；在实现阶段，问题域和解决方法的结构要实施为代码。

2.3.3 面向对象方法主要优点

面向对象方法已经成为软件工程技术体系中成熟的软件开发方法，它具有显著的优点。

1. 面向对象方法改变了开发软件的方式

面向对象方法依据人类传统的思维方式，对客观世界建立软件模型，它利用人类对现实问题的讨论与理解方式，有利于人们之间的交流。面向对象方法是以系统的实体为基础，将实体属性及其操作封装成对象，并在分析、设计、实现各个阶段都能将结果直接映射到系统的实体上，这样，很容易为人们理解和接受。面向对象方法在系统分析、设计阶段采用同样的图形表示形式，分析、设计、实现都以对象为基础，因此在面向对象软件开发的各个阶段之间能很好地无缝衔接。

2. 面向对象语言使客观世界到计算机语言鸿沟变窄

机器语言是由二进制的 0 和 1 构成的，离机器最近，能够直接执行，但没有任何形象意义，离人类的思维最远。汇编语言以容易理解的符号表示指令、数据、寄存器、地址等物理概念，稍稍适合人类的形象思维，但仍然相差很远，因为其抽象层次太低，仍需要考虑大量的机器细节。非面向对象的高级编程语言隐蔽了机器细节，使用形象意义的数据命名和表达式，这可以将程序与所描述的具体事物联系起来，尤其是结构化编程语言更便于体现客观事物的结构和逻辑含义，与人类的自然语言接近，但仍有不少差距。面向对象编程语言能比较直接地反映客观世界的本质，并使软件开发人员能够运用人类认识事物所采用的一般思维方法来进行软件开发，从而缩短了从客观世界到计算机实现的语言鸿沟，如图 2.7 所示。

3. 面向对象方法使分析与设计的鸿沟变窄

在结构化的软件开发方法中，对问题域的描述与认识并不以问题域中的事物作为基本单位,而是在全局的范围内以功能、数据或数据量为中心来进行分析。因此运用该方法得到的分析结果不能直接映射到问题域,而是经过不同程度的转化和重新组合。这样容易造成一些对问题域理解的偏差。此外,由于分析与设计的表示体系不一致,导致设计文档与分析文档很难对应,从而产生如图2.8所示的分析与设计鸿沟。

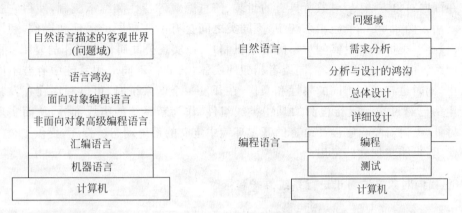

图 2.7　面向对象语言的出现使鸿沟变窄　　　　图 2.8　结构化软件开发过程

实际上并不存在可靠的从分析到设计的转换规则,这样的转换有一定的人为因素,从而容易因为理解上的偏差而埋下隐患。正是这些隐患,使得程序员经常需要对分析文档和设计文档进行重新认识,以产生自己的理解再进行工作,这样使得分析文档、设计文档和程序代码之间不能很好地衔接。因为程序与问题域和前面各个阶段生成的文档不能较好地对应,因而给软件维护也带来了不小的麻烦。

面向对象开发过程的各个阶段都使用了一致的概念和表示法,而且这些概念与问题域的事物是一致的,这对整个软件生命周期的各种开发和管理活动具有重要的意义。首先是分析与设计不存在鸿沟,从而可减少理解偏差并避免文档衔接不好的问题。从设计到编程,模型与程序的主要成分是严格对应的,这不仅有利于设计与编程的衔接,而且还可以利用工具自动生成程序的框架和部分代码。对于测试而言,面向对象的测试工具不但可以根据类、继承和封装等概念与原则提高程序测试的效率与质量,而且可以避免测试程序与面向对象分析与设计模型不一致的偏差。因此,采用面向对象软件开发方法,可以使分析与设计间的鸿沟变窄,如图2.9所示。

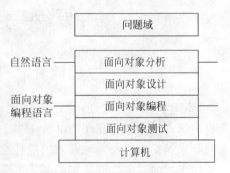

图 2.9　面向对象软件开发过程

4. 面向对象方法能很好地适应需求变化

由于客观世界的实体是不变的,实体之间的联系基本上也是稳定的,因此,面向对象方法在需求变化方面是随着用户的需求变化而做相应改变的。系统的总体结构相对比较稳定,所以变化主要集中在对象属性与操作以及对象之间的消息通信上。由于面向对象方法的封装机制使开发人员可以把最稳定的部分(即对象)作为构筑系统的基本单位,而把容易发生变化的部分(即属性与操作)封装在对象之内,对象之间通过接口进行联系,使得需求变化的影响尽量被限制在对象内部。

5. 面向对象方法容易实现软件复用

在面向对象方法中,对象所具有的封装、信息隐藏等特性和继承机制,使得它容易实现软件复用。例如,在一个应用系统中,不同类之间会有一些相同的属性和操作,利用类可以派生出新类,类可以产生实例对象的继承机制,可以实现公共属性和操作的复用。而在不同的应用系统中也会涉及很多相同或者相似的实体,它们在不同应用系统中有着不同的属性和操作,同时也有很多相同的属性和操作,在开发一个新系统时,可以利用在开发其他系统时产生的已经过实际运行检测的某些类或组件,作为新系统的组成部分,从而实现软件复用。另外,面向对象程序设计语言的开发环境中定义的系统动态链接库,提供了公共使用的程序代码,也能实现软件复用。

6. 面向对象方法易于进行系统维护和修改

面向对象系统由对象组成,对象包含属性和操作两部分,是独立的单元。对象的封装性使得对象之间的联系通过消息进行,使用者只能通过接口访问对象,系统是模块化的体系结构。系统各个对象的接口确定后,分配给不同的开发人员负责具体开发、实现,最后按照规定的接口可以方便地组装成一个完整的系统。如果系统出现错误,只要对导致系统发生错误的这个对象进行修改即可,不至于对整个系统进行改动。

面向对象软件开发方法是一种建立在已有的软件开发经验基础上的新的思考方式。面向对象方法将数据和操作结合为对象,面向对象的核心是封装。在网络分布式计算应用需求日益增长的今天,面向对象技术为网络分布式计算提供了基础性核心技术支持。

2.4 面向对象开发统一过程

2.4.1 统一过程简介

UML 的创始者在创建 UML 的同时,在 1998 年提出了与 UML 配套的面向对象软件开发的统一过程(Unified Process,UP),将核心过程模型化。UML 与 UP 相结合进行软件系统开发是面向对象系统开发的最佳途径。

用于面向对象软件开发的 UP 综合了以前多种软件开发过程的优点,全面考虑了软件开发的技术因素和管理因素,是一种良好的开发模式。UP 的主要特征是以用例驱动开发过程,以系统体系结构为中心,以质量控制和风险管理为目标,采用反复(循环迭代)、渐增式的螺旋上升开发过程。

面向对象软件系统的开发从建立问题域的用例模型开始,用例包含系统的功能描述,所以用例将影响开发过程所有的阶段和视图。用例"驱动"了需求分析之后的所有开发过程。在项目的早期定义了一个基础的体系结构是非常重要的,然后将它原型化并加以评估,最后进行精化。体系结构给出系统的映像,系统概念化、构建和管理都是围绕体系结构进行的。用 UML 建模不要试图一次完成定义系统的所有细节,开发过程由一系列循环的开发活动组成,逐步完善、循环、渐增、迭代、重复是 UP 的主要特色。在 UML 的开发过程中,质量控制贯穿于软件开发的全过程,即质量全程控制。在软件项目立项之初就要尽可能全面认识项目开发的风险,找出减少或避免以及克服风险的对策,因此,风险管理也要贯穿于软件开发的全过程。

　　UML 与 UP 相结合的软件开发过程是基于面向对象技术的,它所建立的模型都是对象模型。软件开发统一过程实际上是一种二维结构的软件开发过程,横轴(时间轴)将软件的开发过程(生命周期)划分为开始、详细规划、系统构建、过渡 4 个阶段;纵轴包含过程成分,即软件项目开发过程的具体工作内容,包括分析、设计、实现、测试等。

2.4.2　统一过程开发阶段

　　面向对象的软件开发统一过程从时间轴看是一个迭代渐增式的开发过程。在开发一个面向对象的软件系统时,可以先选择系统中的某些用例进行开发,完成这些用例的开发后再选择一些未开发的用例,采用如此迭代渐增的开发方式,直至所有用例都被实现。每一次迭代都要编写相应的文档,进行正式的评审,并提交相应的软件。所提交的软件可能是作为中间结果的内部版本,也有可能是早期用户版本。每一次迭代都包含开始、规划、系统构建、过渡 4 个阶段。

1. 开始阶段

　　开始阶段主要是确定软件项目的范围和目标,并进行可行性分析。主要工作包括:
　　(1) 理解问题域的各种业务过程及其之间的关系。
　　(2) 考虑和分析项目的成本以及可能得到的效益和风险。
　　(3) 明确待开发软件项目的意义和价值。
　　(4) 确定是否开发此项目。

2. 详细规划阶段

　　详细规划阶段的主要任务是在开始阶段工作基础上,收集详细的系统需求,进行高层次的系统分析和系统设计。
　　(1) 对要开发的软件项目的问题域和功能做详细分析,给出用例图。
　　(2) 建立系统的基础体系结构。
　　(3) 进行风险分析,并制定相应的对策。
　　(4) 制定开发计划。
　　制定开发计划实际上就是为系统构建阶段制定迭代开发的顺序,制定计划包括用例分类、迭代开发周期界定、迭代中用例分配等。

3. 系统构建阶段

　　系统构建阶段是迭代、渐增地建造系统的过程,通过若干次迭代、循环、重复的工作具体建造软件系统。每次迭代都可以看做开发一个小项目,它应该包含分析、设计、实现、测试等全过程。
　　(1) 渐增式开发:每次迭代都是在前次迭代的基础上增加另外一些新用例的开发。

（2）集成测试：新用例开发完成后要与前次迭代结果集成，进行系统测试。

（3）测试演示：向用户演示测试结果与过程，以表明相关用例已被正确实现。

（4）保存测试案例：所用测试案例都应保存，以便在以后的迭代中进行回归测试。

这种迭代渐增式的开发有助于尽早发现和修改错误，减少开发风险。

4. 过渡阶段

过渡阶段是系统正式投入运行前的阶段，主要工作包括系统 Beta 测试、系统性能调整以及人员培训等。

2.4.3　统一过程成分

统一过程成分实际上是软件开发过程中的一些核心活动，主要包括业务建模、需求分析、系统设计、实现、测试以及配置等。

1. 业务建模

采用 UML 的对象图和类图表示目标软件系统所基于的应用领域中的概念和概念间的关系，这些相互关联的概念构成了领域模型。领域模型一方面可以帮助理解业务背景，与业务专家进行有效沟通；另一方面，随着软件开发阶段的不断推进，领域模型将成为软件结构的主要基础。如果领域中含有明显的流程处理部分，可以考虑利用 UML 的活动图来刻画领域中的工作流，并标识业务流程中的并发、同步等特征。

2. 需求分析

UML 的用例视图以用户为中心，对系统的功能需求进行建模。通过识别位于系统边界之外的参与者以及参与者的目标，来确定系统要为用户提供哪些功能，并用用例进行描述。可以用文本形式或 UML 活动图描述用例，利用 UML 用例图表示参与者与用例之间、用例与用例之间的关系。采用 UML 顺序图描述参与者和系统之间的系统事件。利用系统操作刻画系统事件的发生引起系统内部状态的变化。如果目标系统比较庞大，用例较多，则可以用包来管理和组织这些用例，将关系密切的用例组织到同一个包里，用 UML 包图刻画这些包及其关系。

3. 系统设计

把分析阶段的结果扩展成技术解决方案，包括软件体系结构设计和用例实现的设计。采用 UML 包图设计软件体系结构，刻画系统的分层、分块思路。采用 UML 协作图或顺序图寻找参与用例实现的类及其职责，这些类一部分来自领域模型，另一部分是软件实现新加入的类，它们为软件提供基础服务，如负责数据库持久化的类。用 UML 类图描述这些类及其关系，这些类属于体系结构的不同的包中。用 UML 状态图描述那些具有复杂生命周期行为的类。用 UML 活动图描述复杂的算法过程和有多个对象参与的业务处理过程，活动图尤其适合描述过程中的并发和同步。此外，还可以使用 UML 组件图描述软件代码的静态结构与管理。UML 配置图描述硬件的拓扑结构以及软件和硬件的映射问题。

4．系统实现

把设计得到的类转换成某种面向对象程序设计语言的代码。

5．系统测试

不同的测试小组使用不同的 UML 图作为他们工作的基础。单元测试使用类图和类的规格说明，集成测试使用组件图和协作图，而确认测试使用用例图和用例文本描述来确认系统的行为是否符合这些图中的定义。

6．系统配置

系统配置是在系统建模阶段后期和过渡阶段进行的，主要是根据系统工作环境的硬件设备，将组成系统体系结构的软件组件分配到相应的计算机上。在 UML 中，使用组件图和配置图进行描述。

2.5 本章小结

面向对象软件开发方法解决问题的思路就是从现实世界中的客观对象入手，尽量运用人类的自然思维方式从多个方面来构造软件系统，并在系统构造中尽可能运用人类的自然思维方式，强调直接以问题域（现实世界）中的事物为中心来思考问题、认识问题。面向对象方法最重要的原则是抽象和分类，最基本的概念包括对象、类、封装、继承、消息以及关联等。

基于面向对象技术的面向对象方法目前是一种成熟的软件开发方法，是一种把面向对象的思想运用于软件开发过程中指导开发活动的系统方法，是建立在面向对象基本概念基础上的方法。用于面向对象软件开发的统一过程综合了以前多种软件开发过程的优点，全面考虑了软件开发的技术因素和管理因素，是一种良好的开发模式。软件开发统一过程将软件的开发过程划分为开始、详细规划、系统构建、过渡 4 个阶段；而软件项目开发过程的具体工作内容包括分析、设计、实现、测试等。

本章在运用面向对象基本思想和基本概念的基础上，详细说明了面向对象方法的主要优点并介绍了几种典型的面向对象方法。将面向对象方法与软件开发过程（尤其是统一过程）相结合是进行软件开发的最佳途径，尤其是在面向对象方法的面向对象分析、面向对象设计、面向对象编程、面向对象测试等阶段中，第 3 章将重点介绍面向对象分析技术和面向对象设计。

✅ 习 题 2

1．简要说明面向对象的基本思想。
2．简要说明面向对象方法中的抽象思想及其作用。
3．举例说明对象与类的关系。
4．说明封装体现的原则及其含义。

5．简要说明类之间的静态关系和动态关系。

6．试说明面向对象方法中"一般与特殊"和"整体与部分"关系分别是如何刻画的？

7．试说明结构化方法与面向对象方法对数据和操作的不同处理方法。

8．试说明面向对象方法的主要优点。

9．统一过程的基本特征是什么？

10．试说明统一过程的主要阶段和主要过程成分。

第 **3** 章

面向对象分析与设计技术

在面向对象软件开发方法中，最关键的两个阶段就是面向对象分析 OOA 与面向对象设计 OOD，面向对象分析与面向对象设计就是运用面向对象方法进行系统分析与设计。OOA 的主要任务是分析问题域，找出问题解决方案，发现对象，分析对象的内部结构和外部关系，建立软件系统的对象模型。而 OOD 的主要任务是根据已确定的系统对象模型，运用模型对象技术，进行软件系统设计。本章重点介绍面向对象分析技术、面向对象设计技术以及两者之间的关系。

3.1 面向对象分析技术

3.1.1 OOA 简介

系统分析就是研究问题域，产生一个满足用户需求的系统分析模型，这个模型应能正确描述问题域和系统责任，使后续的软件开发阶段的相关人员能根据这个模型继续进行开发工作。自软件工程学问世以来，已经出现了多种系统分析方法，把面向对象分析方法出现之前的分析方法称为传统系统分析方法。

传统系统分析方法以系统需要提供的功能为中心来组织系统，首先定义各种功能，然后把功能分解为子功能，同时定义功能之间的接口；对较大的子功能再进一步分解，直到可对它给出明确的定义。数据结构是根据功能或子功能的需要设计的。

从系统所需要的功能出发构造系统能够直接反映用户的需求，所以工作很容易开始，但却难以深入和维护。因为功能、子功能、功能接口等系统成分不能直接地映射问题域中的事物，由它们构成的系统只是对问题域的间接映射。运用这种方法，分析人员很难准确、深入地理解问题域，也很难检验分析结果的正确性。同时，这种方法对需求变化的适应能力很差，以功能来构造系统，当需求发生变化时，系统的基本功能模块将随需求的变化产生根本性变化。此外，功能间的接口也要随之改变，这样局部错误和局部修改会很容易产生全局性的影响。

自 20 世纪 80 年代后期以来，相继出现了多种 OOA 方法，各种方法都是基于面向对象的基本概念与原则的，只是在概念与表示法、系统模型和开发过程等方面有差别。OOA 对问题域的观察、分析和认识是很直接的，对问题域的描述也是很直接的，OOA 强调从问题域中的实际事物以及与系统责任有关的概念出发来构造系统模型。OOA 所采用的概念与问题域中的事物保持了很大程度的一致性，不存在分析与设计的鸿沟，更不存在语言上的鸿沟。问题域中有哪些需要考虑的事物,OOA 模型中就有哪些对象,并且对象、对象的属性与操作的对象命名都强调与客观事物一致,OOA 模型的对象是对问题域中事物的完整映射,包括事物的数据静态特征和动态特征,即属性和操作。另外,OOA 模型也保留了问题域中事物之间关系的原貌,因此,OOA 模型的结构与连接如实地反映了问题域中事物间的各种关系。OOA 要求系统各个单元成分之间接口尽可能少,当需求不断变化时,OOA 把系统中最易变化的因素隔离起来,把需求变化所引起的影响局部化。

OOA 的关键是识别出问题域内的对象,并分析它们相互间的关系,最终建立起问题域的简洁、精确、可理解的正确模型。因此,OOA 的基本任务是运用面向对象方法,对问题域和系统责任进行分析和理解,对其中的事物和它们之间的关系产生正确的认识,找出描述问题域和系统责任所需要的类与对象,定义这些类和对象的属性与操作,以及它们之间所形成的结构、静态联系和动态联系。最终目的是产生一个符合用户需求、能直接反映问题和系统责任的 OOA 模型及其详细说明。

3.1.2　OOA 模型

OOA 模型就是通过面向对象分析所建立的系统分析模型,表达了在 OOA 阶段所认识到的系统成分及其彼此关系。在 UML 和系统开发的统一过程中,用可视化建模概念所对应的表示法绘制相应种类的图,从而表示系统在不同角度的视图。在面向对象分析方法中,一般都是将分析得到的有关系统的重要信息放在模型中来表示,其他信息则放在详细说明中,作为对模型的补充描述和后续开发阶段的实施细则。

在 UML 中,使用用例图来捕获和描述用户的要求,即系统需求,从而建立系统的需求模型,也就是用例模型。在 UML 中详细规定了用例模型方面的内容,并且用例模型已经被人们普遍接受。

基于 OOA 建模得到的模型包含对象的三个要素,即静态结构(对象模型)、交互次序(动态模型)和数据变换(功能模型)。

根据解决的问题不同,这三个子模型的重要程度也不同。几乎解决任何一个问题,都需要从客观世界实体及实体间的相互关系抽象出极有价值的对象模型。当问题涉及交互作用和时序时(例如:用户界面、过程控制等),动态模型是很重要的;解决运算量很大的问题时(例如:高级语言编译、科学与工程计算等)时,则所涉及的功能模型变得很重要。动态模型和功能模型中都包含对象模型中的服务(操作)。

1. 对象模型

对象模型描述的是现实世界中对象的静态结构,即对象标识、对象属性、对象操作和对象之间的关系。

对象模型对用例模型进行分析,把系统分解成互相协作的分析类,通过类图或对象图描述对象、对象属性、对象间的关系,它是系统的静态模型,为动态模型和功能模型提供了不可缺少的框架,是动态模型和功能模型赖以活动的基础。

2. 动态模型

动态模型描述了对象中与时间和操作次序有关的各种因素,它关心的是对象的状态是如何变化的,这些变化是如何控制的。动态模型可以用状态图表示,每个对象有它自己的一个状态图,其中的节点表示对象在不同时刻的状态,弧表示状态之间的变化。它描述了系统必须实现的操作。

3. 功能模型

功能模型描述了系统内值的变化,以及通过值的变化表现出来的系统功能、映射、约束和功能依赖的条件。功能模型只考虑系统"干什么"而不考虑系统"何时干"和"如何干",它说明了系统是如何响应外部事件的。

实际上,以图的方式建立系统模型是不够的。对各种图中的建模元素,还要按照一定的要求进行规约;用图表示的模型再加上模型规约,才构成完整的系统模型。

3.1.3　OOA 过程

面向对象分析大体上按照建立功能模型、建立对象模型、建立动态模型、定义服务的顺序来进行。

1. 建立功能模型

功能模型从功能角度描述对象属性值的变化和相关的方法操作,表明了系统中数据之间的依赖关系以及有关的数据处理功能,它由一组数据流图组成。其中的处理功能可以用IPO 图、伪码等多种方式进一步描述。

建立功能模型首先要画出顶层数据流图,然后对顶层图进行分解,详细描述系统加工、数据变换等,最后描述图中各个处理的功能。

2. 建立对象模型

复杂问题或大型系统的对象模型由主题层(也称为范畴层)、类与对象层、结构层、属性层和服务层 5 个层次组成,如图 3.1 所示。

这 5 个层次不是构成软件系统的层次,而是分析过程中的层次,也可以说是问题的不同侧面,每个层次的工作都为系统的规格说明增加了一个组成部分。当 5 个层次的工作全部完成时,面向对象分析的任务也就完成了。

图 3.1　对象模型的层次

1) 确定类与对象

类与对象是在问题域中客观存在的,系统分析人员的主要任务就是通过分析找出这些类与对象。首先找出所有候选的类与对象;然后从候选的类与对象中筛选掉不正确的或不必要的项。

步骤 1:找出候选的类与对象

对象是对问题域中有意义的事物的抽象,它们既可能是物理实体,也可能是抽象概念,在分析所面临的问题时,可以参照几类常见事物,找出当前问题域中的候选类与对象。

另一种更简单的分析方法是所谓的非正式分析。这种分析方法以用自然语言书写的需求陈述为依据,把陈述中的名词作为类与对象的候选者,用形容词作为确定属性的线索,把动词作为操作(服务)候选者。当然,用这种简单方法确定的候选者是非常不准确的,其中往往包含大量不正确的或不必要的事物,还必须经过更进一步的严格筛选。通常,非正式分析是更详细、更精确的正式的面向对象分析的一个很好的开端。

步骤2:筛选出正确的类与对象

非正式分析仅仅帮助人们找到一些候选的类与对象,接下来应该严格考察候选对象,从中去掉不正确的或不必要的对象,仅保留确实应该记录其信息或需要其提供服务的那些对象。筛选时主要依据下列标准,删除不正确或不必要的类与对象:

① 冗余:如果两个类表达了同样的信息。

② 无关:仅需要把与本问题密切相关的类与对象放进目标系统中。

③ 笼统:需求陈述中笼统的、泛指的名词。

④ 属性:在需求陈述中有些名词实际上描述的是其他对象的属性。

⑤ 操作:正确地决定把某些词作为类还是作为类中定义的操作。

⑥ 实现:去掉仅和实现有关的候选的类与对象。

2) 确定关联

两个或多个对象之间的相互依赖、相互作用的关系就是关联。分析确定关联,能够认清问题域的边界情况,有助于发现那些尚未被发现的类与对象。

步骤1:初步确定关联

在需求陈述中使用的描述性动词或动词词组,通常表示关联关系。因此,在初步确定关联时,大多数关联可以通过直接提取需求陈述中的动词词组而得出。通过分析需求陈述,还能发现一些在陈述中隐含的关联。最后,分析员还应该与用户以及领域专家讨论问题域实体间的相互依赖、相互作用关系,根据领域知识再进一步补充一些关联。

步骤2:自顶向下

把现有类细化成更具体的子类,这模拟了人类的演绎思维过程。从应用域中常常能明显看出应该做的自顶向下的具体化工作,例如带有形容词修饰的名词词组往往暗示了一些具体类,但是在分析阶段应该避免过度细化。

3) 识别结构

结构指的是多种对象的组织方式,用来反映问题空间中的复杂事物和复杂关系,这里的结构包括分类结构与聚集结构。分类结构针对的是事物的类别之间的组织关系,即一般与特殊关系;而聚集结构则对应着事物的整体与部件之间的组合关系。

使用分类结构,可以按事物的类别对问题空间进行层次化的划分,体现现实世界中事物的一般性与特殊性。例如在交通工具、汽车、飞机、轮船这几件事物中,具有一般性的是交通工具,其他则是相对特殊化的。因此可以将汽车、飞机、轮船这几种事物的共有特征概括在交通工具之中,也就是把对应于这些共有特征的属性和操作放在"交通工具"这种对象之中,而其他需要表示的属性和操作则按其特殊性放在"汽车"、"飞机"、"轮船"这几种对象之中,在结构上,则按这种一般与特殊的关系,将这几种对象划分在两个层次中。

聚集结构表示事物的整体与部件之间的关系。例如把汽车看成一个整体,那么发动机、变速箱、刹车装置等都是汽车的部件,相对于汽车这个整体就分别是一个局部。

4) 识别主题

对一个实际的目标系统,特别是大的系统而言,尽管通过对象和结构的认定对问题空间中的事物进行了抽象和概括,但对象和结构的数目仍然是可观的,因此如果不对数目众多的对象和结构进行进一步的抽象,势必造成对分析结果理解上的混乱,也难以搞清对象、结构之间的关联关系,因此引入主题的概念。

主题是一种关于模型的抽象机制,它给出了一个分析模型的概貌。也就是通过划分主题,把一个大型、复杂的对象模型分解成几个不同的概念范畴。

主题直观地来看就是一个名词或名词短语,与对象的名字类似,只是抽象的程度不同。识别主题的一般方法包括:

① 为每一个结构追加一个主题。

② 为每一种对象追加一个主题。

③ 如果当前的主题的数目超过了 7 个,就对已有的主题进行归并,归并的原则是,当两个主题对应的属性和操作有着较密切的关联时,就将它们归并成一个主题。

5）定义属性

属性是数据元素,用来描述对象或分类结构的实例。定义一个属性有以下三个基本原则。

① 要确认它对响应对象或分类结构的每一个实例都是适用的。

② 考察属性在现实世界中与这种事物的关系是不是足够密切。

③ 认定的属性应该是一种相对的原子概念,即不依赖于其他并列属性就可以被理解。

3. 建立动态模型

当问题涉及交互作用和时序时(例如：用户界面、过程控制等),建立动态模型则是很重要的。

建立动态模型的第一步是编写典型交互行为的脚本。脚本是指系统在某一执行期间内出现的一系列事件。编写脚本的目的是保证不遗漏重要的交互步骤,它有助于确保整个交互过程的正确性和清晰性。第二步是从脚本中提取出事件,确定触发每个事件的动作对象以及接受事件的目标对象。第三步是排列事件发生的次序,确定每个对象可能有的状态以及状态间的转换关系。最后,比较各个对象的状态,检查它们之间的一致性,确保事件之间的匹配。

4. 定义服务

通常在完整地定义每个类的操作之前,需要先建立起动态模型和功能模型,通过对这两种模型的研究,能够更正确更合理地确定每个类应该提供哪些服务。

正如前面已经指出的那样,“对象”是由描述其属性的数据以及可以对这些数据施加的服务(操作)封装在一起构成的独立单元。因此,为建立完整的动态模型,既要确定类的属性,又要定义类的服务。在确定类中应有的服务时,既要考虑类实体的常规行为,又要考虑在本系统中特殊需要的服务。

首先考虑常规行为,在分析阶段可以认为类中定义的每个属性都是可以访问的,即假设在每个类中都定义了读、写该类每个属性的操作。其次,从动态模型和功能模型中总结出特殊服务。最后,应该尽量利用继承机制以减少所需定义的服务数目。

总之,面向对象分析大体上按照寻找类与对象、识别结构、识别主题、定义属性、建立动态模型、建立功能模型、定义服务的顺序进行。分析不可能严格地按照预定顺序进行,大型、复杂系统的模型需要反复构造多遍才能建成。通常,先构造出模型的子集,然后再逐渐扩充,直到完全、充分地理解了整个系统,才能最终把模型建立起来。

3.2　面向对象设计技术

3.2.1　OOD 简介

软件开发是对问题求解的过程,它应该包括认识和描述两个过程。如果将分析看做对问题求解的分析过程,设计则是对问题求解的描述过程。设计是对问题域外部可见行为的规格说明增添实际的计算机系统实现所需要的细节,包括关于人机交互、任务管理和数据管理等。软件设计与系统分析不同,系统分析人员关心的是用户世界、问题、应用域以及系统的基本工作,而设计员关心把分析结果转换为特定的软硬件实现方面的工作。

面向对象设计就是运用面向对象方法进行系统设计。OOD 与传统的设计方法不同,它仍然采用面向对象分析所采用的模型,所不同的是它现在更加面向用户和计算机系统,从 4 个不同的侧面继续演化 OOA 阶段所生成的分析结果。传统的设计方法(如结构化设计方法)与分析方法之间不能达到这种描述工具的一致,需要进行一定的转换,由于不存在一个语义一致的转换规则或转换工具,这种转换总会造成一定的偏差,同时使得系统分析员和设计人员不能达到良好的沟通,因为他们之间没有一致的表达语言和描写规则。

从分析过渡到设计,分析阶段所遵循的一些原则毫无疑问也将被继承下来,这些原则包括抽象、分类、封装、继承、聚合、关联、消息通信等。

总的来说,OOD 具有以下优点:

(1) 可以对付更富于挑战性的问题域。OOA 极大地加强了对问题域的理解,OOD 和面向对象编程维持问题域的语义。

(2) 改善了问题域专家、分析人员、设计人员和程序员之间的交流。OOD 运用人类思维中普遍采用的组织法则来组织设计。

(3) 加强了分析、设计和编程之间的内在一致性。OOD 通过把属性和服务看做一个内在的整体缩小了不同活动之间的距离。

(4) 明确地表示共性。OOD 运用继承来识别和概括属性与服务的共性。

(5) 能够构造对变化具有弹性的系统。OOD 在问题域结构中把易变部分打包,对于变化的需求和相似的系统能提供稳定性。

(6) 重用 OOA、OOD 和 OOP 结果,既适合于系统家族,也适合于系统中的特殊交换。OOD 基于问题域和实现域的约束而构造的结果支持重用和后续的重用。

(7) 提供一种对 OOA、OOD 和 OOP 相互一致的基本表示。OOD 提供一种连贯的表示,把 OOA 结果系统地延伸到 OOD 和 OOP。

3.2.2　OOD 准则

优秀的系统设计,是权衡了各种因素,从而使得系统在其整个生命周期中的总开销最小的设计。对大多数软件系统而言,60%以上的软件费用都用于软件维护,因此,优秀软件设计的一个主要特点就是容易维护。

关于 OOD 遵循的准则,结构化方法中软件设计的基本原理在进行面向对象设计时仍然成立,但是增加了一些与面向对象方法密切相关的新特点,从而具体化为面向对象设计准则。

1. 模块化

对象是把数据结构和操作这些数据的方法紧密地结合在一起所构成的模块。面向对象软件开发模式支持把系统分解成模块的设计原理。

2. 抽象

OOD 不仅支持过程抽象,还支持数据抽象和参数化抽象。

(1) 数据抽象。

类实际上是一种抽象数据类型,它对外开放的公共接口构成了类的规格说明,这种接口规定了外界可以使用的合法操作符,利用这些操作符可以对类实例中包含的数据进行操作。

(2) 参数化抽象。

参数化抽象是指当描述类的规格说明时并不具体指定所要操作的数据类型,而是把数据类型作为参数。例如,C++语言提供的"模板"机制就是一种参数化抽象机制。

3. 信息隐藏

在面向对象方法中,信息隐藏通过对象的封装性实现;类结构分离了接口与实现,从而支持了信息隐藏。

4. 弱耦合

耦合指一个软件结构内不同模块之间互连的紧密程度。在面向对象方法中,对象是最基本的模块,因此耦合主要指不同对象之间相互关联的紧密程度。

弱耦合是优秀设计的一个重要标准,因为这有助于使得系统中某一部分的变化对其他部分的影响降到最低程度。在理想情况下,对某一部分的理解、测试或修改,无须涉及系统的其他部分。

当然,对象不可能是完全孤立的,当两个对象必须相互联系相互依赖时,应该通过类的公共接口实现耦合,而不应该依赖于类的具体实现细节。一般说来,对象之间的耦合可分为交互耦合和继承耦合两大类。

(1) 交互耦合。

对于交互耦合,对象之间的耦合通过消息连接来实现。为使交互耦合尽可能松散,应该遵守下述准则。

① 尽量降低消息连接的复杂程度。

② 应该尽量减少消息中包含的参数个数,降低参数的复杂程度。

③ 减少对象发送或接收的消息数。

（2）继承耦合。

继承是一般化类与特殊类之间耦合的一种形式,应该提高继承耦合程度。从本质上看,通过继承关系结合起来的基类和派生类,构成了系统中粒度更大的模块。因此,它们彼此之间应该结合得越紧密越好。

为获得紧密的继承耦合,特殊类应该确实是对它的一般类的一种具体化。因此,如果一个派生类摒弃了它的基类的许多属性,则它们之间是弱耦合的。在设计时应该使特殊类尽量多继承并使用其一般化类的属性和服务,从而更紧密地耦合到其一般化类。

5. 强内聚

内聚衡量一个模块内各个元素彼此结合的紧密程度。可以把内聚定义为设计中使用的一个组件内的各个元素,对完成一个定义明确的目的所作出的贡献程度。在设计时应该力求做到强内聚。在面向对象设计中存在以下三种内聚。

（1）操作内聚。

若一个操作只完成一个功能,则说它是强内聚的。若一个操作实现多个功能,或者只实现一项或多项功能的部分功能,则这个操作是不理想的,即它是低内聚的。

一般而言,一项操作的功能若能用一个简单的句子描述,它就可能是强内聚的。从实现上看,若一个操作的方法中分支语句过多,或嵌套层次过深,其内聚性可能就不同。

（2）类内聚。

类内聚指的是没有多余的属性和操作,其内的属性和操作都是应该描述类本身的责任,而且其内的所有操作作为一个整体在功能上也是强内聚的。

设计类的原则是,一个类应该只有一个用途,它的属性和服务应该是强内聚的。类的属性和服务应该全都是完成该类对象的任务所必需的,其中不包含无用的属性或服务。如果某个类有多个用途,通常应该把它分解成多个专用的类。

（3）一般与特殊内聚。

设计出的一般与特殊结构,应该符合多数人的概念,更准确地说,这种结构应该是对相应的领域知识的正确抽取。紧密的继承耦合与高度的一般与特殊内聚是一致的。

6. 可重用

软件重用是提高软件开发生产率和目标系统质量的重要途径。可复用的软件制品都应该是经过实际检验的,重用已有的软件制品,能节省软件成本,提高质量和生产率。重用基本上从设计阶段开始。

对面向对象方法而言,应该充分利用已有的类库、模式库以及组件库,以重用其中的类、模式以及组件。

3.2.3　OOD 模型

在 OOA 阶段只考虑问题域和系统责任,在 OOD 阶段则要考虑与具体实现有关的问题,这样做的主要目的是:

（1）使反映问题域本质的总体框架和组织结构长期稳定,但细节可变。

（2）把稳定部分(问题域部分)与可变部分(实现细节相关部分)分开,使得系统能从容地适应变化。

（3）有利于同一个系统分析模型用于不同的设计与实现。

（4）支持相似系统的分析与设计。

（5）使一个成功的系统具有超出其生存周期的可扩展性。

为了达到上述目的，面向对象方法设立了如图 3.2 所示的 OOD 模型。

OOD 模型包含一个核心部分，即问题域部分；还有 4 个外围部分，即人机交互部分、任务管理部分、数据管理部分和组件与配置部分。初始问题域部分实际上就是 OOA 模型，要按照实现条件对其进行补充和调整；人机交互部分即人机界面部分；任务管理部分用来定义和协调并发的各个控制流；数据管理部分用来对永久对象的存取建模；组件与配置部分中的组件模型用来描述组件以及组件之间的关系，配置模型用来描述节点、节点之间的关系以及组件在节点上的分布。上述每个部分仍采用 OOA 模型中的概念和表示法，只是增加了描述组件与配置部分的组件图和配置图。

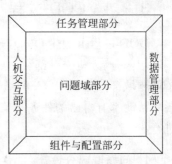

图 3.2　OOD 模型

要将 OOA 模型作为 OOD 模型的问题域部分，要对它进行必要的调整和增补，而不进行转换。OOA 主要是从问题域识别有关的对象以及它们之间的关系，初始一个映射问题域、满足用户要求、独立于实现的 OOA 模型；而 OOD 主要解决与软件实现有关的问题，即基于 OOA 模型，针对具体的软硬件条件，生成一个可实现的 OOD 模型。

OOA 阶段被忽略的各种实现条件，在 OOD 阶段必须考虑。下面来分析和讨论各种实现条件对 OOD 模型产生的影响。

1. 编程语言

用于实现的编程语言对问题域部分的设计影响最大，其中包括两方面的问题：一是选定的编程语言可能不支持某些面向对象的概念与原则，如多继承；二是 OOA 阶段可能将某些与编程语言有关的对象细节推迟到 OOD 阶段来定义。在确定编程语言之后，这些问题都要给出完整的解决方法。

2. 硬件、操作系统及网络设施

选用的计算机、操作系统及网络设施对 OOD 的影响包括对象在不同站点上的分布、主动设计、通信控制以及性能改进措施等。这些对问题域部分和任务管理部分都有影响。

3. 复用支持

如果存在已经进行过设计和编码的可复用类组件，用以代替 OOA 模型中新定义的类无疑将提高设计与编程效率，但这需要对模型做适当的修改与调整。

4. 数据管理系统

选用的数据管理系统（例如文件系统或者 DBMS）主要影响 OOD 模型为数据管理部分的设计，但也需要对问题域部分的某些类补充该接口所要求的属性与操作。

5.界面支持系统

它是指支持用户界面开发的软件系统,主要影响人机交互部分的设计,对问题域部分影响很少,只是两部分之间需要互传消息而已。

3.2.4　OOD 过程

OOD 过程由上述 OOD 模型的 5 个部分对应的 5 项活动组成。OOD 过程不强调针对问题域部分、人机交互部分、任务管理部分和数据管理部分的执行顺序。对于各项活动,除了问题域部分是在 OOA 的结果上进行修改、调整和补充外,其余的与 OOA 的活动类似,但各项活动都有自己的任务与策略。建立组件与配置部分模型的活动在上述 4 个部分完成后进行。

1.问题域部分设计

在 OOD 中,OOA 的结果就是问题域部分(Problem Domain Component,PDC),而且是一个完整的部分。问题域部分设计就是在 OOA 分析结果基础上进行修改和增删,而形成面向计算机系统的对象模型。在 OOD 中对 OOA 结果进行修改并不是造成一个新的认识鸿沟,只是按照特定的应用领域解决特定的设计问题时所应有的变化,对 OOA 产生模型的类与对象、结构、属性、操作进行组合与分解,增加必要的类、属性和关系。

传统的设计方法中分析与设计不存在一个平稳的过渡,一般是将分析结果进行不同的转换,一个设计人员不能根据设计模型理解问题域中的内容。面向对象方法强调保持问题域的原样,来加强分析人员、设计人员与用户的交流与沟通,同时保持问题域的原样,也能保证系统核心的稳定性。

在 OOD 阶段对 OOA 进行修改和增补时一般遵循以下准则:

(1)依照面向对象设计的准则审核每个类。

在问题域系统中,仔细对照面向对象设计的准则,审查 OOA 中的每个类。

(2)重用设计和编程类。

根据需要重用现成的类,现成类是已有的 OO 语言或非 OO 语言编写的可用源程序。

(3)通过增添超类而建立协议。

将问题域许多不同的类聚集在一起,这时可建立一个新的父类,即超类,将这许多类作为该超类的子类。这样一方面有助于改进模型的可理解性,同时可以在超类中给出一个公共的协议,用来与其他子系统或与外部系统部件进行通信,通信的细节在子类中定义。

(4)基于语言调整继承支持级别。

如果 OOA 模型依赖于多重继承而设计者发现最终用于实现系统的编程语言只能支持单继承或不具备继承机制,这时就需要修改原来的类层次结构。

(5)修改设计以提高性能。

如果开发的系统在执行速度上要求严格,就需对问题域部分加以修改,例如合并那些消息频繁连接的类。

图 3.3 描绘了银行储蓄系统的 PDC,为简单起见,以简单的类表示方式描述。

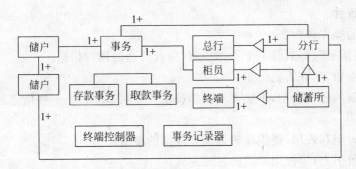

图 3.3　银行储蓄系统的 PDC

2. 人机交互部分设计

人机交互部分(Human Interface Component,HIC)表示用户与系统打交道的命令以及系统提供给用户的信息。现今的用户对软件系统的交互方面的要求越来越高,人机界面的设计在软件系统开发中所占的地位也越来越重要。尤其是新一代的人机办公将是"以人为中心的计算",人机交互部分的设计作为一个独立且重要的领域,就显得越发重要。

最终的系统是要提供给用户使用的。用户对系统的理解,包括用户要操纵的系统中的"事物"、系统能够完成的功能以及任务的实施过程,决定了用户对系统的使用,而用户对系统的使用是通过人机界面来进行的。

面向对象方法在设计阶段考虑人机交互部分,目的是在开发 OOA 模型时集中对问题的分析,可以避免依赖于实现的细节,如窗口和屏幕等。

人机交互部分设计的策略包括:

(1) 对人进行分类。

利用一般-特殊关系将人进行分类,增加与系统交互的人的子集,这些子集可以根据具体的需要采用不同的原则进行分类,如按技能层次分类、按组织层次分类、按不同组的成员分类。

(2) 利用用例描述人以及任务脚本。

利用用例描述人的任务,在描述时,可以考虑以下因素:

① 用户类型。

② 使用系统欲达到的目的。

③ 特征(年龄、教育水平、限制等)。

④ 关键的成功因素。

⑤ 熟练程度。

⑥ 任务脚本。

(3) 设计命令层。

为用户设计命令形式,研究现有的人机交互含义和准则。如果在微型计算机上使用,现在 Windows 已成为微型计算机上图形用户界面事实上的工业标准,应该仔细研究。同时结合本系统与用户的特点,设计出最友好的人机界面。

(4) 细化命令层。

在设计人机交互命令时,应注意以下原则:

① 操作一致性。

② 尽量少的操作步骤。

③ 不要"哑播放",即对每一个操作步骤,应有合适的回应信息。

④ 撤销和重做,允许人们出错。

⑤ 减少人脑的记忆负担,不能要求操作员从一个窗口中抄下一些信息然后在另一个窗口中使用。

⑥ 学习的时间和效果,提供联机帮助和详细的参考信息。

⑦ 趣味与吸引力,应使用新颖的界面方式。

（5）设计人机交互类。

从主窗口和部件的人机交互开始,以分类或聚集的结构设计出各层的窗口类,每个类中封装了菜单条、下拉菜单、弹出菜单的定义;定义了用来创建菜单、加亮选择项、引用相应的响应所需的服务;说明了所有的物理对话、窗口的实际显示,设计人员可以重用现成的类。

（6）设计原型。

在对人机交互部分的设计中,有时设计人机交互原型是非常必要的。这样,用户可对提出的交互活动进行体验和操作,从而找出不足。这对于完善交互设计系统起到了监督和促进作用,使将来设计的界面更令人满意。

如图 3.4 所示是储蓄系统的 HIC,由各种窗口组成,实际上,每个窗口对象可以进一步分解为各种文本域、选择按钮、图符等。当然,如果有现成的构成 GUI 的类库,那么可以直接利用,只需提供合适的参数就行。

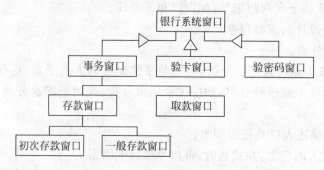

图 3.4 银行储蓄系统的 HIC

3. 任务管理部分的设计

任务管理部分（Task Management Component,TMC）的功能是负责控制和协调系统任务。该设计工作的一项重要内容就是,确定哪些是必须同时动作的对象,哪些是相互排斥的对象,即分析并发性,然后进一步设计任务管理子系统。

常见的任务有事件驱动型任务、时钟驱动型任务、优先任务、关键任务和协调任务等。任务管理部分的设计包括确定各类任务并把任务分配给适当的硬件或软件去执行。

任务管理部分的设计策略包括:

（1）确定任务的特性。

（2）定义一个协调者来协调任务和与之关联的对象。

（3）集成其他任务和协调者。

（4）确定任务的特性。

（5）集成其他任务和协调者。

任务管理部分的设计步骤包括：

（1）确定事件驱动型任务。

事件通常是表明某些数据到达的信号。某些任务是由事件驱动的，这类任务可能主要完成通信工作，例如：与设备、屏幕窗口、其他任务、子系统、另一个处理器或其他系统的通信。

在系统运行时，这类任务的工作过程如下：任务处于睡眠状态（不消耗处理器时间），等待来自数据线或其他数据源的中断；一旦接收到中断就唤醒该任务，接收数据并把数据放入内存缓冲区或其他目的地，通知需要知道这件事的对象，然后该任务又回到睡眠状态。

（2）确定时钟驱动型任务。

某些任务每隔一定时间间隔就被触发以执行某些处理。例如，某些设备需要周期性地获得数据；某些人机界面、子系统、任务、处理机或与其他系统需要周期性的通信。在这些场合往往需要使用时钟驱动型任务。

时钟驱动型任务的工作过程如下：任务设置了唤醒时间后进入睡眠状态；任务睡眠（不消耗处理器时间），等待来自系统的中断；一旦接收到这种中断，任务就被唤醒并做它的工作，通知有关的对象，然后该任务又回到睡眠状态。

（3）确定优先任务。

优先任务可以满足高优先级或低优先级的处理需求。高优先级是指某些服务具有很高的优先级，为了在严格限定的时间内完成这种服务，可能需要把这类服务分离成独立的任务。而低优先级是指与高优先级相反，有些服务是低优先级的，属于低优先级处理（通常指那些背景处理）。设计时可能用额外的任务把这样的处理分离出来。

（4）确定关键任务。

关键任务是指与系统成功或失败相关的关键处理，这类处理通常都有严格的可靠性要求。在设计过程中可能用额外的任务把这样的关键处理分离出来，以满足高可靠性处理的要求。对高可靠性处理应该精心设计和编码，并且应该严格测试。

（5）确定协调任务。

当系统中存在三个以上任务时，就应该增加一个任务，用它作为协调任务。

引入协调任务会增加系统的总开销（增加从一个任务到另一个任务的转换时间），但是引入协调任务有助于把不同任务之间的协调控制封装起来。使用状态转换矩阵可以比较方便地描述该任务的行为。这类任务应该仅做协调工作，不要让它再承担其他服务工作。

（6）尽量减少任务数。

必须仔细分析和选择每个确实需要的任务，应该使系统中包含的任务数尽量少。

（7）确定资源需求。

设计者在决定到底采用软件还是硬件的时候，必须综合权衡一致性、成本、性能等多种因素，还要考虑未来的可扩充性和可修改性。

在如图3.5所示的储蓄系统中，通过读卡器将存折的账号读入，密码也由储户从密码输入器输入，那么可以设计两个

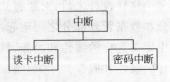

图 3.5　银行储蓄系统的 TMC

任务,即读卡中断和密码中断,分别接收读卡器的数据和密码输入器的数据。

读卡器和密码输入器如何接收数据的过程被封装在相应的"读卡中断"和"密码中断"类中,接收数据之后,将它进行相应的处理并送到有关的对象中。图3.6以读卡为例,表明了银行储蓄系统中 TMC、PDC、HIC 之间如何工作。银行储蓄系统中 TMC、PDC、HIC 相互隔离,每一子系统内部的信息对系统其他部分是隐藏的,它们相互之间通过消息进行联系。

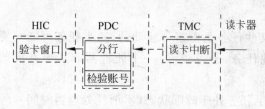

图 3.6   HIC、PDC 以及 TMC 的联系

银行系统 TMC 的"读卡中断"平常处于睡眠状态,当读卡器开始工作时,"读卡中断"被唤醒,获得数据,向 PDC 的"分行"类发送消息,要求检验账号,"分行"类接收消息后,执行相应的服务,将结果发给 HIC 的"验卡窗口"类,"验卡窗口"类接到消息,将相应的检验结果以一定的方式显示在屏幕上。

很明显,在这个过程中,需要做许多工作。但这样做的好处是能提高系统的可维护性和可修改性,系统只需要修改一小部分就能适应一个新的环境。

例如读卡器的读卡方式发生变化或验卡窗口的显示方式发生变化,只需修改相应的读卡中断或验卡窗口而不影响系统其他部分。

4. 数据管理部分的设计

数据管理子部分(Data Management Component,DMC)是系统存储或检索对象的基本设施,建立在某种数据存储管理系统之上,并且隔离了数据存储管理模式的影响,数据存储管理模式可以采用文件管理系统、关系数据库管理系统或面向对象数据库管理系统。数据管理部分主要是设计数据格式和相应的服务。

(1) 设计数据格式。

如果使用文件管理系统,则需要定义第一范式表,列出每个类的属性表;把属性表规范成第一范式,从而得到第一范式表的定义。如果使用关系数据库管理系统,需要定义第三范式表,列出每个类的属性表;把属性表规范成第三范式,从而得出第三范式表的定义。如果使用面向对象数据库管理系统,则不需要规范化属性的步骤,因为数据库管理系统本身具有把对象值映射成存储值的功能。

(2) 设计相应的服务。

如果某个类的对象需要存储起来,则在这个类中增加一个属性和服务,用于完成存储对象自身的工作,应该把为此目的而增加的属性和服务作为"隐含"的属性和服务,即无须在面向对象设计模型的属性和服务层中显式地表示它们,仅需在关于类与对象的文档中描述它们。

这样设计之后,对象将知道怎样存储自己。用于"存储自己"的属性和服务,在问题域部分和数据管理部分之间架起一座必要的桥梁。利用多重继承机制,可以在某个适当的基类中定义这样的属性和服务,然后,如果某个类的对象需要长期存储,该类就从基类中继承这样的属性和服务。

3.3　OOA 与 OOD 的关系

在面向对象分析阶段,针对现实世界,把需求转化为用面向对象概念所建立的模型,以易于理解问题域和系统责任,最终建立一个映射问题域,满足用户需求、独立于系统实现的 OOA 模型。面向对象设计就是在 OOA 模型基础上运用面向对象方法,主要解决与实现有关的问题,目标是生成一个符合具体实现条件的可实现的 OOD 模型。与实现条件有关的因素包括图形用户界面、硬件、操作系统、数据管理系统和编程语言等。

由于 OOD 以 OOA 模型为基础,且 OOA 与 OOD 采用一致的概念和表示法,这使得从 OOA 到 OOD 不存在转换,只需要做必要的修改和调整,或者补充某些细节并增加与实现有关的相对独立的部分。因此,OOA 与 OOD 之间不存在传统方法中分析与设计之间的鸿沟,二者能够紧密衔接,大大降低了从 OOA 过渡到 OOD 的难度、工作量和出错率。

OOA 与 OOD 之间不强调严格的阶段划分,但是 OOA 和 OOD 有着不同的侧重点和不同分工,并因此而具有不同的开发过程和具体策略。关于 OOA 与 OOD 的分工,目前有两种不同观点,即纵向分工观点和横向分工观点。

1. 纵向分工观点

“分析”着眼于系统“做什么”,不管“怎么做”,不涉及细节;“设计”解决有关“怎么做”的问题,描述有关的细节。按照这种观点,关于对象属性与操作的细节都不在 OOA 中考虑,而放到 OOD 阶段进行细化。

2. 横向分工观点

“分析”只针对问题域和系统责任,不考虑与实现有关的因素,建立一个独立于实现的 OOA 模型,这个 OOA 模型是问题域和系统责任的完整表达,包括对属性与操作的表达;“设计”则考虑与实现有关的问题(如选用的编程语言、数据库管理系统和图形用户界面等),建立一个针对具体实现的 OOD 模型。

实际上,面向对象软件开发方法中一般采用横向分工观点,理由如下:

(1) 过分强调“分析”不考虑“怎么做”将无法深入认识某些必须在 OOA 考虑的问题。例如,完全不考虑对的操作怎么执行,可能会使系统分析员难以发现它与其他对象之间的联系,并难以认识它需要其他对象为它做什么。既然不可避免地要认识“怎么做”的问题,则应及时地把获得的认识表达出来。

(2) 这种观点把仅与问题域或系统责任有关的对象以及类的描述在分析阶段一次完成(但不排除在设计阶段的必要修改或补充),避免了在设计时再对分析结果进行一次细化,从而减少了分析与设计的工作量总和,并使文档更为简练。

(3) 从 OOA 到 OOD 不需要把类转换为另外一种表示形式,因此对其属性与操作的描述无论在何时进行,工作内容和表示形式都是一样的。但分析人员比设计人员更了解问题域和系统责任,不存在一定要把细化工作留给设计人员的必要。

(4) 有利于分析结果的复用。由于 OOA 模型独立于实现,以其为基础可以针对不同实现条件设计出不同的 OOD 模型,从而在最大程度上对 OOA 结果进行复用。

基于横向分工观点,将对问题域和系统责任的认识,包括"怎么做"的问题,尽量在 OOA 模型中表示出来。但是,不强调严格的阶段划分,允许把在 OOA 阶段不能最终确定的、与实现环境有关的"怎么做"问题放到 OOD 阶段解决。

3.4　本章小结

面向对象分析方法使得软件分析人员能够通过对对象、属性和操作的表示来对问题建模。OOA 中引入了许多面向对象的概念和原则,如对象、属性、服务、继承、封装等;并利用这些概念和原则来分析、认识和理解客观世界,将客观世界中的实体抽象为问题域中的对象,即问题对象,分析客观世界中问题的结构,明确为完成系统功能,对象间应具有的联系和相互作用。

当 OOA 建模完成后,便可以开始设计整个系统,即从面向对象分析到面向对象设计的阶段。OOA 侧重于用户需求的分析和对问题域的理解,分析人员关心的是系统结构及对象间的关系,OOD 则侧重于系统的实现,设计人员关心的是对象的行为及其实现。OOD 首先从 OOA 的结果开始,并将其从问题域映射到实现域;为满足实现的需要,还要增加一些类、结构及属性和服务,并对原有类及属性进行调整。此外,还要完成任务管理、人机交互界面的设计等。

习　题　3

1. 面向对象分析的主要任务是什么?
2. 试详细说明面向对象分析的三要素(三个子模型)。
3. 试说明面向对象分析的过程。
4. 请指出 OOA 中对象模型的 5 个层次。
5. 试说明 OOD 的主要优点。
6. 请指出 OOD 的设计准则与目的。
7. 请指出强耦合与弱耦合的区别。
8. 试说明 OOD 模型的 5 个部分。
9. 试说明 OOA 与 OOD 的关系。
10. 建立习题管理系统的对象层。该系统的功能需求为:在一个习题库下,各科老师可以在系统中编写习题及标准答案,并将编写的习题和答案加入题库中,或者从题库中选取一组习题组成向学生布置的作业,并在适当的时间公布答案。学生可以在系统中完成作业,也可以从题库中选择更多的习题练习。老师可以通过系统检查学生的作业,学生可以在老师公布答案后对自己的练习进行核对。系统维持对题库的管理,并对老师和学生的权限进行检查,只有本课程的老师才可以提交或修改习题,并指定哪些习题答案可以向学生公开。
11. 分析第 10 题中的习题管理系统的对象属性及服务,并画出该习题 OOA 模型对象图。
12. 针对第 10 题中的习题管理系统定义系统的结构和连接关系,并画出完整的类图。

第4章

UML建模技术

本章将介绍面向对象软件建模中的 UML 建模语言,并通过实例来介绍如何使用 UML 来进行建模。UML 是软件和系统开发的标准建模语言,它主要以图形的方式对系统进行分析、设计。开发人员主要使用 UML 来构造各种模型,以便描述系统的需求和设计。本章先从面向对象建模开始对软件开发过程中的模型及如何建模进行描述,然后对 UML 建模中的 9 种模型图分成用例模型图(用例图)、静态模型图(类图、对象图、组件图和配置图)和动态模型图(活动图、顺序图、协作图和状态图)进行一一介绍。通过对本章的学习,读者能深刻体会到使用 UML 对系统建模带来的高效性和简捷性。

4.1 面向对象建模及 UML 简介

4.1.1 面向对象建模

建模是为了能够更好地理解正在开发的系统。所谓模型,就是为了理解事物而对事物做出的一种抽象模拟,是对事物的一种无歧义的书面描述。通常,模型由一组图示符号和组织这些符号的规则组成,利用它们来定义和描述问题域中的术语和概念。更进一步讲,模型是一种思考工具,利用这种工具可以把知识规范地表示出来。模型可以帮助思考问题、定义术语、在选择术语时做出适当的假设,并且可以保持定义和假设的一致性。

在系统设计中采用模型化设计的一个重要原因是简化系统设计的复杂性。模型化可以帮助用户从高层理解系统,使用户专注于系统设计的重要部分,收集关键信息,而不需要关心一些无关的部分。模型是组织大量信息的一种有效机制。

通过建模,可以达到 4 个目的:

(1) 有助于按照实际情况或按照所需要的样式对系统进行可视化。

(2) 能够规约系统的结构或行为。

(3) 给出指导构造系统的模板。

(4) 对做出的决策进行文档化。

为了开发复杂的软件系统,系统分析人员应该从不同的角度抽象出目标系统的特性,使用精确的表示方法构造系统的模型,验证模型是否满足用户对目标系统的需求,并在设计过程中逐渐把和实现有关的细节加进模型中,直至最终用程序实现模型。对于那些因过分复杂而不能直接理解的系统,特别需要建立模型。建模的目的主要是为了减少复杂性,人的头脑每次只能处理一定数量的信息,模型通过把系统的重要部分分解成人的头脑一次能处理的若干个子部分,从而减少系统的复杂程度。

用面向对象方法开发软件,通常需要建立三种形式的模型,它们分别是描述系统数据结构的对象模型,描述系统控制结构的动态模型和描述系统功能的功能模型。这三种模型都涉及数据、控制和操作等共同的概念,只不过每种模型描述的侧重点不同。这三种模型从三个不同但又密切相关的角度模拟目标系统,它们各自从不同侧面反映了系统的实质性内容,综合起来则全面地反映了对目标系统的需求。一个典型的软件系统组合了上述三方面的内容,软件系统使用数据结构(对象模型),执行操作(动态模型),并且完成数据值的变化(功能模型)。

4.1.2 UML 简介

UML 是一种标准的建模语言,是用来为面向对象开发系统的产品进行说明、可视化和编制文档的方法。它主要以图形的方式对系统进行分析、设计。软件工程领域在 1995—1997 年取得了前所未有的进展,其成果超过了软件工程领域过去 15 年来的成就总和。其中最重要、具有划时代重大意义的成果之一就是 UML 的出现。从第一个 UML 标准 1.0 于 1997 年推出以来,软件产业界支持 UML 的各种工具和平台也被迅速推出,UML 及其平台已被广泛应用于软件开发的各个阶段,包括分析、设计、测试、实现、配置和维护过程。由于 UML 已由国际对象管理组织(Object Management Group,OMG)标准化为软件建模的统一语言,因此在工业界、学术界已被广泛承认与采用。在世界范围内,UML 是面向对象技术领域内占主导地位的标准建模语言。

UML 的核心是由视图(Views)、图(Diagrams)、模型元素(Model Elements)和通用机制(General Mechanism)等几部分组成。

视图用来表示被建模系统的各个方面(从不同的目的出发,为系统建立多个模型,这些模型都反映同一个系统,且具有一致性)。视图由多个图(Diagrams)构成,它们不是一张简单的图片,而是在某一个抽象层上对系统的抽象表示。同时不同视图之间存在一些交叉,因此一幅图可以作为多个视图的一部分。如果要为系统建立一个完整的模型图,只需要定义一定数量的视图,每个视图表示系统的一个特殊的方面就可以了。另外,视图还把建模语言和系统开发时选择的方法或过程连接起来。UML 中具有多种视图,细分起来共有用例视图、逻辑视图、并发视图、组件视图和配置视图 5 种。

用例视图定义系统的外部行为,帮助人们理解和使用系统。用例视图包括用例图(Use Case)和活动图(Activity Diagram)。它的主要作用是描述系统的功能需求,找出用例和执行者。同时它也是系统的中心,决定了其他视图的开发。

逻辑视图描述了支持用例视图的逻辑结构,它包括类图(Class Diagram)、状态图(State Diagram)、顺序图(Sequence Diagram)、协作图(Collaboration Diagram)和活动图。它的主要作用是描述如何实现系统内部的功能及系统的静态结构和因发送消息而出现的动态协作关系。

并发视图主要描述形成系统并发与同步机制的线程和进程,是逻辑视图面向进程的变体。它包含顺序图、协作图、状态图、活动图、组件图(Component Diagram)和配置图(Deployment Diagram)。

组件视图描述代码部件的物理结构以及各组件之间的依赖关系。一个组件可能是一个资源代码部件、一个二进制部件的物理结构或一个可执行部件,它包含逻辑类或实现类的有关信息。它主要是由组件图来描述的。

配置视图定义系统中软件硬件的物理体系结构,如计算机、硬件设备以及它们相互间的连接。它主要是由配置图来描述的。

每一种 UML 的视图都是由一个或多个图组成的,一个图就是系统架构在某个侧面的表示,所有的图一起组成了系统的完整视图。UML 定义了 9 种不同的图的类型,如图 4.1所示,把它们有机地结合起来就可以描述系统的所有视图。UML 建模结构图可以分为两大类:一类是静态图,包括用例图、类图、对象图、组件图和配置图;另一类是动态图,包括顺序图、协作图、状态图和活动图。

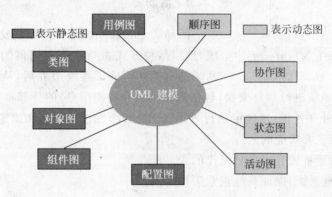

图 4.1 UML 建模结构图

UML 利用若干视图从不同的角度来描述一个系统,每种视图由若干幅模型图进行描述,每幅模型图由若干个模型元素来描述。模型元素代表面向对象中的类、对象、用例、接口、包、消息和关系等概念,是构成图的最基本的常用概念。一个模型元素可以用在多个不同的图中,无论怎样使用,它总是具有相同的含义和相同的符号表示。模型元素包括事物和事物之间的关系,是 UML 中重要的组成部分。

通用机制用于表示其他信息,如注释、模型元素的语言等。另外,它还提供扩展机制,使UML 能够适应一个特殊的方法,或扩充至一个组织或用户。

4.2 用例视图

人们在进行软件开发时,无论是采用面向对象方法还是传统方法,首先要做的就是了解需求。由于用例图是从用户角度来描述系统功能的,所以在进行需求分析时,用例图可以更好地描述系统应具备什么功能。用例图由开发人员与用户经过多次商讨而共同完成,面向对象软件建模的其他部分都是从用例图开始的。这些图以每一个参与系统开发的人员都可以理解的方式列举系统的业务需求。

用例视图中可以包含若干个用例(Use Case)。用例图用来表示系统能够提供的功能(系统用法),一个用例是系统功能(用法)的一个通用描述。用例视图是其他视图的核心和基础,其他视图的构造和发展依赖于用例图中所描述的内容。因为系统的最终目标是提供用例视图中描述的功能,同时附带一些非功能的性质,因此用例视图影响着其他视图。同时,用例视图还可用于测试系统是否满足用户的需求和验证系统的有效性。

在 UML 中,用例用椭圆来表示,它用来记录用户或外界环境从头到尾使用系统的一系列事件。用户被称为"活动者"(Actor),活动者可以是人,也可以是另一个系统。它与当前的系统进行交互,向系统提供输入或从系统中获得输出,用一个人形(Stickman)来表示。用例图显示了用例和活动者、用例与用例之间以及活动者与活动者之间的关系。关系描述模型元素之间的语义连接。在 UML 中,关系使用实线来表示,实线可以有箭头,也可以没有箭头。

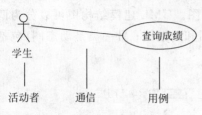

图 4.2　学生成绩查询用例图

例如在学生成绩管理系统中,学生要查询自己的成绩,其用例图如图 4.2 所示。

1. 活动者

活动者是指在系统外部与系统交互的人或其他系统,他以某种方式参与系统内用例的执行。当划分了系统的范围并明确了系统边界后,从系统应用的角度出发,找寻那些与系统进行信息交换(包括数据信息和控制信息)的外部事物,包括系统使用人员、硬件设备及外部系统,来确定执行者。可以从以下角度来寻找和确定活动者:

(1) 使用系统主要功能的人。

(2) 需要借助于系统完成日常工作的人。

(3) 维护、管理系统,保证系统正常工作的人。

(4) 系统是否使用外部资源。

(5) 系统和已经存在的系统是否存在交互。

例如,在学生成绩管理系统中,除了查询成绩的学生之外,还有以下活动者:

(1) 系统管理员对系统的更新和维护。

(2) 老师对学生成绩进行查询和更新数据。

2. 用例

用例代表的是一个完整的功能,是活动者想要系统做的事情。它是特定活动者对系统的"使用情况"。用例一般具有以下特征:

(1) 用例总是由活动者开始的。

用例所代表的功能必须由活动者激活,然后才能执行。

(2) 用例总是从活动者的角度来编写的。

由于用例描述的是用户的功能需求,只能从用户的角度出发才能真正了解用户需要什么样的功能。

(3) 用例具有完全性。

用例是一个完整的描述。虽然在编程实现时,一个用例可以被分解成为多个小用例(函数或方法),每个小用例之间可以互相调用执行,但是只有最终产生了返回给活动者的结果值,才能说用例执行完毕。

实际上,从识别活动者起,发现用例的过程就已经开始了。对于已识别的活动者,可以从以下一些角度发现用例:

（1）活动者需要从系统中获得哪种功能？

（2）活动者需要读取、产生、修改、删除或是存储系统中的某种信息吗？

（3）需要将外部的哪个变化告知系统吗？

（4）需要将系统的哪个事件告知活动者吗？

（5）如何维护系统？

3．用例图内元素的关系

一般将活动者和用例之间的关系称为通信，而用例与用例之间可以存在的关系分为泛化（Generalization）、包含（Include）、扩展（Extend）和使用（Use）4 种。另外，活动者与活动者之间也可以存在泛化关系。

（1）泛化关系。

UML 中的泛化关系就是通常所说的继承关系，表示几个元素的某些共性。它是通用元素和具体元素之间的一种分类关系。在 UML 中，用一端为空心三角形的连线表示泛化关系，三角形的顶角紧挨着通用元素。

例如在买票系统中，个人购买和团体定购都是买票的特例，肯定有一些共同的特征，将这些共同的特征抽象出来，定义一个"买票"的基本用例（基用例），个人购买和团体购买从"买票"的基用例继承。可以用如图 4.3 所示的用例图来表示。

如果多个活动者之间存在很多共性，就可以使用泛化来分解共性行为。例如，在学生成绩管理系统中，涉及用户包括系统管理员（Admin）和学生（Student），他们都是用例图中的活动者，他们的主要特征相似，都具有姓名和学号等信息，所以可以抽象出"基"活动者 People。用例图可以表示为如图 4.4 所示的形式。

图 4.3　用例的泛化关系

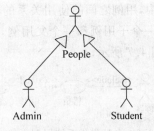

图 4.4　活动者的泛化关系

（2）包含关系。

包含关系指的是两个用例之间的关系，其中一个用例（基用例）的行为包含另一个用例的功能。如果两个以上的用例有相同的功能，则可以将这个功能分解到另一个用例中，基用例则包含了分解出来的新用例的功能。

例如，在学生成绩管理系统中，学生和系统管理员都需要先登录然后才能进行相关的操作。这时就可以分解一个登录用例出来，让学生和系统管理员都包含它。在 UML 中使用<<include>>表示包含关系，如图 4.5 所示。

包含关系是比较特殊的依赖关系，它们比一般的

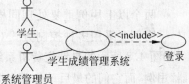

图 4.5　学生成绩管理系统用例图中的包含关系

依赖关系多了一些语义。在包含关系中,箭头的指向是从基本用例到包含用例,也就是说,基本用例依赖于包含用例。

（3）扩展关系。

扩展关系的基本含义与泛化关系类似,但对扩展用例有更多的限制,即基用例必须有若干个"扩展点"。而扩展用例只能在扩展点上增加新的行为和含义。也就是说,扩展关系允许一个用例(可选)扩展另一个用例(基用例)提供的功能。与包含关系一样,扩展关系也是依赖关系,而包含关系是特殊的依赖关系,这两个关系都是把相同功能分离到另一个用例中。在 UML 中,对扩展用例有更多的规则限制:

- 基本用例可以是独立的。
- 在一定条件下,基本用例的动作可由另外一个用例扩展而来。
- 基本用例必须注明若干"扩展点",扩展用例只能在这些扩展点上增加一个或多个新的动作。
- 通常将一些常规的动作放在一个基本用例中,将非常规动作放在它的扩展用例中。

在 UML 中使用<<extend>>表示扩展关系,箭头的方向是从扩展用例到基用例。

例如,在自动售货机系统中,"售货"是一个基本的用例,如果顾客购买罐装饮料,售货功能可以顺利完成。但是,如果顾客要购买用纸杯装的散装饮料,则不能执行该用例提供的常规动作,而要做些改动。我们可以修改售货用例,使之既能提供销售罐装饮料的常规动作又能提供销售散装饮料的非常规动作。我们可以把常规动作放在售货用例中,把非常规动作放置于销售散装饮料用例中,这两个用例之间的关系就是扩展关系,如图 4.6 所示。

（4）使用关系。

使用关系也是一种继承关系。在使用关系中,一个用例使用另一个用例的功能和行为。在 UML 中,用例之间的使用关系的图形描述和用例的继承关系一样,用一条带空心箭头的实线连接一个子用例和一个父用例,实线上方标明构造型<<use>>表明两个用例是使用关系,如图 4.7 所示。

图 4.6　自动售货系统用例中的扩展关系

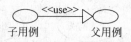

图 4.7　用例之间的使用关系

图中表明,子用例在使用父用例的功能和行为。如果有多个子用例使用同一个父用例,表明这些子用例在共享父用例的功能和行为。

在系统分析与设计中,可以从以下几点考虑来定义用例之间的关系:

- 一个用例偶尔使用另一个用例的功能描述时,采用继承关系。
- 两个以上用例重复处理同样的动作,可以采用使用关系和包含关系。
- 用例要采用多种控制方式对异常或任选动作进行处理时,采用扩展关系。

如图 4.8 所示的自动售货机系统中,"供货"与"收货款"这两个用例的开始动作都是"打开机器"用例,而它们的最后动作都是"关闭机器"用例,"供货"与"收货款"用例在执行时必须使用这两个用例。"售货"是一个基本用例,定义的是销售罐装饮料,而用例"销售散装饮料"则是在继承了"售货"的一般功能的基础上进行了修改,增加了新的功能,因此是"售货"用例的扩展。

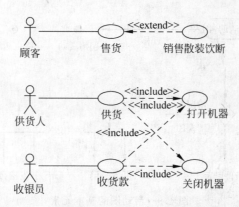

图 4.8 含有使用关系的扩展关系的用例图

4.3 动态模型图

4.3.1 活动图

用例图显示系统应该做什么,活动图则指明了系统将如何实现它的目标。活动图显示链接在一起的高级动作,代表系统中发生的操作流程。活动图用来描述面向对象系统的不同组件之间建模工作流和并发过程行为。

活动图用来描述采取何种动作、做什么(对象状态改变)、何时发生(动作序列)以及在何处发生(泳道)。在 UML 中,活动图可以用做下述目的:

* 描述一个操作执行过程中所完成的工作(动作),这是活动图最常见的用途。
* 描述对象内部的工作。
* 显示如何执行一组相关的动作以及这些动作如何影响它们周围的对象。
* 显示用例的实例如何执行动作以及如何改变对象状态。
* 说明在一次商务活动中人(角色)的工作流组织和对象是如何工作的。

在运行着的系统中,各种对象时刻都处于某种活动状态中,正是这一系列的活动完成了某些特定的系统功能(用例)要求。活动图本质上是一种流程图,其中几乎所有或大多数的状态都处于活动状态,它描述从活动到活动的控制流。用来建模工作流时,活动图可以显示用例内部和用例之间的路径;活动图还可以向读者说明需要满足什么条件用例才会有效,以及用例完成后系统保留的条件或者状态;在活动图建模时,常常会发现前面没有想到、附加的用例。在某些情况下,常用的功能可以分离到它们自己的用例中,这样便大大减少了开发应用程序的时间。

1. 活动图的基本要素

活动图的基本元素包括活动、迁移、起始活动、终止活动、条件判定以及并发活动,如图 4.9 所示。

起始活动显式地表示活动图中一个工作流程的开始,用实心圆表示;在一个活动图中,只有一个起始活动。终止活动表示了一个活动图的最后和终结活动,用实心圆外加一个小

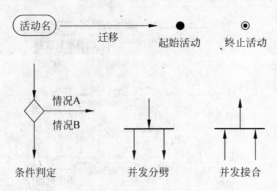

图 4.9　活动图的基本元素

圆圈来表示；在一个活动图中，可以有 0 个或多个终止状态。活动图中的动作用一个圆角四边形表示。动作之间的转移用带有箭头的实线来表示，称为迁移，箭头上可以还带有条件或者动作表达式。

条件用来约束转移，条件为真时迁移才可以开始。用菱形符号来表示决策点，决策符号可以有一个或多个进入转移，两个或更多的带有条件的外出迁移。可以将一个迁移分解成两个或更多的迁移，从而导致并发的动作。所有的并行迁移在合并之前必须被执行。一条粗黑线表示将迁移分解成多个分支，并发动作同样用粗黑线来表示分支的合并，粗黑线称为同步棒。

2. 泳道

活动图告诉人们发生了什么，但是不能告诉该项活动由谁来完成。对于程序设计而言，活动图没有指出每个活动是由哪个类负责。而对于建模而言，活动图没有表达出某些活动是由哪些人或哪些部门负责。虽然可以在每个活动上标记出其所负责的类或者部门，但难免带出诸多麻烦。泳道的引用解决了这些问题。

泳道将活动图划分为若干组，每一组指定给负责这组活动的业务组织，即对象。在活动图中泳道区分了负责活动的对象，它明确地表示了哪些活动是由哪些对象进行的。在包含泳道的活动图中每个活动只能明确地属于一个泳道。

3. 活动图建模步骤

活动图描述用例图，用活动流来描述系统参与者和系统之间的关系。建模活动图也是一个反复的过程，活动图具有复杂的动作和工作流，检查修改活动图时也许会修改整个工程。所以有条理地建模会避免许多错误，从而提高建模效率。在建模活动图时，可以按照以下 5 步来进行：

(1) 标识需要活动图的用例。

(2) 建模每一个用例的主路径。

(3) 建模每一个用例的从路径。

(4) 添加泳道来标识活动的事务分区。

(5) 改进高层活动并添加到更多活动图。

下面以学生成绩管理系统中，学生对成绩查询用例建模活动图为例来介绍如何建立活动图：

首先应该标识用例图，把学生查询成绩这个用例从完整的用例图中独立出来，具体的用例图如图 4.10 所示。

然后建立主路径，表示主要的流程，如图 4.11 所示。

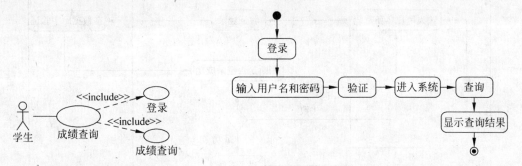

图 4.10　学生成绩查询用例图　　　　　图 4.11　学生成绩查询活动图主路径

活动图的主路径描述了用例图的主要工作流程，此时的活动图没有任何转移条件或错误处理。建模从路径的目标就是进一步添加活动图的内容，包括判断、转移条件和错误处理等。在主路径的基础上完善活动图，如图 4.12 所示。

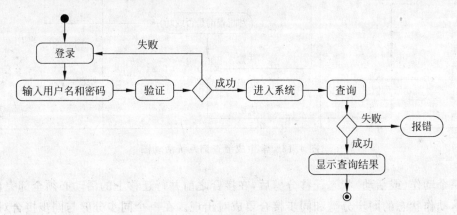

图 4.12　学生成绩查询活动图

在活动图中，加入泳道能够清晰地表达出各个活动由哪些部分负责。前面已经完成了对从路径的添加，虽然完整地描述了用例但从整体上来看图形很杂乱。为了解决图形杂乱的问题，可以为活动图添加泳道。

活动图建模的最后一步强调了反复建模的观点。在这一步中，需要退回到活动图中添加更多的细节。在大多数情况下，要退回活动图选择复杂的活动，不管是一个活动还是所有活动。对于这些复杂的活动，需要更进一步进行建模带有开始状态和结束状态完整描述活动的活动图。最后的活动图如图 4.13 所示。

4. 活动图中的并发与同步活动

在活动图中，一个动作（或活动）状态的迁移可以分劈成两个或多个导致并行动作（或活动）状态的迁移；若干个来自并行动作（或活动）的迁移也可以接合成一个迁移。值得注意

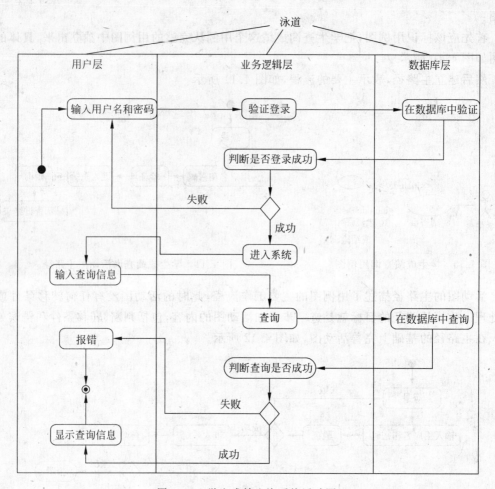

图 4.13　学生成绩查询系统活动图

的是,一个动作(或活动)状态迁移分劈后,在接合之前并行迁移上的活动必须全部完成。也就是说,动作状态的同步分劈和同步接合要成对出现。在一个同步分劈与同步接合对中,可以嵌套另一个同步分劈与同步接合对。图 4.14 中就出现了同步分劈与同步接合对。

4.3.2　顺序图

在面向对象方法中,对象之间通过发送消息来相互通信,消息发送应遵循一定的通信协议。当一个对象调用另一个对象的操作时,消息通常是通过简单的操作调用来实现的。一条消息被画成从消息的发送者指向接收者的一个箭头线,线上标有消息内容标识。消息一旦发送,系统控制权便从发送者转移到接收者。当一个操作被执行后,控制权将返回给消息发送者,并携带一个回送值。

对象之间的通信可以同步进行,也可以异步进行。在 UML 中,消息的分类可以从两个角度区分,一是从消息触发的动作来区分,二是从消息的过程控制流进行区分。通过发送消息可以触发的动作包括:

- 创建一个对象或释放一个对象。

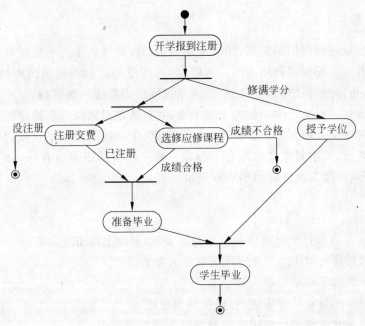

图 4.14　活动图中的并发分劈与接合

- 调用另一个对象的操作。
- 调用本对象的操作。
- 发送信息给另一个对象。
- 返回值给调用者。

消息分为简单消息、同步消息、异步消息和返回消息 4 种,如图 4.15 所示。

1. 简单消息

表示控制流,用带叉形箭头的实箭线表示。它展示了控制如何从一个对象传递到另一个对象,但不描述任何通信的细节。当通信细节不清楚或在图中涉及不到时,使用这种消息类型。

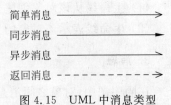

图 4.15　UML 中消息类型

2. 同步消息

它是一种嵌套的控制流,用带实心三角形箭头表示。同步消息通常用操作调用来实现。这种消息的处理一般在被调用的操作执行后,调用者再继续执行。当消息被处理完后,可以回送一个简单消息,或者是隐含地返回。

3. 异步消息

它是异步控制流,用带半叉的实箭线表示。它没有明显的返回信息回送给调用者。消息的发送者在发送消息后就继续执行,而不等待消息的处理。这种通信方式通常用于对象并发执行的实时系统。

4. 返回消息

表示控制流从过程调用的返回,用带叉形箭头的虚箭线表示。一般可以省略,隐含表示每一个调用都有一个配对的调用返回。省略时,返回值可以标在初始调用的箭线上。对于非过程控制流,包括并行处理和异步消息,表示返回的虚箭线不能省略。

顺序图用来描述对象之间动态的交互关系,着重体现对象间消息传递的时间顺序,是一种强调消息的时序交互图。它由活动者、对象、消息、生命线和激活期组成。在 UML 中,对象表示为一个矩形,其中对象名称标有下标线;消息在顺序图中由有标记的箭头表示;生命线由虚线表示,激活期由薄薄的矩形框表示。

1. 对象

顺序图中所包含的每个对象用一个对象框表示,对象名需带下划线。

(1) 对象名后面可以跟":"及创建该对象的类名。

(2) 对象一般位于顺序图的顶部。

(3) 交互频繁的对象尽量靠拢,可以使画面清晰。

(4) 对整个交互活动进行初始化的对象放在图的最左边。

(5) 在交互过程中产生的对象应放在产生该对象的时间点处。

(6) 过程中对象改变了属性值、状态或角色,则在生命线上该对象的改变点处画上该对象的图符副本,并注明有关的变更。

2. 生命线

对象框下面的一条垂直虚线,称为该对象的生命线,表示该对象的生存时间。

(1) 生命线从该对象创建开始到释放,其生存期多长,虚线就有多长。

(2) 生命线表示该对象的生命处在休眠期,等待消息的激活。

3. 消息

在顺序图中,对象之间消息的传递用两个对象生命线之间的消息箭头线表示,用来指出该对象执行期间的时序。

(1) 在顺序图中,不同的消息表示对象间不同的类型的通信。

(2) 简单消息表示消息类型未知或与类型无关,或是一个同步消息的返回。

(3) 同步消息表示发送对象必须等接收对象完成消息的处理后才能继续执行。

(4) 异步消息表示发送对象在消息发送后继续执行,而不等待接收对象的返回消息。

(5) 传送延迟可用倾斜的箭头表示,意思是消息发送后需经历一段延迟时间才被接收。

4. 激活期

对象生命线上的一个细长方形框,表示该对象的激活时间段。

(1) 当一个休眠的对象接收到一个消息时,该对象开始活动,称为激活。

(2) 激活展示了某时间点哪个对象能够响应或发送消息,执行动作或活动。

(3) 一个激活的对象要么在执行自己的代码,要么在等待另一个对象的返回。

（4）按垂直坐标从上到下的次序读顺序图，可以观察到随时间的前进消息通信的顺序。

（5）激活期长方形的上端与动作的开始时间齐平，下端与动作的完成时间齐平。

（6）激活期外，对象处在休眠期，什么事都不做，但它仍然存在，等待消息的激活。

下面通过对学生成绩管理系统中的学生成绩查询用例来介绍如何建立顺序图。

分析学生成绩查询用例，主要的事件流如下：

（1）学生进行登录界面。

（2）学生输入登录信息并登录。

（3）系统对登录信息进行验证。

（4）登录成功则出现查询主界面；登录失败则回到登录界面。

（5）学生输入查询信息。

（6）系统对学生输入的信息进行查询。

（7）数据库中有相关的成绩信息则在界面中显示出来；没有相关成绩的信息则在界面返回查询错误信息。

从事件流中发现本用例涉及以下对象：

（1）界面。

（2）对于业务层的操作，也应该有对象进行处理。

（3）事件流中设计的活动者有学生和数据库。

最后，分析对象、活动者之间的交互消息，本用例主要有以下交互：

（1）学生通过界面发送登录界面。

（2）界面向控制对象发送登录信息。

（3）控制对象向数据库请示验证登录。

（4）登录成功则显示查询界面。

（5）登录失败则返回登录界面。

（6）学生向界面输入查询信息。

（7）将查询信息传送到控制对象。

（8）控制对象将查询信息发送到数据库进行查询。

（9）若有相关信息则返回成绩信息；若查询失败则返回查询错误信息。

具体的顺序图如图 4.16 所示。

4.3.3　协作图

协作图和顺序图都可以用来描述系统对象之间的交互。顺序图强调一组对象之间操作调用的时间顺序，协作图则强调这组对象之间的关系。协作图中包含一组对象及其相互间的关联，通过关联上传递的消息描述组成系统的各个成分之间如何通过协作以实现系统的行为。协作图由活动者、对象、连接和消息等基本元素组成。

1．对象

与顺序图一样，协作图中的对象也用短式标记，即在一个方框内标识对象名。对象一般在协作图中担当一个具体的角色，可以把对象名写为对象的角色名。如果不标明角色名，则说明该对象角色为匿名对象。

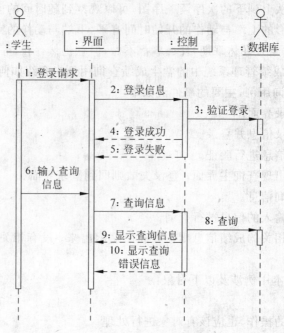

图 4.16 学生成绩查询顺序图

2. 连接

在协作图中,对象之间的连接用连接两个对象的实线表示。在连接上可以标明角色名。连接角色名用来说明连接路径,规定在交互中对象之间连接的角色类型。

3. 消息

将协作图画成对象图,图中的消息箭头表示对象之间的消息流,消息上标以序号,说明消息发送的顺序,还可以指明条件、重复和回送值等。一个协作图从一个引起整个系统交互或协作的消息开始,例如调用某一个操作。

顺序图和协作图都描述交互,但是顺序图强调的是时间,而协作图强调的是空间。连接显示真正的对象以及对象间是如何联系在一起的。在协作图中,对象同样是用一个对象图符来表示的,箭头表示消息发送的方向,而消息的执行顺序则由消息的编号来标明。协作图中的消息由标记在连接上方的带有标记的箭头表示。

协作图更侧重于说明哪些对象之间有消息传递,而不像顺序图那样侧重于在某种特定的情形下对象之间传递消息的时序性。与顺序图中从上而下的生命线相比,通过编号来看消息执行的时间顺序显然要困难得多。但是,协作图中对象间灵活的空间布局使人们可以更方便地展示另外一些有用信息。例如,更易于显示对象之间的动态连接关系。

协作图中消息执行顺序的编号方案有很多种,可以自行挑选,最常用的有以下两种方案。

(1)从 1 开始,由小到大顺序排列。

(2)一种小数点制编号方案,其中整数位常常用来表示模块号。

如图 4.17 所示是一个蜂窝电话的协作图。

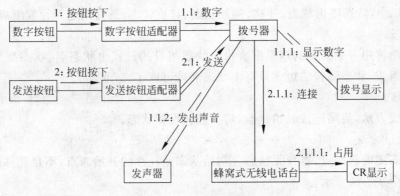

图 4.17 蜂窝电话的协作图

顺序图和协作图语义是等价的,可以在不丢失任何信息的情况下,从一种图转换成另一种图。虽然协作图和顺序图均显示了交互,但它们强调了不同的方面。顺序图清晰地显示了时间次序,但没有显式地指明对象间的关系。协作图清晰地指明了对象间的关系,但时间次序必须从顺序号来获得。顺序图最常用于场景显示,协作图更适合显示过程设计细节。表 4.1 列出了两种图的不同之处。

表 4.1 顺序图与协作图的不同之处

顺 序 图	协 作 图
显示激活期	除了交互之外,也显示关系
更好地从整体上显示流程	可以更好地表示协作的模式
显式地表示了消息序列	对于一个特定的对象,可以更好地表示作用的效果
可以更好地表示实时的需求和复杂的片段	更易于在会话中使用

4.3.4 状态图

状态图是众多开发人员都十分熟悉甚至经常使用的工具,它描述了一个特定对象的所有可能状态以及由于各种事件的发生而引起的状态之间的转移。大多数面向对象技术都使用状态图来描述一个对象在其生命周期中的行为,尤其是通过给单个类绘制图以表示该类单个对象的生存期行为。状态图适合于描述跨越多个用例的单个对象的行为,而不适合描述多个对象之间的行为协作。

对象从产生到结束,可以处于一系列不同的状态。状态影响对象的行为,当这些状态的数目有限时,就可以用状态图来为对象的行为建模,显示其生命的整个过程。状态图把系统或对象所经历的状态以及导致状态转变的事件以图的方式显示出来。在画对象的状态图时,需要考虑以下因素:

- 对象有哪些有意义的状态。
- 如何决定对象的可能状态。
- 对象的状态图和其他模型之间如何进行映射。

状态图由表示状态的节点和表示状态之间转换的带箭头的直线组成。若干个状态由一条或者多条转换箭头连接,状态的转换由事件触发。模型元素的行为可以由状态图中的一条通路表示,沿着此通路执行一系列动作。

在 UML 中,状态图由状态、迁移、初始状态、终止状态、条件判定等元素组成。

(1) 状态。

状态的图符用一个圆角的矩形框表示。状态图符的长式由状态名、状态变量和内部活动三个部分组成,状态图符的短式只写上状态名就可以了。

(2) 迁移。

用实箭线表示,箭尾连接起始状态,箭头连接目标状态。

(3) 初始状态。

代表状态图的起始点,本身无状态。初始状态是迁移的开始源点,不是迁移的目标。起始状态由一个实心圆表示。

(4) 终止状态。

代表状态图的最终状态,本身无状态,是状态图的终止点。最终状态是迁移的最后目标,不是迁移的源。结束状态由一个圆中套一个实心圆表示。

(5) 条件判定。

与程序设计语言中的条件分支类似,条件判定是一个转折点,状态迁移按照满足条件的方向进行。条件判定图符用空心菱形表示,条件判定通常为一个入迁移,多个出迁移。条件是一个逻辑表达式,状态迁移沿判定条件为真的分支触发迁移。

在 UML 中,建立状态图模型的基本步骤如下:

(1) 确定状态图描述的主体,可以是整个系统、一个用例、一个类或一个对象。

(2) 确定状态图描述的范围,明确初始状态和最终状态。

(3) 确定描述主体在其生存期的各种稳定状态,包括高层状态和可能的子状态。

(4) 确定状态的序号,对这些稳定状态按其出现的先后顺序编写序号。

(5) 确定触发状态迁移的事件,该事件可以触发状态进行迁移。

(6) 附上必要的动作,把动作附加到相应的迁移线上或对应的状态框内。

(7) 简化状态图,利用嵌套状态、子状态、分支、分劈、合并和历史状态简化状态图。

(8) 确定状态的可实现性,每一个状态在事件的某些组合触发下都能达到。

(9) 确定无死锁状态,死锁状态是任何事件触发都不能引起迁移的状态。

(10) 审核状态图,保证状态图中所有事件都可以按设计要求触发并引起状态迁移。

例如,一个图书对象从它的起始点开始,首先转移到"在图片馆"。在状态之间的转移上可以带有一个标注,表示进行转移的动作。从起始点到"在图书馆"的状态转移上标有"购置书","购置书"称为动作。如果读者将书借走,则图书对象的状态改变为"已借出"。如果图书被归还图书馆,图书对象的状态又变为"在图书馆"。图书馆如果将图书对象废弃,则图书对象就不再存在,具体的状态图如图 4.18 所示。

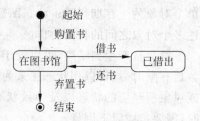

图 4.18　图书对象的状态图

使用同步棒可以显示并发转移,并发转移中可以有多个源状态和目标状态。并发转移表示一个同步将一个控制划分为并发的线程。状态图中使用到同步棒是为了说明某些状态在哪里需要跟上或者等待其他状态。在状态图中同步棒用一条黑色的粗线表示,图 4.19 显示了使用了同步棒的状态图。

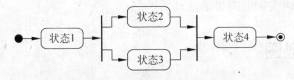

图 4.19 带同步棒的状态图

在实际应用中,并不需要为所有的类建立状态图。但人们有时候往往关心某些关键类的行为,如果为这些类建立状态图,则可以帮助理解所研究的问题。其实,也只有在这种情况下,才有必要绘制状态图。

在 UML 软件开发过程中,系统的动模型主要包括对象交互模型和对象的状态模型。对象交互模型由顺序图和协作图描述,对象的状态模型则由状态图和活动图进行描述。

状态图可以表现一个对象在生存期的行为、所经历的状态序列、引起状态迁移的事件以及因状态迁移而引起的动作。活动图是描述一个系统或对象动态行为的一种方法,是状态图的另一种表现形式。活动图的功能主要是记录各式活动和由于其对象状态转换而产生的各种结果。

状态图与活动图有某些相同点,又有一些不同点。

1. 相同点

(1)描述符基本相同。

在活动图与状态图中,除了活动的图符由两边是半圆边线的矩形表示,状态的图符由圆角矩形表示外,其余的描述图符两者完全相同。

(2)可以描述一个系统或对象在生存期间的状态或行为。

状态图用来描述一个对象在生存期的行为、所经历的状态序列、引起状态迁移的事件以及因状态迁移而引起的动作。活动图用来描述一个系统或对象完成一个操作所需要的活动,或者是一个用例实例的活动。

(3)可以描述一个系统或对象在多进行操作中的同步与异步操作的并发行为。

在活动图与状态图中,都有用于描述多进程中的同步与异步操作的分劈与合并的图符。所以,都可以描述一个系统或对象在多进程操作中的同步与异步操作的并发行为。

(4)可以用条件分支图符描述一个系统或对象的行为控制流。

2. 不同点

(1)触发一个系统或对象的状态发生迁移的机制不同。

状态图中的对象要发生迁移,必须有一个可以触发状态迁移的事件发生,或有一个满足了触发状态迁移的条件产生。活动图中的活动状态迁移不需要事件触发,一个活动执行完毕可以直接进入下一个活动状态。

(2)描述多个对象共同完成一个操作的机制不同。

状态图一般用来描述一个系统或某个对象在生存期的行为、所经历的状态序列、引起状态迁移的事件以及因状态迁移而引起的动作。状态图采用状态嵌套的方式来描述多个对象共同完成的一个操作。活动图通过采用建立泳道的方法来描述一个系统中几个对象共同完成一个操作或一个用例实例所需要的活动。

4.4 静态模型图

4.4.1 类图

面向对象模型的基础是类、对象以及它们之间的关系。可以在不同类型的系统中应用面向对象技术,在不同的系统中描述的类可以是各种各样的。例如,在某个商务信息系统中,类可以是顾客、协议书、发票、债务等;在某个工程技术系统中,类可以是传感器、显示器、I/O 卡、发动机等。

在面向对象的处理中,类图处于核心地位,它提供了用于定义和使用对象的主要规则,同时,类图是正向工程(将模型转化为代码)的主要资源,也是逆向工程(将代码转化为模型)的生成物。因此,类图是任何面向对象系统的核心,类图随之也成了最常用的 UML 图。

类图是描述类、接口以及它们之间关系的图,它显示了系统中各个类的静态结构,是一种静态模型。类图根据系统中的类以及各个类的关系描述系统的静态视图。可以用某种面向对象的语言实现类图中的类。

类图是面向对象系统建模中最常用和最基本的图之一,其他许多图,如状态图、协作图、组件图和配置图等都是在类图的基础上进一步描述了系统其他方面的特性。类图中可以包含 7 个模型元素,它们分别是:类、接口、依赖关系、泛化关系、关联关系和实现关系等模型元素。在类图中也可以包含注释、约束、包或子系统。

类是构成类图的基础,也是面向对象系统组织结构的核心。要使用类图,需要了解类和对象之间的区别。类是对资源的定义,它所包含的信息主要用来描述某种类型实体的特征以及对该类型实体的使用方法。对象是具体的实体,它遵守类制定的规则。从软件的角度看,程序通常包含的是类的集合以及类所定义的行为,而实际使用的是遵守类规则的对象。

类定义了一组具有状态和行为的对象,这些对象具有相同的属性、操作、关系和语义,其中,属性和关联用来描述状态。属性通常用没有身份的数据值表示,如数字和字符串。关联则用对象之间的关系来表示。行为由操作来描述,方法是操作的实现。

1. 寻找类

从用例图中寻找类,一般是从用例的事件流开始,查处事件流中的名词来获得类,在事件流中,名词可以分为角色、类、类属性和表达式 4 种类型;也可以检查顺序图和协作图中的对象,通过对象的共性来寻找类,顺序图和协作图中的每一个对象都要映射到相应的类。当然,可能有些类无法通过以上方法找到。

类可以分为实体类(Entity)、边界类(Boundary)和控制类(Control)三种类型。

实体类保存永久信息。如在学生成绩管理系统中,可以抽象出学生类、老师类、系统管理员等实体类。实体类通常在事件流和交互图中,是对用户最有意义的类,通常采用业务领域术语命名。

边界类位于系统与外界的交接处,包括所有窗体、报表、打印机和扫描仪等硬件的接口以及与其他系统的接口。要寻找和定义边界类,可以检查用例图,每个活动者和用例交互至少要有一个边界类。边界类使活动者能与系统交互。

控制类负责协调其他类的工作,每个用例通常都有一个控制类来控制用例中事件的顺序。在交互图中,控制类具有协调责任,可能有许多控制类在多个用例间共用的情况。

2. 类表示

在 UML 中一个类用一个矩形方框表示,它被分成三个区域。最上面的区域是类名,中间的区域是类的属性,下面的区域是类的操作。类图就是由这些类和表明类之间如何关联的连线组成。

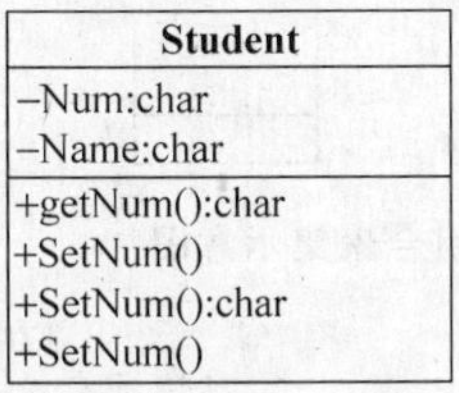

Student
−Num:char
−Name:char
+getNum():char
+SetNum()
+SetNum():char
+SetNum()

图 4.20 学生类的类图

例如,在一个学校的任意一个学生都具有学号和姓名两个属性,以及改变学号和姓名的操作,这样就可以建立如图 4.20 所示的 Student 类。

3. 类关系

类图由类及类与类之间的关系组成。在类图中,常用的关系主要有关联、聚集、泛化、依赖和实现 5 种关系。

(1) 关联。

关联表示类的实例之间存在的某种关系,定义了对象之间的关系准则,在应用程序创建和使用关系时,关联提供了维护关系完整性的规则,通常用一个无向线段表示。

只要在类与类之间存在连接关系就可以用普通关联表示。普通关联的图示符号是连接两个类之间的直线。通常,关联是双向的,可在一个方向上为关联起一个名字,在另一个方向上起另一个名字。

在表示关联的直线两端可以写上重数(Multiplicity),用"‥"分隔开的区间表示,它表示该类有多少个对象与对方的一个对象连接。具体示例如图 4.21 所示。

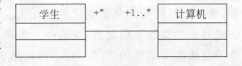

图 4.21 普通关联示例图

重数的表示方法通常如表 4.2 所示。

表 4.2 重数的表示方法

修　饰	语　义	修　饰	语　义
0..1	0～1 个对象	1..15	1～15 个对象
0..＊ 或 ＊	0 到多个对象	3	3 个对象
1＋或 1..＊	1 到多个对象		

(2) 聚集。

聚集是一种特殊类型的关联,它指出类间的"整体与部分"关系。聚集是关联的特例,它可以有重数、角色、限制符号等。聚集关联有共享聚集和组合聚集两种。

共享聚集的部分对象可以是任意整体对象的一部分,表示事物的整体与部分关系较弱的情况。如果整体端的重数不是 1,则这种聚集是共享的。空心菱形表示共享聚集,画在代表事物整体的一端。图 4.22 中代表事物整体的汽车的多重性为"＊",表明某一零件的设计可以用于多种不同的汽车上。

组合聚集是指整体拥有它的部分,它具有强的物主身份,表示事物的整体与部分关系较强的情况。实心菱形表示组合聚集,画在代表事物整体的一端部分生存在整体中不可分离,它与整体一起存在或消亡。整体的重数必须是 0 或 1,而部分重数可以是任意的。例如,菜单和按钮不能脱离窗口对象而独立存在,如果组合被破坏,则其中的成员对象不会继续存在,如图 4.23 所示。

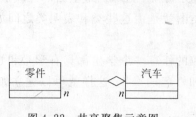

图 4.22　共享聚集示意图

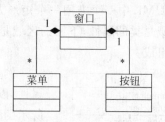

图 4.23　组合聚集示意图

(3) 泛化。

UML 中的泛化关系就是通常所说的继承关系,它是通用元素和具体元素之间的一种分类关系。具体元素完全拥有通用元素的信息,并且还可以附加一些其他信息。在 UML 中,用一端为空心的三角形连线表示泛化关系,三角形的顶角紧挨着通用元素。

泛化关系描述了"is a kind of"(是……的一种)的关系。例如,彩色电视机和黑白电视机都是电视机的一种。在类中,通用元素被称为超类或父类,而具体元素被称为子类,如图 4.24 所示。

(4) 依赖。

依赖是两个模型元素之间的语义连接,一个是独立的模型元素,另一个是依赖的模型元素,独立元素的变化会影响依赖的元素。例如,一个类把另一个类的对象作为参数,一个类访问另一个类的全局对象,或者一个类调用另一个类的类操作。依赖用带箭头的虚线表示,位于虚线箭头尾部的类(称为用户)依赖于箭头所指向的类(称为供应者)。

在图 4.25 中,课程表的安排依赖于实际开设的课程。"课程"类是独立的类,而"课程表"类依赖于"课程"类。在"课程表"类中,"增加课程"和"删除课程"这两个都把课程作为对象参数进行调用,一旦课程发生变化,课程表一定会发生变化。任课教师按课程表上课,"教师"类依赖于"课程表"类,课程表发生变化,任课教师也要跟着发生变化。

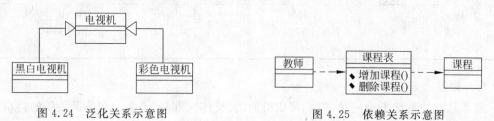

图 4.24　泛化关系示意图　　　　　　　图 4.25　依赖关系示意图

(5) 实现。

实现是规格说明和其实现之间的关系,它将一种模型元素与另一种模型元素连接起来,如类与接口。虽然实现关系意味着要具有接口一样的说明元素,但是也可以用一个具体的实现元素来暗示它的说明必须被支持。例如,实现关系可以用来表示类的一个优化形式和一个简单低效的形式之间的关系。在 UML 中,实现关系的符号与泛化关系的符号类似,用一条带指向接口的空心三角箭头的虚线表示,如图 4.26 所示。

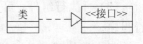

图 4.26 实现关系示意图

4.4.2 组件图

组件是系统中可以进行替换的物理部分,它不仅将系统如何实现包装起来,而且提供一组实现了的接口。所以它表示实现后的实体,也就是物理实体。组件是可以复用的单元,具有非常广泛的定义。每个组件可能包含很多类,实现很多接口。

组件图描述了软件的各种组件和它们之间的依赖关系。组件图中通常包含组件、接口和依赖关系三种元素。每个组件实现一些接口,并使用另一些接口。如果组件间的依赖关系与接口有关,那么可以被具有同样接口的其他组件所替代。

组件是软件的单个组成部分,它可以是一个文件、产品、可执行文件或脚本等。通常情况下,组件代表了将系统中的类、接口等逻辑元素打包后形成的物理模块。

为了加深理解,下面对组件与类之间的异同进行简单的对比。组件和类的共同点是:两者都具有自己的名称、都可以实现一组接口、都可以具有依赖关系、都可以被嵌套、都可以参与交互,并且,都可以拥有自己的实例。它们的区别为:组件描述了软件设计的物理实现,即代表了系统设计中特定类的实现,而类则描述了软件设计的逻辑组织和意图。

例如,在选课系统中包括 MainProgram 类、People 类、FormObject 类、ControlObject 类、Student 类、Registrar 类、Course 类和 DataBase 类。People 类是 Student 类和 Registrar 类的基类,所以 Student 类和 Registrar 类依赖于 People 类。FormObject 类和 ControlObject 类都和 Course 类相关,FormObject 类和 ControlObject 类依赖 Course 类。ControlObject 类和 DataBase 类相关,ControlObject 类依赖 DataBase 类,将每个类单独设计成一个组件。图 4.27 是网上选课系统的组件图。

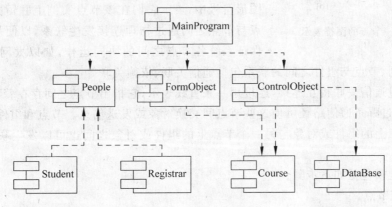

图 4.27 选课系统组件图

组件图显示软组件以及它们之间的依赖关系,一般来说,软组件就是一个实际文件,主要有以下几种类型。

(1) 源代码组件:一个源代码文件或者是与一个包对应的若干个源代码文件。

(2) 二进制组件:一个目标代码文件、静态库文件或者动态链接库文件。

（3）可执行组件：可以在一台处理器上运行的一个可执行的程序单位，即所谓的可执行程序。

因为组件可以是源代码文件、二进制代码文件和可执行文件，所以通过组件图可以显示系统在编译、链接或执行时各软组件之间的依赖关系以及软组件之间的接口和调用关系。

接口说明了操作的命令集合。接口背后的关键思想是通过诸如类或子系统这样的类元将功能性规格说明（接口）同它的实现相分离。接口定义了由类元所实现的契约。

接口是基于组件开发的关键，这是关于从插件程序如何构造软件的方法。一个组件可以有多个接口，用于和不同的组件进行通信，在组件图中可以表示出哪些组件与哪一个接口进行通信。

4.4.3　配置图

一个面向对象系统模型包括软件和硬件两方面的模型，经过开发得到的软件系统的组件和重用模块，必须配置在某些硬件上予以执行。在 UML 中，硬件系统体系结构模型由配置图建模。配置图由节点和节点之间的联系组成，描述了处理器、设备和软件组件运行时的体系结构。在这个体系结构中可以看到某个节点上在执行哪个组件，在组件中实现了哪些逻辑元素（类、对象、协作等），完成了何种功能，最终可以从这些元素追踪到系统的需求分析（用例图）。组成配置图的基本元素有节点、组件、连接、依赖等。

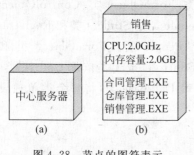

图 4.28　节点的图符表示

配置图的最基本元素是节点。节点代表计算机资源，通常为处理器或其他硬件设备。节点既可看做类型，也可看做实例。当节点被看做实例时，节点名应有下划线。节点的图符用三维立方体表示，有短式图符和长式图符两种表示形式，如图 4.28 所示。

可执行组件实例可以包含在配置图中的节点实例图形符号中，表示它们在该节点实例上驻留并执行。节点与节点之间通过物理连接发生联系，以便从硬件方面保证系统各节点之间的协同运作，如以太网、共享总线等。节点之间、节点与组件之间的联系包括通信关联、依赖关联等。

节点通过通信关联相互连接，连接用一条直线表示，它指出节点之间存在着某些通信路径，并指出通过哪条通信路径可使这些节点间交换对象或发送信息。节点和组件之间，驻留在某一个节点上的组件或对象与另一个节点上的组件或对象之间也可以发生联系，这种联系称为依赖。

配置图建模包括如下步骤：

（1）确定节点。

根据硬件设备和软件体系结构的功能要求统一考虑系统的节点。

（2）确定驻留组件。

根据软件体系结构和系统功能要求分配相应组件驻留到节点上。

（3）注明节点性质。

用 UML 标准的或自定义的构造型描述节点的性质。

（4）确定节点之间的联系。

如果是简单通信联系,用关联连接描述节点之间的联系;可在关联线上标明使用的通信协议或网络类型。

(5) 绘制配置图。

对于一个复杂的大系统,可以采用打包的方式对系统的众多节点进行组织和分配,形成结构清晰具有层次的配置图。

4.5　本章小结

统一建模语言 UML 是国际对象管理组织 OMG 批准的基于面向对象技术的标准建模语言。通常,使用 UML 的类图来建立对象模型,使用 UML 的状态图来建立动态模型,使用 UML 的用例图来建立功能模型。在 UML 中把用例图建立起来的系统模型称为用例模型。

本章主要介绍了 UML 的各种图的画法,结合具体的例子对 UML 建模中常用的用例图、活动图、交互图、类图、状态图、组件图等做了比较详细的介绍,通过对本章的学习,读者可以充分了解面向对象建模的基本方法。

习　题　4

1. 什么是模型? 为什么要建模? 建模的原则有哪些?

2. 分别简述对象模型、动态模型和功能模型的概念。

3. 简述用例图的功能及其中常用的三种用例关系。

4. 简述包含关系和扩展关系。

5. 活动图建模的步骤有哪些? 应当注意什么问题?

6. 在 UML 中,状态图由哪几部分组成? 各部分的内容是什么?

7. 类图有哪些组成要素?

8. 举例说明关联、聚集、组合、继承和多态。

9. 找一个熟悉的系统,说明它的组件图和配置图。

10. 下面是自动售货机系统的需求陈述,请建立它的对象模型、动态模型和功能模型。

自动售货机系统是一种无人售货系统。售货时,顾客把硬币投入机器的投币口中,机器检查硬币的大小、重量、厚度及边缘类型。有效的硬币是一元币、五角币和一角币。其他货币都被认为是假币。机器拒绝接收假币,并将其从退币孔退出。当机器接收了有效的硬币之后,就把硬币送入硬币储藏器中。顾客支付的货币根据硬币的面值进行累加。

自动售货机装有货物分配器。每个货物分配器中包含零个或多个价格相同的货物。顾客通过选择货物分配来选择货物。如果货物分配器中有货物,而且顾客支付的货币值不小于该货物的价格,货物将被分配到货物传送孔送给顾客,并将适当的零钱返回到退币孔。如果分配器是空的,则和顾客支付的货币值相等的硬币将被送回到退币孔。如果顾客支付的货币值少于所选择的分配器中货物的价格,机器将等待顾客投进更多的货币。如果顾客决定不买所选择的货物,他投放进的货币将从退币孔中退出。

11. 根据第 10 题的自动售货机系统描述,分别画出系统的用例图、活动图和顺序图。

第5章

软件复用基础

在现实世界中,许多软件产品之间存在着相当大的共性,特别是在同一个应用领域的软件更是如此。显然对相同或相似的软件产品进行重复的开发会造成人力、财力巨大浪费,所以在软件开发过程中使用现成的可以重复使用的软件产品是非常明智的做法,这就是软件复用思想。本书第五章至第八章从软件复用的角度介绍了现代软件工程领域最活跃的几个课题。其中:第五章重点介绍软件复用理论基础,选取了国内在此领域做出杰出成就的杨芙清院士及其团队的研究成果重点介绍;第六章介绍了程序代码及可执行文件级别的软件复用技术,即组件技术和 Web Service 技术;第七章介绍了设计级别的软件复用技术——设计模式;第八章介绍了系统分析级别的软件复用技术-软件体系结构。

5.1 软件复用概述

应用系统的本质通常包含三类成分:① 通用基本构件,是特定于计算机系统的构成成分,如基本的数据结构、用户界面元素等,可以存在于各种应用系统中;②领域共性构件,是应用系统所属领域的共性构成成分,存在于该领域的各个应用系统中;③应用专用构件,是每个应用系统的特有构成成分。其中的重复劳动主要存在于前两类构成成分的重复开发。

软件复用是在软件开发中避免重复劳动的解决方案,出发点是应用系统的开发不再采用"一切从零开始"的模式,而是以已有的工作为基础,充分利用过去应用系统开发中积累的知识和经验,如需求分析结果、设计方案、源代码、测试计划及测试案例等,从而将开发的重点集中于应用的特有构成成分。

通过软件复用,在应用系统开发中可充分地利用已有的开发成果,消除了包括分析、设计、编码、测试等在内的许多重复劳动,从而提高了软件生产率,同时,通过复用高质量的已有成果,避免了重新开发可能引入的错误和不当,从而提高了软件的质量。

5.1.1 软件复用的基本概念

软件复用概念的第一次引入是在 1968 年 NATO 软件工程会议上,D. Mcllroy 发表了题为 *Mass-Produced Software Component* 的论文,提出了建立生产软件构件的工厂,以重复使用软件构件构造复杂系统的建议。在此以前,子程序的概念也体现了复用的思想。但其目的是为了节省当时昂贵的机器内存资源,并不是为了节省开发软件所需的人力资源。然而子程序的概念可以用于节省人力资源的目的,从而出现了通用子程序库,供程序员在编程时使用。例如,数学程序库就是非常成功的子程序复用的例子。

软件复用是指重复使用已有的软件产品用于开发新的软件系统,以达到提高软件系统的开发质量与效率、降低开发成本的目的。在软件复用中重复使用的软件产品不仅仅局限于程序代码,而是包含在软件生产的各个阶段所得到的各种软件产品,这些软件产品包括:领域知识、体系结构、需求分析、设计文档、程序代码、测试用例和测试数据等。将这些已有的软件产品在软件系统开发的各个阶段重复使用,这就是软件复用的原理。

以下的类比有助于进一步说明软件复用的概念。在软件演化的过程中,重复使用的行为可能发生在三个维度上:

(1) 时间维:使用以前的软件版本作为新版本的基础,加入新功能,适应新需求,即软件维护(适应性维护)。

(2) 平台维:以某平台上的软件为基础,修改其和运行平台相关的部分,使其运行于新平台,即软件移植。

(3) 应用维:将某软件(或某种构件)用于其他应用系统中,新系统具有不同功能和用途,即真正的软件复用。

这三种行为中都重复使用了现有的软件。但是,真正的复用是为了支持软件在应用维的演化。使用"为复用而开发的软件(构件)"来更快、更好地开发新的应用系统。

虽然目前有许多复用技术的研究成果和成功的复用实践活动,但复用技术在整体上对软件行业的影响却不尽如人意。这是由于技术方面和非技术方面的种种因素造成的,而技术的不成熟是主要原因。近年来,面向对象技术出现并逐步成为主流技术,为软件复用提供了基本的技术支持。软件复用研究重新成为热点,被视为解决软件危机、提高软件生产效率和质量的现实可行的途径。分析传统产业的发展,其基本模式均是符合标准的零部件(构件)生产以及基于标准构件的产品生产(组装),其中,构件是核心和基础,"复用"是必需的手段。实践表明,这种模式是产业工程化、工业化的必由之路。标准零部件生产业的独立存在和发展是产业形成规模经济的前提。机械、建筑等传统行业以及年轻的计算机硬件产业的成功发展均是基于这种模式并充分证明了这种模式的可行性和正确性。这种模式是软件产业发展的良好借鉴,软件产业要发展并形成规模经济,标准构件的生产和构件的复用是关键因素。这正是软件复用受到高度重视的根本原因。

软件复用可以从多个角度进行考察。依据复用的对象,可以将软件复用分为产品复用和过程复用。产品复用指复用已有的软件构件,通过构件集成(组装)得到新系统。过程复用指复用已有的软件开发过程,使用可复用的应用生成器来自动或半自动地生成所需系统。过程复用依赖于软件自动化技术的发展。目前其适用于一些特殊的应用领域。产品复用是目前现实的、主流的途径。

按照重用活动所跨越的应用领域的类型,可以把软件的复用形式分为横向和纵向复用。

横向复用(Horizontal Reuse)也称水平复用,是指复用活动的范围跨越了几个不同的应用领域,复用的软件产品主要包括数据结构、通用算法、人机界面等软件元素。例如,编程工具中提供的标准函数库或者类库就是一种典型的横向复用的例子。由于在不同领域内应用的差异较大、共性较少,要提取出可以在不同领域内都可以复用的软件元素难度较大,因此横向复用的应用相对较少。

纵向复用(Vertical Reuse)也称为垂直复用,是指复用活动的范围限制在同一个应用领域或者是一类具有较多共性的应用领域内。由于纵向复用所应用的领域具有较多的共性和相似性,有助于提取出系统的通用模型,因此复用的程度较高,所以目前大多数软件复用技术都把重点放在了纵向复用上。

从基于软件复用的软件开发过程的角度,可以把软件复用分为:生产者复用(Product Reuse)和消费者复用(Consumer Reuse)。

生产者复用是指建立、获取或者重新设计可复用构件的活动。生产者复用中涉及的活动包括:复用的规划、领域分析、构件的开发、构件库的组织和管理。消费者复用是指使用可复用的构件建立新的软件系统的活动。消费者复用中涉及的活动包括:应用系统的规划、构件的检索和选择、应用系统中非复用部分的开发、应用系统的组装。

软件复用有三个基本问题,一是必须有可以复用的对象,二是所复用的对象必须是有用的,三是复用者需要知道如何使用被复用的对象。软件复用包括两个相关的过程:可复用软件(构件)的开发(Development for Reuse)和基于可复用软件(构件)的应用系统构造(集成和组装)(Development with Reuse)。解决好这几个方面的问题才能实现真正成功的软件复用。

5.1.2　可供复用的软件要素

软件复用的一个关键因素是抽象。抽象是对软件可复用对象的提炼和概括,即将可复用对象的基本属性和相应的操作,从具体的语言、环境和其他细节中提炼出来。软件的复用性很大程度上取决于对可复用对象的认识深度或者说可复用对象的抽象层次。抽象层次越高、与具体环境和特定细节越无关,则它被未来系统复用的可能性也越大。领域分析则是进行抽象的有力工具。领域分析借助特定领域、特定行业的专业知识与技能,对软件系统对象进行抽象和分类,提炼认知的对象及其相互关系,获得系统整体结构,从而生成可复用的软件构件。可以用于软件复用的软件产品,按照其抽象程度的高低,可以划分为如下的复用级别:

(1) 代码的复用。

这里的代码既包括二进制形式的经过编译产生的目标代码,也包括文本形式的源代码。其中目标代码的复用的抽象程度是最低的。目前大多数高级程序设计语言的开发环境都以库文件的形式向编程人员提供了对许多基本功能的支持,例如输入输出、文件访问等功能。编程人员可以通过链接(Link)将库文件和自己编写的代码合并成为一个可执行的文件,通过这一方式实现了对库文件中的目标代码的复用,避免了编程人员重复地开发一些会被反复使用的程序代码。随着软件技术的发展,出现了许多目标代码一级的复用技术。例如Microsoft 公司的 COM 技术,它通过使用 COM 对象的包容和聚合,使得一个 COM 对象可以重用另外一个 COM 对象的所有功能。目前目标代码的复用技术甚至可以实现跨语言的复用,一个 Java 程序的目标代码可以复用另一个 C++ 程序的目标代码。源代码的复用级别略高于目标代码的复用,程序员在编程时可以把一些希望被复用的代码段复制到自己的程序中,这种源代码的直接复制是非常原始的复用形式。目前许多编程语言已经可以支持诸如模板、宏等更为高效和方便的复用技术。源代码复用一般要求被复制重用的源代码和新开发的程序采用的是同一种编程语言。另外,源代码的复用往往会产生一些代码兼容方面的问题,例如 C++ 语言,它有着许多不同版本的编译器,这其中包括了 VC++、Borland C++、

C++ Builder 等开发工具。这种情况可能会导致同一段 C++源代码采用不同的编译器进行编译时产生不同的结果。因此在源代码复用时,需要认真考虑代码的兼容问题。在编写希望被重用的源代码时应尽可能地采用标准编译器的语言。例如针对C++语言,就应该采用由 ISO 批准的标准 C++(ISO/IEC 14882)的语法。

(2) 设计结果的复用。

设计结果比源程序的抽象级别更高,因为它的复用受实现环境的影响较小,从而使可复用构件被复用的机会更多,并且所需的修改更少。这种复用有三种途径:第一种途径是从现有系统的设计结果中提取一些可复用的设计构件,并把这些构件应用于新系统的设计中;第二种途径是把一个现有系统的全部设计文档在新的软硬件平台上重新实现,也就是把一个设计运用于多个具体的实现;第三种途径是独立于任何具体的应用,有计划地开发一些可复用的设计构件。

(3) 分析结果的复用。

这是比设计结果的复用抽象程度更高的复用,可被复用的分析结果是针对问题域的某些事物或某些问题的抽象程度更高的解法,受设计技术及实现条件的影响非常小,所以可复用的机会更大。复用的途径也有三种:从现有系统的分析结果中提取可复用构件用于新系统的分析;用一份完整的分析文档作为输入产生针对不同软硬件平台和其他实现条件的多项设计;独立于具体应用,专门开发一些可复用的分析构件。

(4) 测试信息的复用。

主要包括测试用例(Test Case)的复用和测试过程信息的复用。测试用例的复用是在多次的软件系统的测试过程中重复使用同一测试用例,以降低测试工作的成本,提高软件测试的效率。测试过程信息是在测试过程中记录的测试人员的操作信息,软件系统的输入输出信息,软件系统的运行环境信息等与测试工作有关的信息。这些信息可以在对同一软件进行修改后的后续测试工作中重复使用。

5.2 支持软件复用的软件工程

5.2.1 支持复用的软件工程要素

实现软件复用的因素包括技术因素和非技术因素两方面。技术因素主要包括:软件构件技术(Software Component Technology)、领域工程(Domain Engineering)、软件构架(Software Architecture)、软件再工程(Software Reengineering)、开放系统(Open System)、软件过程(Software Process)、Case 技术等。除了上述的技术因素以外,软件复用还涉及众多的非技术因素,如机构组织如何适应复用的需求;管理方法如何适应复用的需求;开发人员知识的更新;创造性和工程化的关系;开发人员的心理障碍;知识产权问题;保守商业秘密的问题;复用前期投入的经济考虑;标准化问题等。实现软件复用的各种技术因素和非技术因素是互相联系的,它们结合在一起,共同影响软件复用的实现,如图 5.1 所示。

1. 软件构件技术

构件(Component)是指应用系统中可以明确辨识的构成成分,而可复用构件(Reusable

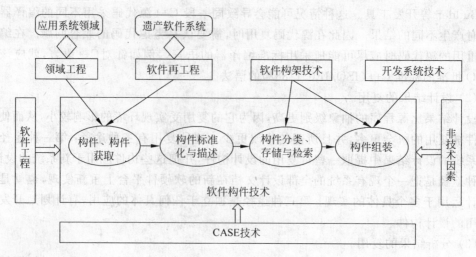

图 5.1　实现软件复用的关键因素

Component)是指可以在多个软件系统的开发过程中被重复使用的软件产品。它可以是需求分析、系统设计、程序代码、测试用例、测试数据、软件文档以及软件开发过程中产生的其他软件产品。可复用构件是一种特殊的软件产品，它与只在一个软件系统中使用的软件产品相比具有较大的差异。为了使可复用构件在软件开发过程中能被高效、方便地重复使用，以达到提高软件开发的效率和质量、降低开发成本的目的，对可复用构件一般有以下要求：

（1）可复用构件应该具有功能上的独立性与完整性。

一个可复用构件应该具有相对独立的完整功能，构件与构件之间的联系应该尽可能少，彼此之间应该具有较为松散的耦合度，并且构件与构件之间的交互应该通过良好定义的接口进行。一个功能不完整，与其他构件耦合紧密的构件对于复用是非常不利的。

（2）可复用构件应该具有较高的通用性。

可复用构件的通用性的高低在很大程度上决定着它的适用范围。如果一个构件只能在一个很特殊的环境或者条件下使用，那么它的复用程度是很低的，这也就失去了开发可复用构件的意义。一般来说，构件的通用性（一般性）越高，它的适用范围就越广，可复用程度就越高，也就越能充分发挥软件复用的优势。所以在开发构件时，应该尽量提高构件的通用性（一般性），使其可以在更多的软件系统的开发中被重复使用。

（3）可复用构件应该具有较高的灵活性。

虽然可复用构件一般都具有较高的通用性，但是由于可复用构件被复用的软硬件环境可能差异极大，要开发出一个不需要做出任何调整或修改就可以直接适用于许多不同环境的构件是不现实的。所以可复用构件应该允许构件的用户根据具体情况对构件进行适当的调整，以适应不同用户和环境的具体要求。因此在开发可复用构件时，应该提供灵活的构件调整机制，以方便构件的重复使用，扩大构件的适用范围。

（4）可复用构件应该具有严格的质量保证。

由于可复用构件是组装软件系统的"零部件"，如果构件的质量都无法保证，那么使用构件组装的软件系统的质量保证也就无从谈起，也就更谈不上提高软件开发的质量。因此构件的质量是软件系统质量的一个基本保证。所以在一个可复用构件被提供给用户使用以前,必须对构件进行充分的测试,尽可能多地发现并纠正构件中的错误,同时在复用构件的过程中,如果发现构件潜藏的错误,要及时加以修改。可复用构件的可靠质量是其被复用的基础。因为可复用构件会在不同的软件系统中被重复使用,因此在对构件进行测试时,需要考虑该构件在不同的软硬件环境中,构件是否是健壮和可靠的,是否会出现与兼容性有关的错误。所以对于构件的测试工作应该在不同的软件和硬件环境中进行。

(5) 可复用构件应该具有较高的标准化程度。

用于组装一个软件系统的可复用构件可能是由不同的组织或个人开发的,甚至可能是采用不同编程语言编写的,这些存在很大差异的构件要在一个软件系统中和谐共存,并且进行有效的交互(例如数据通信和功能调用),以构成一个完整的应用。这要求这些异质的构件具有定义良好的接口,使构件之间的交互能够通过标准化的接口进行,使得不同构件的组装变得容易。可见一个构件的标准化对构件的重用是至关重要的。所以许多公司和学术组织正在积极地进行构件标准化的研究和实践,例如微软公司的 COM 和 OMG 的 CORBA 就是这方面的典型代表。

随着对软件复用理解的深入,构件的概念已不再局限于源代码构件。而是延伸到需求、系统和软件的需求规则、系统和软件的构架、文档、测试计划、测试案例和数据以及其他对开发活动有用的信息等都可以称为可复用软件构件。

软件构件技术是支持软件复用的核心技术,是近几年来迅速发展并受到高度重视的一个学科分支,其主要研究内容包括:

(1) 构件获取:有目的的构件生产和从已有系统中挖掘提取构件。

(2) 构件模型:研究构件的本质特征及构件间的关系。

(3) 构件描述语言:以构件模型为基础,解决构件的精确描述、理解及组装问题。

(4) 构件分类与检索:研究构件分类策略、组织模式及检索策略,建立构件库系统。支持构件的有效管理。

(5) 构件复合组装:在构件模型的基础上研究构件组装机制,包括源代码级的组装和基于构件对象互操作性的运行级组装。

(6) 标准化:构件模型的标准化和构件库系统的标准化。

2. 软件架构

软件构架是对系统整体结构设计的刻画,包括全局组织与控制结构,构件间通信、同步和数据访问的协议,设计元素间的功能分配,物理分布,设计元素集成,伸缩性和性能,设计选择等。研究软件构架对于进行高效的软件工程具有非常重要的意义:通过对软件构架的研究,有利于发现不同系统在较高级别上的共同特性;获得正确的构架对于进行正确的系统设计非常关键;对各种软件构架的深入了解,使得软件工程师可以根据一些原则在不同的软件构架之间做出选择;从构架的层次上表示系统,有利于系统较高级别性质的描述和分析,特别重要的是,在基于复用的软件开发中,为复用而开发的软件构架可以作为一种大粒度的、抽象级别较高的软件构件进行复用,而且软件构架还为构件的组装提供了基础和上下文,对于成功的复用具有非常重要的意义。

软件构架研究如何快速、可靠地从可复用构件构造系统的方式,着重于软件系统自身的整体结构和构件间的互连。其中主要包括：软件构架原理和风格，软件构架的描述和规约，特定领域软件架构，构件向软件架构的集成机制等。

3. 领域工程

领域工程是为一组相似或相近系统的应用工程建立基本能力和必备基础的过程，它覆盖了建立可复用软件构件的所有活动。领域是指一组具有相似或相近软件需求的应用系统所覆盖的功能区域。领域工程包括三个主要阶段：

（1）领域分析：这个阶段的主要目标是获得领域模型（Domain Model）。领域模型描述领域中系统之间的共同需求。这个阶段的主要活动包括确定领域边界，识别信息源，分析领域中系统需求，确定哪些需求是被领域中的系统广泛共享的，哪些是可变的，从而建立领域模型。

（2）领域设计：这个阶段的目标是获得领域构架（Domain-Specific Software Architecture，DSSA）。DSSA 描述在领域模型中表示的需求的解决方案，它不是单个系统的表示，而是能够适应领域中多个系统需求的一个高层次的设计。建立了领域模型之后，就可以派生出满足这些被建模的领域需求的 DSSA。由于领域模型中的领域需求具有一定的变化性，DSSA 也要相应地具有变化性。

（3）领域实现：这个阶段的主要行为是定义将需求翻译到由可复用构件创建系统的机制。根据所采用的复用策略和领域的成熟和稳定程度，这种机制可能是一组与领域模型和 DSSA 相联系的可复用构件，也可能是应用系统的生成器。

这些活动的产品（可复用的软件构件）包括：领域模型、领域构架、领域特定的语言、代码生成器和代码构件等。在领域工程的实施过程中，可能涉及的人员包括：

（1）最终用户：使用某领域中具体系统的人员。

（2）领域专家：提供关于领域中系统信息的人员，他应该熟悉该领域中系统的软件设计和实现、硬件限制、未来的用户需求及技术走向。

（3）领域分析员：收集领域信息、完成领域分析并提炼出领域产品（可复用软件构件）的人员，他应该具有完备的关于复用的知识，并对分析的领域有一定程度的了解。

（4）领域分析产品（构件、构架）的使用者：包括最终用户、应用系统的需求分析员和软件设计者。

4. 软件再工程

软件复用中的一些问题是与现有系统密切相关的，例如，现有软件系统如何适应当前技术的发展及需求的变化，采用更易于理解的、适应变化的、可复用的系统软件构架并提炼出可复用的软件构件？现存大量的遗产软件系统（Legacy Software）由于技术的发展，正逐渐退出使用，如何对这些系统进行挖掘、整理，得到有用的软件构件？已有的软件构件随着时间的流逝会逐渐变得不可使用，如何对它们进行维护，以延长其生命期，充分利用这些可复用构件？等等。软件再工程（Software Reengineering）正是解决这些问题的主要技术手段。

软件再工程是一个工程过程，它将逆向工程、重构和正向工程组合起来，将现存系统重新构造为新的形式。再工程的基础是系统理解,包括对运行系统、源代码、设计、分析、文档等的全面理解。但在很多情况下,由于各类文档的丢失,只能对源代码进行理解,即程序理解。再工程的主要行为如图5.2所示。

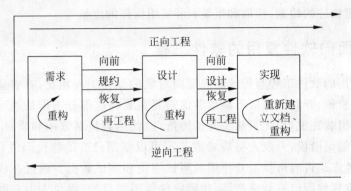

图5.2　软件再工程

5. 开放系统技术

开放系统技术的基本原则是在系统的开发中使用接口标准,同时使用符合接口标准的实现。这些为系统开发中的设计决策,特别是对于系统的演化,提供了一个稳定的基础,同时,也为系统(子系统)间的互操作提供了保证。开发系统技术具有在保持(甚至是提高)系统效率的前提下降低开发成本、缩短开发周期的可能。对于稳定的接口标准的依赖,使得开发系统更容易适应技术的进步。当前,以解决异构环境中的互操作为目标的分布对象技术是开放系统技术中新的主流技术。

开放系统技术为软件复用提供了良好的支持。特别是分布对象技术使得符合接口标准的构件可以方便地以“即插即用”的方式组装到系统中,实现黑盒复用。这样,在符合接口标准的前提下,构件就可以独立地进行开发,从而形成独立的构件制造业。

6. 软件过程

软件过程又称软件生存周期过程,是软件生存周期内为达到一定目标而必须实施的一系列相关过程的集合。一个良好定义的软件过程对软件开发的质量和效率有着重要影响。当前,软件过程研究以及企业的软件过程改善已成为软件工程界的热点,并已出现了一些实用的过程模型标准,如 CMM、ISO 9001/TickIT 等。

然而,基于构件复用的软件开发过程和传统的一切从头开始的软件开发过程有着实质性的不同,探讨适应于软件复用的软件过程自然就成为一个迫切的问题。

7. CASE 技术

随着软件工程思想日益深入人心,以计算机辅助开发软件为目标的 CASE(Computer Aided Software Engineering)技术越来越为众多的软件开发人员所接受,CASE 工具和 CASE 环境得到越来越广泛的应用。CASE 技术对软件工程的很多方面,例如分析、设计、代码生成、测试、版本控制和配置管理、再工程、软件过程、项目管理等,都可以提供有力的自动或半自动支持。CASE 技术的应用,可以帮助软件开发人员控制软件开发中的复杂性,有利于提高软件开发的效率和质量。

软件复用同样需要 CASE 技术的支持。CASE 技术中与软件复用相关的主要研究内容包括：在面向复用的软件开发中，可复用构件的抽取、描述、分类和存储；在基于复用的软件开发中，可复用构件的检索、提取和组装；可复用构件的度量等。

5.2.2　面向软件复用的软件工程

面向软件复用的软件工程与传统的或面向对象的软件工程相比，有着显著的差异。在软件开发的各个阶段，开发人员应不断地考虑需要完成的这部分工作是否可以通过使用现成的可复用构件组装完成，而无须从头开始构造，以此达到提高效率和质量、降低成本的目的。例如在系统编码阶段，开发人员应考虑是否可以复用已有的源代码或目标代码；在系统测试阶段，应考虑是否有可供重复使用的测试用例和测试数据。通过在软件开发的各个阶段，充分考虑重复使用已有软件产品，达到软件复用的目的，避免人力和财力不必要的浪费和重复建设。

开发人员在选用可复用构件时，需要考虑：①是否存在企业组织内部开发的构件可以满足需要？②是否存在第三方的商业构件可供使用？③选用的构件是否与系统的其他部分和运行环境兼容？同时，开发人员需要对不能由现成的可复用构件满足的需求，使用传统的或面向对象的软件工程进行开发。对选用的可复用构件需要进行的开发活动包括：构件合格性认证，构件适应性的修改，构件组装，构件更新。

5.2.3　基于构件的软件开发

基于构件的软件开发过程包括两个并发的子过程：一个是领域工程，另一个是基于构件的开发。领域工程完成一组可复用构件的标示、构造、分类和传播；基于构件的开发完成使用可复用构件构造新的软件系统的工作。

1. 领域分析

领域分析是对特定应用领域中共同的特征、知识、需求的标示、分析和规约。领域分析是特定领域内软件重用的基础，它的目标就是发现和挖掘在特定领域内可以被复用的构件。

领域分析活动中的输入和输出信息如图 5.3 所示。

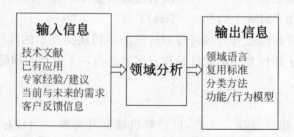

图 5.3　领域分析的输入与输出

领域分析与一个具体的应用系统的需求分析有显著的差异，它不是针对某个特定的软件系统，而是针对某一类软件系统的共同特征、知识和需求，也就是要提取一个特定的应用领域中所有的应用系统具有的共性,并以此作为开发适用于该领域的可复用构件的基础。总之,领域分析具有比需求分析更一般、更抽象、更广泛的特征。

2. 构件的开发

领域分析的结果为构件的选取和开发提供了指导性的原则。除了有领域分析作为其基础,构件开发还需要遵循一定的设计概念和原则。在构件的编码阶段,需要充分地考虑到可复用构件与一般应用程序的显著区别。为了使构件能够被较为广泛的复用,构件应该具有较强的通用性和灵活性。构件应该具有相当的一般性和抽象性,能够用于满足某一类相似的需求,一个过于特殊的构件是很难被重复使用的。即使一个通用性很高的构件也不可能完全适应用户的需求和运行环境,所以在一个构件被不同的应用复用时,对它的某些部分进行修改是不可避免的。所以构件开发时,需要为用户对构件的调整和修改留出余地。例如继承、参数化、模板和宏都是典型的提高构件灵活性和可调整性的机制。同时为了保证不同的构件能够被正确地组装和交互,构件与外界之间的联系应该通过标准化的定义良好的接口进行,而将构件的实现和内部数据结构加以隐藏,构件的封装性和彼此之间松散的耦合性对于降低构件系统开发难度和提高开发效率起着关键的作用。

进入测试阶段的构件应该经历比普通应用更为严格和充分的测试。同时,在测试过程中,要考虑可复用构件可能被应用到不同的运行环境中,所以在不同的软硬件环境中对构件进行多次测试对于保证构件的质量和可靠性是非常必要的。通过测试的构件就可以被提交到构件库中,由后者对其进行存储和管理,以备开发人员选用。除了构件本身需要被提交,对构件的特征和属性进行描述的文档也需要一并提交,以保证对该构件能够进行科学的管理和高效的检索。

要在软件系统的开发过程中有效地实现复用,必须要求复用达到一定的规模,必须有大量的可供开发人员选择的可复用构件。构件的数量越多,找到合适构件的可能性也就越大,应用系统的复用程度也就越高。但是随着构件数量的增加,如何有效地对这些构件进行组织和管理成为构件复用技术成败的关键。如果大量的构件没有被有效地组织和管理起来,那么要在一堆没有任何结构、散乱的构件中,找到满足特定需求的构件是一件十分困难的事情。因此,当构件的数量达到一定规模时,采用构件库对其进行组织和管理是十分必要的,构件库的组织和管理水平直接决定着构件复用的效率。构件库是用于存储、检索、浏览和管理可复用构件的基础设施,构件库的组织和管理形式要有利于构件的存储和检索,其最关键的目标是支持构件的使用者可以高效而准确地发现满足其需要的可复用构件。为了达到有效地进行软件复用的目的,构件库一般应具备以下功能:①支持对构件库的各种基本的维护操作,例如在构件库中增加、删除、更新构件;②支持对构件的分类存储,根据构件的分类标准和模型将构件置于合适的构件类型中;③支持对构件的高效检索,可以根据用户的需求从构件库中发现合适的构件,在这里对用户需求的匹配,既包括精确匹配,也包括模糊或者近似的匹配;④支持方便的、友好的用户管理和使用界面。

3. 基于构件的开发

基于构件的开发是指使用可复用构件组装开发新的应用系统,它由构件的鉴定、构件的调整和构件的组装组成。

（1）构件的鉴定。

构件的鉴定是对打算用于软件开发的构件能否满足应用的需要,能否达到应用所需要的性能、可靠性、质量的要求而进行的相应考察和鉴别工作。

（2）构件的调整。

通常在将构件复用到应用中时,构件都需要进行必要的调整和修改才能满足软件、硬件环境和具体应用的需要。

（3）构件的组装。

构件的组装是指将经过鉴定和调整的构件集成到应用系统中去。通常为了达到此目的,还必须构建一个基础设施提供构件协同的模型和使构件能够交互并完成共同任务的特定服务。

基于构件的软件开发的一个明显的优点就是提高了软件的质量。可复用的构件相对于在单一应用中使用的模块来说,一般都更为成熟并具有较高的质量保证,这主要是因为:

（1）可复用的构件在开发过程中,都经过严格的测试。构件的开发者一般都是在该构件的使用领域具有丰富经验、对该领域具有深入研究的开发团体,他们能从以往的用户和开发项目那里得到许多宝贵的经验,因而更容易开发出高质量的构件"精品"。在构件的开发过程中,为了保证它广泛的适应性和在频繁使用过程中的正确性,一般对其有更高的质量要求,并且在构件正式发布以前,都要进行更为严格的测试。因而可复用构件的质量会得到更好的保证。

（2）可复用的构件在不断复用过程中,其中的错误和缺陷会被陆续发现,并得到及时的排除。所以随着一个可复用构件复用次数的不断增加,其中的错误会逐渐减少,软件的质量也随之改善。在软件开发中使用的一个可复用构件通常都是经过许多其他用户的频繁使用,因此可复用的构件相对于新开发的模块更为成熟。

基于可复用构件的软件开发对于提高软件开发的效率也有着显著的作用。软件复用已经渗透到了软件开发的各个阶段,在开发的各个阶段都有可以被重复使用的软件产品。在分析和设计阶段可以复用的构件包括:应用框架、用例、分析和设计模型等产品。在编码阶段可以复用的构件包括:函数库、子程序库、类库、二进制构件库等产品。在测试阶段复用的构件包括测试用例和测试数据等产品。显然,使用现成可用的可复用构件比从头开始进行开发在开发效率上大为提高。在软件开发的各个阶段使用相应的可复用构件对于提高软件产品的生产效率具有重大的意义。然而使用可复用的构件对开发效率的影响受到多方面因素的影响,这些因素包括:应用领域、问题的复杂度、开发队伍的结构和规模、项目开发的周期、被应用的技术等。由于在不同的应用中影响其开发效率的因素有所不同,所以可复用构件对开发效率的提高程度也是不同的,一般 30％～50％的复用可以使开发效率提高25％～40％。

使用可复用的现成构件进行软件开发比一切都重新开发,其成本大为节省。它避免了不必要的重复劳动和人力财力的浪费。同时也必须意识到基于构件的软件开发也是有一定成本和代价的。首先是开发可复用的构件的成本。通常开发、测试、维护一个可复用的构件的成本是一个具有相同功能非复用构件的 1.5～3 倍。因为可复用的构件需要有更强的适应性和更高的质量保证。其次是建立和维护构件库的成本。对构件库的管理、维护、检索和修改也需要投入相当的时间和金钱。另外,在开发软件中复用一个构件时,也是需要一定成本的。虽然复用一个现成的构件的成本比重新开发的成本要低得多,只有后者的 1/4 左右,但是复用的开销不会降到零。

在意识到基于可复用的构件进行软件开发在开发成本、开发效率和开发质量方面带来的巨大效益的同时,开发人员也必须清楚地意识到使用可复用的构件进行软件开发所面临的风险和困难。这包括使用的构件不能完全适应应用的需要,构件的适应性很差或根本不能对其进行调整。另外在进行基于构件的软件开发时,很多情况下需要使用的可复用构件需要向第三方的构件开发商进行购买,这会带来更大的风险:①在同一系统中采用多个开发商提供的构件,它们之间的兼容性可能是开发过程中所要面对的一个严峻的问题;②采用随处可以购买到的构件可能会使开发出来的软件产品丧失技术上的独创性和市场上的竞争力;③第三方的构件开发商可能歇业,这会使购买的构件失去维护服务。这些都是在购买第三方构件进行软件开发时无法回避的问题,因此需要对这些风险进行充分的估计。

5.2.4　软件复用实例

软件复用经过近 30 年的发展,已有许多成功的研究和实践成果,正逐步成为实现软件工程化工业化生产的首选途径。本节简要介绍国内在软件复用领域的青鸟工程框架。

青鸟工程是国家重点支持的科技攻关课题,已有十余年的发展历程。"七五"、"八五"期间,青鸟工程面向我国软件产业基础建设的需求,以实用的软件工程技术为依托,研究开发具有自主版权的软件工程环境,为软件产业提供基础设施——软件工具、平台和环境,建立工业化生产的基本手段,促进我国软件开发由手工作坊式转向用计算机辅助开发,以提高软件开发效率,改善软件产品质量。大型软件开发环境青鸟系统便是这一阶段攻关工作的成果。

"九五"期间,青鸟工程的任务是在前期攻关工作的基础上,为形成我国软件产业规模提供技术支持。重点是研究软件的工业化生产技术,开发软件工业化生产系统——青鸟软件生产线系统,即基于构件-构架模式的软件开发技术及系统,为软件开发提供整体解决方案,推行软件工业化生产模式,促进软件产业规模的形成。

作为研究成果之一,青鸟工程开发了基于异构平台、具有多信息源接口的应用系统集成(组装)环境青鸟Ⅲ型(JR3)系统。青鸟Ⅲ型系统研制的目标是针对软件工业化生产的需求,完善并初步实现青鸟软件生产线的思想,制定软件工业化生产标准和规范,研究基于"构件-构架"模式的软件工业化生产技术,研制支持面向对象技术、支持软件复用的、基于异构平台、具有多信息源接口的应用系统集成(组装)环境。青鸟Ⅲ型系统的体系结构如图 5.4所示。

在青鸟软件生产线中,软件的生产过程划分为三类不同的生产车间,即应用构架生产车间、构件生产车间和基于构件、构架复用的应用集成(组装)车间,从而形成软件产业内部的合理分工,实现软件的工业化生产。软件开发人员被划分成三类:构件生产者、构件库管理

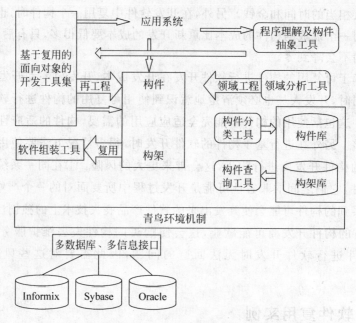

图 5.4 青鸟Ⅲ型系统的体系结构

者和构件复用者。这三种角色所需完成的任务是不同的,构件生产者负责构件的生产、描述;构件库管理者负责构件分类以及构件库的管理工作;而构件复用者负责进行基于构件的软件开发,包括构件查询、构件理解、适应性修改、构件组装以及系统演化。

其技术路线是以现有的青鸟软件开发环境为基础,研究构件-构架模式的软件生产技术,制定符合国情、国际兼容的青鸟构件标准规范;支持专业化的构件生产,即有目的的构件开发和采用再工程技术从已有系统中获取构件;采用领域工程技术,支持专业化的构架开发;强有力的构件库、构架库管理;支持软件过程设计和控制;支持基于构件、构架复用的应用系统集成(组装)。

5.3　本章小结

本章首先介绍了软件复用的基本概念,列举了可供复用的基本要素。然后详细描述了实现软件复用的要素,包括软件构件技术、领域工程、软件架构等,并说明了基于构件的软件开发技术。最后给出了软件复用的一些经验和实例。

习　题　5

1. 什么是软件复用?
2. 软件复用的层次可以分为哪几个级别?
3. 生产者复用(Product Reuse)和消费者复用(Consumer Reuse)有何区别?
4. 什么是可复用构件?相对于普通软件产品,对可复用构件有何特殊要求?

5. 基于构件的软件开发过程包括哪几个子过程，它们的作用分别是什么？

6. 基于构件的软件开发的优势是什么？

7. 基于构件的软件开发面临哪些挑战和困难？

8. 简述软件复用的经验。

9. 支持软件复用的工程要素有哪些？

10. 详细描述软件再工程的行为过程。

第6章
基于组件与Web Service的软件开发技术

我们目睹了软件在商业、工业、管理和研究领域日益膨胀的应用。软件已不再处于技术体系的边缘，已成为许多应用领域中的重要因素。软件的功能在竞争中日渐成为市场上的决定性因素，如在汽车行业、服务行业和教育领域等。日益增长的软件用户并不都是专家，这些趋势对软件提出了新的要求。可用性、稳健性、易于安装和集成性正变为软件最为重要的特征。由于软件可用性涉及领域很广，不同领域中对集成的要求呈现增长趋势。通常把在不同管理层次的数据和过程集成方式称为垂直统一管理，把来源于不同领域的相类似的数据类型和过程的集成称为横向结合。

这一系列变动导致了软件变得越来越庞大和复杂。传统的软件开发致力于处理日益增长的复杂性和作为一个系统对外部软件、交付期限和资金预算的依赖，往往忽略了系统进化或升级方面的要求。这已导致了一系列的问题：大多数项目不能在交付期限内完成，超出了预算，不能达到质量要求和持续增长的软件维护费用。为了应对这样的挑战，软件开发应该能够处理软件的复杂性，并能迅速地接受新的挑战。如果新的软件产品在开始开发时就是乱写（没有规划和分析），那么它们肯定达不到最后的目标。解决这类问题的关键是可重用性。从这个从角度上看，基于组件的软件开发（Component Based Development，CBD）应该是最好的解决途径。这包括对软件复杂性更有效率的管理，快速地推向市场，更高的生产力（开发效率），提高的质量，更为连贯的一致性和更为广泛的可用性。下面介绍几种最具代表性，最广泛的组件技术。

6.1 CORBA 组件系统

6.1.1 什么是 CORBA

随着互联网技术的日益成熟，公众及商业企业正享受着高速、低价网络信息传输所带来的高品质数字生活。但是，由于网络规模的不断扩大以及计算机硬件技术水平的飞速提高，给传统的应用软件系统的实现方式带来了巨大的挑战。

公共对象请求代理体系结构（Common Object Request Broker Architecture，CORBA），是由对象管理组织（Object Management Group，OMG）提出的应用软件体系结构和对象技术规范，其核心是一套标准的语言、接口和协议，以支持异构分布应用程序间的互操作性及独立于平台和编程语言的对象重用。CORBA 在不同平台、不同语言之间实现对象通信的模型,它为分布式应用环境下对象资源共享、代码重用、可移植和对象间相互访问建立了通用标准,同样也为在大量硬件、软件之间实现互操作提供了良好的解决方案。CORBA 已经被证实是近年网络技术发展中最重要的革新之一,它致力于解决当前信息系统的两大难题:①难以快速集成现有硬件系统和新的应用;②开发用户/服务器程序困难。

正是基于面向对象技术的发展和成熟、用户/服务器软件系统模式的普遍应用以及集成已有系统等方面的需求,推动了 CORBA 技术的成熟与发展。作为面向对象系统的对象通信的核心,CORBA 为当今网络计算环境带来了真正意义上的互联。

CORBA 同时也是一个分布式对象技术的规范,它是针对多种对象系统在分布式计算环境中如何以对象方式集成而提出的,它为对象管理定义了一个对象模型——OMG 参考模型(OMG Reference Model)及其框架结构。该模型由 ORB、对象服务、公共设施、领域接口及应用接口 5 个主要部分组成。该模型及其框架结构将面向对象技术与用户/服务器计算模式结合起来,有效地解决了对象封装和分布式计算环境中资源共享、代码可重用、可移植以及应用间的互操作性等问题。从最顶层看,CORBA 规范指的是对象管理结构(Object Management Architecture,OMA),该结构如图 6.1 所示。

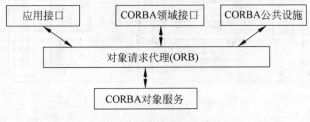

图 6.1 OMA 参考模型

(1) 对象请求代理(ORB)。是整个 CORBA 系统的核心,它的功能类似于计算机硬件系统中总线的功能,它提供了用户和服务对象之间进行信息传送的通路。ORB 的作用包括:接受用户发出的服务请求,完成请求在服务对象端的映射;自动设定路由寻找服务对象;向服务对象提交用户参数;携带服务对象计算结果返回用户端。

(2) CORBA 对象服务。CORBA 对象服务(Object Services)是为实现对象而提供的基本服务集合,是为创建对象、对象访问控制、对象生命期控制、对象引用等提供的一套基本的功能服务。对象服务是为方便应用程序开发人员开发服务对象的必要的系统服务。在构建任何分布式应用时经常会使用到这些服务,而且这些服务独立于应用领域。例如,生命周期服务定义了对象的创建、删除、复制和移动的方法,但它不规定如何在应用中实现这些对象。

CORBA 对象服务由 OMG COSS 规范规定。COSS 规范由一组接口(Interface)和服务行为描述构成,其接口一般使用 OMG 接口定义语言(Interface Definition Language,IDL)描述。目前 COSS 规范包括如下内容:命名服务(Naming Service)、事件服务(Event Service)、生命周期服务(Life Cycle Service)、持久对象服务(Persistent object Service)、并发控制服务(Concurrency Control Service)、外部化服务(Externalization Service)、关系服务(Relationship Service)、查询服务(Query Service)、许可服务(Licensing Service)、属性服务(Property Service)、安全服务(Security Service)和时间服务(Time Service)等。

（3）CORBA 公共设施。CORBA 公共设施（Common Facilities）提供了一组更高层的函数，这些函数包括用户界面、信息管理等方面的通信设施，为终端用户提供一组共享服务接口，例如综合文档、系统管理和电子邮件服务等。这些服务不像对象服务那么基本。

（4）CORBA 领域接口。CORBA 领域接口（Domain Interface）与特定的应用领域有关，例如制造业、金融业、通信行业等。

（5）应用接口。应用接口（Application Interface）是由应用程序开发商利用 CORBA 开发的，为其应用程序服务的接口。OMG 组织不对它实施标准化工作。应用接口位于参考模型的最高层。

6.1.2 CORBA 体系结构

CORBA 体系结构如图 6.2 所示。

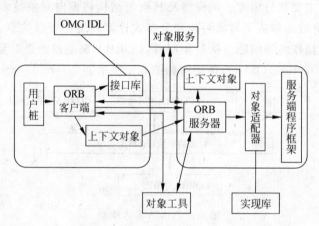

图 6.2 CORBA 的体系结构

下面介绍 CORBA 工作的基本原理。ORB 是建立对象之间用户/服务器关系的中间件。它使得某个对象可以透明地向其他对象发出请求或接受其他对象的响应。ORB 通过接口定义语言（Interface Definition Language，IDL）程序框架或者动态程序框架来定位响应的代码实现、传递参数以及对对象实现的传送控制。控制和适配器都有其特定的程序框架，在执行请求时，对象实现可以通过对象适配器获得 ORB 提供的服务，这一请求完成后，控制权和输出结果返回用户。

用户通过访问对象引用，了解对象的类型以及所需执行的操作，并在此基础上执行请求。用户通过发送请求使用对象所实现的服务，用户方可以有三种具体实现方式：使用静态 OMG IDL 存根，使用动态调用接口，以及为了调用某些特殊功能，用户可能需要与 ORB 进行直接交互。用户端可以看到的接口有：静态 OMG IDL 存根、动态调用接口、ORB 接口和接口库。其中静态 OML IDL 存根为用户提供静态调用方式，这些经过预编译的 IDL 存根定义了用户程序如何调用服务器程序的相应服务，从用户角度看，就如同一般的调用，是远程服务器对象的代理；动态调用接口允许用户在运行过程中查找并加以调用；ORB 接口是一个包含本地服务的接口，这些服务可以直接为应用程序所使用。接口库是一个运行库，包含由 IDL 定义接口的机器可读版本，接口库还是 ORB 的一个动态元数据库，ORB 上的组件可以动态访问、存储、修改元数据。

对象的实现同样有三种方式：通过 OMG IDL 产生程序框架(Skeleton)、通过动态程序框架(Dynamic Skeleton)接收作为上行调用的请求以及在处理请求或其他任何时候,对象实现均可以调用对象适配器和 ORB。

服务器能看到的 CORBA 系统接口有：服务器程序框架、动态程序框架接口、对象适配器、ORB 接口和实现库。其中服务器程序框架为服务器程序的每个服务提供静态接口,同静态 OMG IDL 存根一样,服务器程序框架也是由 IDL 编译器产生的;动态程序框架接口允许对象调用的动态处理;对象适配器位于 ORB 核心通信服务顶端,代替服务对象接受服务请求;ORB 接口可以直接为应用程序所使用;实现库存储服务器程序支持的类、实例化对象等。对象的实现可以选择合适的适配器,对象适配器的选择由对象所需要的服务而定。下面对 CORBA 的各个组成部分分别加以介绍。

1. 对象请求代理 ORB

ORB 提供了对请求与回答的通信机制,使 CORBA 应用开发者无须关心具体通信细节,而把注意力集中到实际的应用程序逻辑中去。总的来说,ORB 的作用包括：①接收用户发出的服务请求,完成请求在服务对象端的映射;②自动设定路由寻找服务对象;③提交用户参数;④携带服务对象计算结果返回用户端。当用户向服务对象发出事务请求时,用户是向服务对象发出请求的实体,服务对象应包括该方法的数据资源以及实现代码。对象请求代理的作用就是定位服务对象,接收用户发出的服务请求并将服务对象执行的结果返回给用户。请求发出后,用户对象采用轮询等方式来获取服务对象计算的结果。

在 ORB 结构中,ORB 并不需要作为一个单独的组件来实现,而是通过一系列接口和接口定义中说明要实现操作的类型,确定提供的服务和实现用户与服务对象通信的方式。通过 IDL 接口定义、接口库或适配器的协调,ORB 可以向用户机和具备服务功能的对象实现提供服务。作为 CORBA 体系结构的核心,ORB 可以实现如下三种类型的接口：对于所有的 ORB 实现具有相同的操作;针对特定类型对象的操作;与对象实现类型有关的操作。

CORBA 规范中定义了两种对象请求的实现方式：即动态调用接口(Dynamic Invocation Interface,DII)方式和通过 OMG IDL 文件经编译后在用户端生成的存根方式。这两种实现方式的区别在于通过 OMG IDL 存根文件方式实现的调用请求中,用户能够访问的服务对象方法取决于服务对象所支持的接口;而动态调用接口调用方式则与服务对象的接口无关。尽管实现调用请求的方式有所区别,但用户发出的请求服务调用的语义是相同的,服务对象不去分析服务请求提出的方式。ORB 通过 IDL 存根方式或动态调用接口(DII)方式定位服务对象的实现代码、传递服务对象应用参数以及完成对请求传送方式的控制。服务对象的实现通过对象适配器提供对用户请求的服务。

2. OMG IDL

在 CORBA 中,用户和服务对象通信的基本信息都包含在接口中,接口定义了某类对象能够施加的操作。OMG 的 IDL 用于定义 CORBA 对象的接口,它独立于具体的平台和编程语言,但可以向多种编程语言进行映射。从本质上来讲,OMG IDL 接口定义语言不是作为程序设计语言体现在 CORBA 体系结构中的,而是用来描述产生对象调用请求的用户对象和服务对象之间的接口语言。OMG IDL 文件描述数据类型和方法框架,而服务对象则为一个指定的对象实现提供上述数据和方法。OMG IDL 文件描述了服务器提供的服务功能,用户机可以根据该接口文件描述的方法向服务器提出业务请求。在大多数 CORBA 产品中都提供 IDL 到相关编程语言的编译器。程序设计人员只需要将定义的接口文件输入编译器,设定编译选项后,就可以得到与程序设计语言相关的接口框架文件和辅助文件。

在语法规则方面,类似于 C++或 Java 中关于接口或对象的定义,OMG IDL 增加了一些构造方法支持 IDL 特有的方法调用机制。OMG IDL 只是一种说明性的语言,支持 C++语言中的常量、类型和方法的声明。采用 OMG IDL 这样的说明性语言,其目的在于克服特定编程语言在软件系统集成及互操作方面的限制,这正是 CORBA 的诱人之处,同时也体现了采用 CORBA 构造分布式应用程序在网络时代的强大生命力。

3. 对象适配器

对象适配器是为服务对象端管理对象引用和实现而引入的。对象适配器介于 ORB 内核和对象实现之间,负责服务对象的注册、对象引用的创建和解释、服务进程的激活和结束以及用户请求的分发。在 CORBA 规范中要求系统实现时对象适配器完成如下功能:

① 生成并解释对象的引用,把用户端的对象引用映射到服务对象的功能中。
② 激活或撤销对象的实现。
③ 注册服务功能的实现。
④ 确保对象引用的安全性。
⑤ 完成对服务对象方法的调用。

对象适配器是对象实现访问 ORB 的主要方式,通过对象适配器,ORB 可以定制接口,为一组特定的对象提供服务。它又可分为:基本对象适配器(Basic Object Adapter,BOA)和易移植对象适配器(Portable Object Adapter,POA)。基本对象适配器是 CORBA 中定义的在分布式应用程序设计中常用的对象适配器。其工作方式是 ORB 将服务请求的参数及操作控制权传递给 BOA,由 BOA 将执行结果返回给 ORB。BOA 用服务对象框架将 ORB 和对象实现中的方法联系在一起,服务对象框架中的相应方法将对 BOA 方法的请求调用映射为服务对象中的方法。

易移植对象适配器 POA 像 BOA 一样,可以启动每一个方法的服务器程序、每一个对象的分离程序和某个对象类型所有实例的共享程序。POA 同样支持静态框架和动态框架接口。POA 还引入了一些新的特性,但必须为对象接口(或实现类型)的每一个实现提供一个实例管理器,实例管理器创建伺服程序或特殊实现的运行实例,POA 调用实例管理器上的操作,按需创建伺服程序。POA 提供了伺服程序在不同 CORBA 厂家的 ORB 实现之间的可移植性。一个服务器应用程序中可能包含多个 POA 实例,以便支持不同特性的 CORBA 对象或多种伺服程序的实现类型。

4. 接口库和实现库

接口库是存储相关对象接口定义的模块。CORBA 引入接口库的目的在于使服务对象能够提供持久的对象服务。将接口信息存入接口仓库后,如果用户端应用提交动态调用请求,ORB可以根据接口库中的接口信息及分布环境下数据对象的描述,获取请求调用所需的信息。接口库作为CORBA系统的组成部分,管理和提供到OMG IDL映射接口定义的访问。接口库中信息的重要作用是连接各个ORB,当请求将对象从一个ORB传递给另一个ORB时,接收端ORB需要创建一个新对象来代表所传递的对象,这就需要在接收端ORB的接口仓库中匹配接口信息。通过从服务请求端ORB的接口仓库中获得接口标识,就可以在接收端的接口仓库中匹配到该接口。接口库由一组接口库对象组成,代表接口库中的接口信息。接口库提供各种操作来完成接口的寻址、管理等功能。在实现过程中,可以选择对象永久存在还是引用时再创建等方式。实现仓库是存储与ORB对象的实现有关信息的模块。如果认为对象实现可以共享,则可以将实现功能放入实现仓库中,从而创建基于库的ORB。

5. 上下文对象

上下文对象包含用户机、运行环境或者在请求中没有作为参数进行传递的信息,上下文对象是一组由标识符和相应字符串构成的列表,程序设计人员可以用定义在上下文接口的操作来创建和操作上下文对象。

上下文对象可以以永久或临时方式存储,用户机应用程序用上下文对象来获取运行环境;而ORB用上下文对象中的信息来决定服务器的定位及被请求方法激活。

6. 用户桩

用户桩是用户端的代码,用户应用程序通过用户桩向服务器应用程序发送请求。用户方存根为用户提供静态调用方式。这些经过预编译的IDL码根定义了用户程序如何调用服务器程序的相应服务。用户方的存根负责把用户的请求进行编码发送到对象实现端,并对接收到的处理结果进行解码,把结果或异常信息返回给用户,从用户角度看,就如同是一个本地调用,是远程服务器的代理。存根是一段程序代码,为接口的每一种操作提供一种虚实现,具有以下特点:①存根是自动生成的,不需程序员的参与,ORB根据IDL的接口定义生成相应的用户端存根和服务器端静态框架;②存根是静态的,一经生成便不再改变,除非改变相应的IDL并重新生成;③存根是与ORB的具体实现相关的,不同的ORB厂商会有不同的ORB实现,即使相同的IDL接口定义也可能生成不同的存根。而用户端的动态调用接口则通过指定目标对象的引用、操作、属性及被传送的参数来动态创建和调用对服务对象的请求,并发送到对象实现方。在这种调用方式下,用户往往不知道服务对象的接口信息,首先通过查询或者其他手段获得服务对象的接口描述信息,然后自行调用ORB的方法来构造用户请求,并发送到对象实现方。

7. 服务端程序框架

服务方的程序框架是在对象实现方与用户方存根相对应的实现机制上,服务方的程序框架对用户请求进行解码,定位所要求的对象的方法,执行该方法并把执行结果或异常信息编码后发送回用户。这种调用适用于在用户执行前服务已知的情况,通常称为静态调用方式,它支持同步请求调用。

6.2 COM+组件系统

COM+并不是 COM 的新版本,可以把它理解为 COM 的新发展,或者为 COM 更高层次上的应用。COM+的底层结构仍然以 COM 为基础,它几乎包容了 COM 的所有内容。有一种说法这样认为,COM+是 COM、DCOM 和 MTS(Microsoft Transaction Server)的集成,这种说法有一定的道理,因为 COM+确实综合了这些技术要素。但更为重要的一点是,COM+倡导了一种新的概念,它把 COM 组件软件提升到应用层面而不再是底层的软件结构,它通过操作系统的各种支持,使组件对象模型建立在应用层上,把所有组件的底层细节留给操作系统,因此,COM+与操作系统的结合更加紧密。

COM 是个开放的组件标准,它有很强的扩充和扩展能力,从 COM 到 DCOM,再到 MTS 的发展过程也充分说明了这一点。虽然 COM 已经改变了 Windows 程序员的应用开发模式,把组件的概念融入到 Windows 应用中,但由于种种原因,DCOM 和 MTS 的许多优越性还没有为广大的 Windows 程序所认识。MTS 针对企业应用和 Web 应用的特点,在 COM/DCOM 的基础上又添加了许多功能和特性,包括事务性、安全模型、管理和配置等,MTS 使 COM 成为一个完整的组件体系结构。由于历史的原因,COM、DCOM 和 MTS 相互之间并不很融洽,难以形成统一的整体,不过,这种状况很快就要结束,因为 COM+把这三者有效地统一起来,形成一个全新的、功能强大的组件体系结构,并且把 DCOM 和 MTS 的各种优势以更为简洁的方式带给 Windows 程序员和用户。

1. Windows DNA 策略

在介绍 COM+结构之前,首先介绍 Windows DNA(Distributed Internet Application Architecture)策略,因为 COM+将在 DNA 策略中扮演重要的角色。Windows DNA 是 Microsoft 多年积累下来的技术精华集合起来而形成的一个完整的、多层结构的企业应用总体方案,它使 Windows 真正成为企业应用平台。Microsoft 在 MTS 的基础上提出了多层软件结构的概念。从大的方面来讲,一个企业应用或者分布式应用可以分为表现层、业务层和数据层。表现层为应用的用户端部分,它负责与用户进行交互;业务层构成了应用的业务逻辑规则,它是应用的核心,通常由一些 MTS 组件构成;数据层为后台数据库,它既可以位于专用的数据服务器,也可以与业务层在同一台服务器上。MTS 主要位于中间层,它为业务组件提供了一个运行和管理的统一环境。Windows DNA 的结构如图 6.3 所示。

(1) 表示层负责应用程序与用户之间的直接交互,主要有两种类型的用户机:即基于可执行文件的应用程序和基于网络浏览器的 Web 用户,它们分别采用 DCOM 和 HTTP 与事务逻辑层进行通信。

(2) 事务逻辑层是整个应用程序的关键,它负

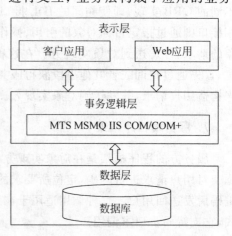

图 6.3　Windows DNA 结构

责系统的工作流程和业务处理。在事务逻辑层，Windows DNA 包含一组功能很强的集成应用程序服务。这些服务相互之间和与底层的操作系统之间紧密集成，并通过 COM 以一种统一的方式进行展示。这些服务包括：

- Web 服务，通过 IIS 实现。
- 事务和组件服务，通过 MTS 实现。
- 服务器端脚本编程技术，通过驻留于 IIS 的 ASP 或 ASP. NET 来实现。
- 异步消息通信服务，通过 MSMQ 来实现。

（3）数据层负责系统数据的存储和管理，它主要是通过关系型或 xml 数据库管理系统来实现。事务逻辑层使用 ADO/OLEDB 访问其中存储的数据。

2. COM＋基本结构

COM＋通过把 COM、DCOM 和 MTS 统一起来，形成了真正适合于企业应用的构件。COM、DCOM 和 MTS 的结构关系如图 6.4 所示。

图 6.4　COM＋的基本结构

COM＋不仅集成了 COM、DCOM 和 MTS 的许多特性，而且新增了一些非常重要的系统服务，并提供了一个比 MTS 更好的构件管理界面。

COM＋提供的新特性包括：

（1）COM＋目录。

COM 和 MTS 使用 Windows 的系统注册表来保存构件的所有配置信息，而 COM＋的做法与前两者不同，它把大多数构件信息保存在一个称为 COM＋目录（COM＋ Catalog）的新的数据库中。

（2）负载平衡。

COM＋提供的负载平衡服务可以以透明的方式实现动态的负载平衡。灵活、可靠地在集群中调节各个服务器节点所分配的负载，增加了系统的可伸缩性和灵活性。

（3）内存数据库（IMDB）。

IMDB(In Memory Database)是一个驻留在内存中的支持事务特性的数据库系统，它可以优化数据查询和数据获取，为 COM＋应用程序提供快速的数据访问。

（4）对象池。

在应用程序运行时，已经发现构件对象的创建和释放都是开销很大的操作，为了提高效率，COM＋把创建的对象实例保留在对象池中，在用户请求该对象时，可以直接把对象池中现成的对象实例提供给用户，在用户不再使用该对象实例时，将其放回到对象池中，以备下次使用。对象池的使用减小了构件对象创建和释放的开销，提高了运行效率。

（5）队列化构件。

COM＋构件除了支持基于 RPC 连接的同步调用方式，还可以通过低层的消息系统 MSMQ（Microsoft Message Queue Server，Microsoft 消息队列服务系统）支持异步调用方式。队列化构件使得在用户程序和构件没有建立连接时，以异步的方式进行通信，提高了系统的可靠性和可扩展性。

（6）新的事件模型。

COM＋的事件模型改进了 COM 所采用的可连接对象机制的紧耦合方式，提供了建立在发布者和订阅者概念之上的松耦合方式。发布者负责提供事件信息，订阅者负责消费事件信息，来自不同发布者的事件信息存储在 COM＋事件数据库中，而订阅者可以通过注册说明它们希望接收到的事件信息。当发布者激发事件时，COM＋事件服务把该事件信息发送给订阅了该事件信息的订阅者。

（7）构件管理和配置。

COM＋ 提供了一个比 MTS 更友好的构件的管理和配置环境。COM＋ 管理程序（COM＋Explorer）采用通用的 MMC 标准界面，通过 COM＋ 管理程序，用户可以灵活方便地设置 COM＋应用和 COM＋构件的属性。

6.3　J2EE 组件系统

J2EE 是 sun 公司在 Java 技术的基础上提出的企业级应用解决方案。要想了解 J2EE 就必须先了解什么是 Java。大部分 Java 初学者可能会认为 Java 与 C++一样，仅是一种编程语言而已，但实际上这只是一种狭义的理解。从目前的发展趋势来看，Java 已经成为一门十分庞杂的技术体系，这个技术体系以 Java 语言为核心。此外，还包括 Java-applet，RMI-IIOP，JavaIDL/CORBA，JavaBeans，Servlet，JSP，JDBC，JNDL，EJB 和 Javamail 等，而 J2EE 正是在 Java 语言的基础上整合了这些关键技术而形成的一个新的框架。它提供了一个多层次的分布式应用模型和一系列开发技术规范。多层次分布式应用模型是指根据功能把应用逻辑分成多个层次，每个层次支持相应的服务器和组件，组件在分布式服务器的组件容器中运行（如 Servlet 组件在 Servlet 容器上运行，EJB 组件在 EJB 容器上运行），容器间通过相关的协议进行通信，实现组件间的相互调用。遵从这个规范的开发者将得到行业的广泛支持，使企业级应用的开发变得简单、快速。

1．J2EE 的体系结构

J2EE 的体系结构是多层的分布式体系结构，应用逻辑按功能划分为不同的组件，组件根据自己所在的层分布在不同的机器上（也可以放在同一台机器上），克服了两层模式的弊端。在传统模式中，用户充当了过多的角色而显得臃肿，在这种模式中，一次部署时容易，但是难以升级或改进，伸展性也不理想，而且常基于某种专有协议（通常是某种数据库协议），它使得重用业务逻辑（业务过程）和界面逻辑非常困难。现在，J2EE 的多层企业级应用能够为不同的各种服务提供一个独立的层。以下是 J2EE 的典型 4 层结构。

（1）运行在 J2EE 用户端机器上的用户层组件。

用户端层用来实现企业级应用系统的操作界面和显示层。另外，某些用户端程序也可实现业务逻辑。可分为基于 Web 的和非基于 Web 的用户端两种情况。基于 Web 的情况下主要作为企业 Web 服务器的浏览器。非基于 Web 的用户层则是独立的应用程序，可以完成瘦用户机无法完成的任务。

（2）运行在服务器上的 Web 层组件。

为企业提供 Web 服务，包括企业信息发布等。Web 层由 Web 组件组成。J2EE Web 组件包括 JSP 页面和 Servlets。Web 层也可以包括一些 JavaBeans。Web 层主要用来处理用户请求，调用相应的逻辑块，并把结果以动态网页的形式返回到用户端。

（3）运行在服务器上的业务逻辑层组件。

业务层也叫 EJB 层或应用层，它由 EJB 服务器和 EJB 组件组成。一般情况下许多开发商把 Web 服务器和 EJB 服务器产品结合在一起发布，称为应用服务器。EJB 层用来实现企业级信息系统的业务逻辑。这是企业级应用的核心，由运行在业务层中的 EJB 来处理。一个 Bean 从用户端接收数据、处理，然后把数据送到企业信息系统层存储起来。同样，一个 Bean 也可以从企业信息系统取出数据，发送到用户端程序。业务层中的 EJB 要运行在容器中，容器解决了底层的问题，如事务处理、生命周期、状态管理、多线程安全管理、资源池等。

（4）运行在 EIS 服务器上的企业信息系统层软件。

处理企业系统软件，包括企业基础系统、数据库系统及其他遗留的系统。J2EE 将来的版本支持连接架构（Connector Architecture）。它是连接 J2EE 平台和企业信息系统层的标准 API。

2. J2EE 的特点

（1）多层模型。J2EE 提供了多层应用和程序模型，意味着应用程序的不同部分运行在不同的设备上。

（2）基于容器的组件管理。J2EE 基于组件的开发模型的中枢是容器的概念，容器提供组件运行时环境，组件可以期望它们服务在任何 J2EE 平台上都有效。

（3）对用户组件的支持。J2EE 的用户层提供了对多种用户机类型的支持，可以在企业防火墙之内和防火墙之外。

（4）对商业逻辑组件的支持。在 J2EE 的平台中，EJB 组件实现中间层的商业逻辑，EJB 组件或应用程序的开发者，将精力集中在商业逻辑的开发上，将复杂的服务器交由 EJB 服务器处理。

（5）对 J2EE 标准的支持。J2EE 定义了一系列的相关规范，J2EE 平台必须支持规范。

6.4　Web Service 基础

Web Service 技术的出现，顺应了两个方面的需求与发展：一方面。随着十万、百万级软组件在庆用系统中获得使用，对可复用的软组件的标准化提出更高的要求。组件技术在不同组件的信息交换，跨平台和编程语言等方面实现了标准化，但对于组件接口的定义和组件之间的通信机制却没有定义统一的标准。Web Service 在此基础上更进一步，能过

WSDL 语言使接口描述标准化,通过标准的 HTTP/SOAP 通信协议使组件之间的通信机制更加标准化。另一方面。互联网技术的发展,使得可以的软件资源越来越丰富,软件之间的耦合度越来越松散,Web Service 通过服务发现机制进一步适应了这种需求。Web Service 不仅是一个基于复用组件技术的升级,它还带来了软件工程领域革命性的变革,它改变了我们开发、发布和管理软件的方式,也发展了传统的分布式计算机模式,XaaS、云计算、务联网(The Internet of Serive)也为了当前热门的计算技术。限于篇幅,本节将仅讨论 Web Service 基础,包括基本概念及基于 Web Service 的重用模式。

1. Web Service 基本概念

Web Service 是一个或者一组应用程序,向外界提供一个能够通过 Web 进行调用的 API。Web Service 的主要目标是在现有的各种异构平台的基础上构筑一个通用的与平台和语言无关的技术层。多种不同平台上的应用依靠这个技术层来实施彼此的连接和集成。

Web Service 技术具有以下特点:

(1) 完好的封装性。Web Service 是一种部署在 Web 上的对象,具备对象的良好封装性。对使用者而言,它能且仅能看到该对象提供的功能列表。

(2) 松散耦合。当一个 Web Service 的实现发生变更甚至是当 Web Service 的实现平台发生转移时,调用者不会感到有变化。

(3) 使用标准协议规范。在 Web Service 中所有的技术实现都基于开放的标准协议规范。

(4) 高度可集成能力。由于 Web Service 采用标准 Web 协议作为组件界面描述和协同描述规范,完全屏蔽了不同软件平台的差异,任何软件都可以通过标准的协议进行互操作。实现了在当前环境下最高的可集成性。

一个完整的 Web Service 包括三种逻辑组件:服务提供者、服务代理和服务请求者,如图 6.5 所示。在图中,各组件分别对应不同的角色。服务提供者提供服务,并进行注册以使服务可用;服务代理起中介作用。它是服务的注册场所,充当服务提供者和服务请求者之间的媒介:服务请求者可在应用程序中通过向服务代理请求服务,调用所需服务。

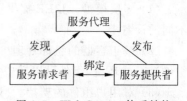

图 6.5　Web Service 体系结构

与 Web Service 相关的操作主要有:

(1) 发布——服务提供者向代理发布所提供的服务。该操作对服务进行一定的描述并发布到代理服务器上进行注册。在发布操作中,服务提供者可以决定发布(注册)或者不发布(移去)服务。

(2) 发现——服务请求者向代理发出服务查询请求。服务代理提供规范的接口来接收服务请求者的查询请求。通常的方法是,服务请求方根据通用的行业分类标准浏览或通过关键字搜索,并逐步缩小查找范围,直到找到满足所需要的服务。

(3) 绑定——服务的具体实现。分析从注册服务器中得到的调用该服务所需的详细绑定信息(服务的访问路径、调用的参数、返回结果、传输协议、安全要求等),根据这些信息,服务请求方就可以编程实现对服务的远程调用。

实现 Web Service 的异类基本结构以及在整个 Web 中实现 Web Service 的关键是实现支持简单数据描述格式的技术。这种格式就是 XML。数据独立性是 XML 的主要特征。由于 XML 文档只描述数据,因此任何理解 XML 的应用程序(不管其编程语言或平台如何)都可以以各种不同的方式对其格式化。Web Service 必须使用 XML 来完成三件事情:基本的缆线格式、服务描述以及"服务发现"。Web Service 使用 SOAP 作为它的标准通信协议。SOAP(Simple Object Access Protocol)在通信的最低级别。系统需要使用同一语言,特别是作为通信双方的应用程序需要遵守同一套通信规则:如何表示不同的数据类型(例如:是整数还是数组),以及如何表示命令(即需要对数据进行何种操作)。另外,在必要的时候应用程序还需对该语言进行适当的扩展。简单对象访问协议(SOAP)是 XML 的实施工具。它提供了一套公共规则集。该规则集说明了如何表示并扩展数据和命令。WSDL(Web Service 描述语言)是描述 Web 服务的 XML 格式语言。它用来定义 Web Service 并描述如何访问这些服务。WSDL 文档把 Web Service 定义为一组在包含面向文档或面向过程信息的消息上执行操作的端口。其中操作(operation)和消息(message)采用抽象方式进行描述。然后把它们绑定到具体的网络协议和消息格式上来定义一个具体的端口。多个相关的具体端口结合在一起就构成了服务(service)双方应用程序。在得到了如何表示数据类型和命令的规则后,需要对所接收的特定数据和命令进行有效的描述。仅仅说已接收到整数是不够的;例如,在接收到两个整数后,应用程序必须明确表述它可以对这两个整数执行乘法运算操作。一旦部署了 Web 服务,潜在用户就必须能够发现它在什么地方以及它如何工作。统一描述、发现和集成的 UDDI(Universal Dessription, Discovery, and Integration)是一种规范,它定义了一项基于 SOAP 的协议,用于更新和查询 Web 服务信息库。UDDI 是一套面向 Web 服务的信息注册中心的实际标准和规范。创建 UDDI 注册中心的目的是实现 Web 服务的发布和发现。利用 UDDI 规范在 Web 上建立发现服务。这些发现服务为所有请求者提供了一致的接口,使得已经发布的 Web 服务能够让请求者得以发现。UDDI 可以发布并发现 Web 服务,最大限度地访问站点并获得最终的成功。

2. 基于 Web Service 的重用模式

随着软件重用技术的发展与可重用粒度的增大,对软件管理提出了许多新要求,如组织的管理方法如何适应复用的需求、开发人员知识更新与心理因素保证、知识产权以及商业秘密等问题。此外,软件重用还必须解决目前在应用与实现过程中存在的三个核心问题或原则:一是存在性原则,即必须存在可以复用的对象资源;二是可发现性原则,即需要向用户提供查找所需复用对象的有效手段;三是标准化原则,即为使用者提供被复用对象的标准使用方法。尽管实现软件复用的各种技术因素和非技术因素是互相联系的,但这三个基本问题是实现真正成功的软件复用的核心与基础。

Web Service 的体系结构模型由资源对象、服务对象、角色对象、协议栈和指令方法 5 个要素构成,其中,服务对象是对资源对象的抽象和封装,并通过 Web 服务的形式向外部提供由 WSDL 描述的通用组件接口。提供者将创建的服务注册并发布到 UDDI 中心后,服务请求者就可以通过 UDDI 中心进行查找和引用,最后实现与提供者的绑定、调用与显示。另外,由于消息的传输与响应以及接口的描述都是利用基于 XML 的协议完成,一方面实现了真正意义上的跨平台和语言无关性;另一方面,有效地解决了软件重用过程中存在着的三个核心问题,即通过服务的创建与发布实现了存在性原则;利用 UDDI 提供的发布与查询机制为用户提供了有效的发现手段;另外,通过一系列的标准协议集为使用者提供了对服务对象的标准使用方法,从而为分布式松耦合环境下软件与数据的重用提供有效手段。

与 CORBA 技术一样,Web Service 作为一种开放系统重用模式,可有效地解决目前分布式、异构环境中的互操作问题。但两者在应用方式与使用范围中存在一些差异,在实现上 CORBA 技术对特定操作系统、程序设计语言或者对象模型专用协议有相应的限制和要求,并侧重于解决 Intranet 尺度范围内的分布式系统中进行互操作的问题;而 Web Service 技术则是建立在 XML 与 Internet 标准协议的基础之上,使用基于文本的消息传送模型进行通信,主要侧重于解决目前基于 Internet 大尺度范围内的互操作问题。Web Service 通过对业务逻辑的有效封装、发布、查找与绑定机制,利用一系列标准化协议的支持,将提供者所生产的服务通过 UDDI 注册并发布后,供请求者来选择重用,在解决传统软件重用过程中存在的三个核心问题的同时,由于服务可对不同粒度的应用逻辑进行封装,从而实现了系统级的较大粒度重用,并通过软件与数据资源的透明化重用,提高了软件开发与部署的效率和成本。

6.5　本章小结

本章首先介绍了基于组件的软件开发技术,分别介绍了 CORBA,COM＋和 J2EE 三种组件系统,介绍了它们的体系结构和工作原理;然后介绍了基于 Web Service 的软件开发技术,重点描述了基于 Web Service 的重用模式。

习　题　6

1. CORBA 是什么? 它主要分为哪三个层次?
2. 解释 Windows DNA 策略,并画出结构图。
3. CORBA 的体系结构是怎么样的? CORBA 工作的基本原理是什么?
4. COM＋是什么? 它的基本结构是怎样的?
5. 简述 COM＋与 COM 的联系和区别。
6. J2EE 的体系结构是怎么样的? J2EE 有哪些特点?
7. Web Service 是什么? 它的目标是什么?
8. Web Service 技术有什么特点?
9. 详细描述 Web Service 的体系结构模型。
10. 简述 CORBA 技术和 Web Service 在应用方式与使用范围中存在的一些差异。

第7章

软件设计模式

设计模式(Design pattern)是一套被反复使用的、多数人知晓的、经过分类编目的、设计经验的总结。它对于指导程序开发人员提高软件系统的质量,建立灵活、高效的软件框架具有十分重要的作用。在本书中,我们将其理解为程序设计级别的软件复用技术。本书重点介绍了 *Design Patterns:Elemens of Reusalbe Object-Oriented Software* 一书中的 23 种 GOF(Gang of Four,即对 Erich Gamma,Richard Helm,Ralph Johnson & John Vlissides 四位作者的昵称)设计模式。

7.1 软件设计模式基础

7.1.1 什么是设计模式

关于模式这一概念,最早出现在城市建筑领域,Christopher Alexander 的一本关于建筑的书 *The Timeless Way of Building* 中明确给出了模式的概念,他说:"每一个模式描述了一个在我们周围不断重复发生的问题,以及该问题的解决方案的核心,这样你就能一次又一次地使用该方案而不必做重复劳动",他使用模式这一概念来解决建筑中的一些问题,现在这一概念逐渐被计算机科学所采纳。在计算机科学中,从代码重用角度讲,设计模式是一套被反复使用、多数人知晓的、经过分类编目的、代码设计经验的总结。从整体抽象的层次上讲,设计模式通常是对于某一类软件设计问题的可重用的解决方案。在软件工程中一个设计模式能解决一类设计问题。每一个设计模式系统地命名、解释和评价了面向对象系统中一个重要的和重复出现的设计。通过设计模式,定义了一个特定的面向对象设计过程中所包含的类和实例、它们的角色、协作方式以及职责分配,确认了该设计中的设计要点。本书将从该层次上介绍设计模式。将设计模式引入软件开发和软件过程,其目的是充分利用已有的软件开发和设计经验,而不必使人们总要从头开始解决相类似的问题。

通常,一个设计模式有 4 个基本要素:

(1) 模式名称(Pattern Name)。模式名称主要用来描述该模式的问题、解决方案和效果。基于统一的模式词汇表或模式命名规则,软件设计者之间不必花时间了解另外一个设计者的模式名称的由来,就可以理解另外一名设计者的设计思想,方便了设计者间的交流。

(2) 问题(Problem)。问题描述了使用该设计模式必须满足的一些先决条件。它解释了该设计模式存在的背景,它可能描述特定的设计问题,也可能描述某个抽象领域的设计问题,也可能描述了设计不灵活的类或是对象结构。

（3）解决方案（Solution）。解决方案描述了一个设计的各个设计构件，它们之间的相互关系以及各自的职责和协作方式。

（4）效果（Consequences）。该要素描述了设计模式的使用效果，以及该模式中要注意的问题。

7.1.2　设计模式的作用

有过软件开发经验的读者应该有这样的体会：开发一个系统最困难的不在于编码，而在于系统的设计。设计是软件开发生命周期中很重要的一环，好的设计能带来好的产品，而设计不好，就相当于是大楼的地基没打好，这种后果对软件开发是灾难性的。如果能将一些经验丰富的设计者的设计思想整理成一套切实可行的设计模式，那么就可以有效地避免这些问题，设计模式的作用具体体现在以下几个方面：

第一，设计模式有利于促进基于模式的开发方法。设计模式是面向对象软件设计的思想精髓，是拥有多年开发设计经验的人的经验传承，是专家的建议集合，是论证后切实可行的一套完整的设计方案。将这些宝贵的经验模式化，使得新的设计者能够直接复用这些经验，而不需要从头至尾重新设计，更不必使得设计者开发出一个设计方案后，花费数月甚至数年的时间去验证该设计方案的可行性，这将大大地提高软件的开发效率。

第二，设计模式是一套经过证实的可复用的成功的设计和体系结构。这使得新的系统开发者更加容易理解合作者的设计思路，在一定程度上解决了设计者之间的思维差异问题，使得设计者之间有了一个共同的交流平台，帮助设计者做出有利于系统复用的选择。

第三，设计模式有利于提高设计质量。对需求或开发背景相同的软件开发，基于一个统一的设计模式，将有利于设计的规范化和标准化。

7.1.3　设计模式的描述

描述设计模式有一套统一的格式，每一个设计模式根据以下内容分成若干个模板，每个模板具有统一的信息描述结构。主要描述结构如下：

模式名：模式名简单描述了设计模式的本质，主要用于唯一地标识模式。

意图：阐述设计模式的基本原理、目的和作用。

别名：模式的辅助名称。

动机：描述了具体的通过类、对象解决特定设计问题的情景。

适用性：限制了应用设计模式的场景。

结构：用类图描述模式中的各个类，它们的结构以及它们之间的静态关系；用对象图描述运行时刻特定的对象结构；用交互图说明对象之间的请求序列和协作关系。

参与者：确定设计模式中的类或对象以及它们各自的职责。

协作：定义了参与者之间的协作顺序。

效果：分析了使用设计模式后的效果以及权衡取舍的过程。

实现：说明了实现模式时需要知道的一些提示、技术要点及应避免的缺陷，以及是否存在某些特定于实现语言的问题。

代码示例：示范通过 C++ 或 Smalltalk 实现某个设计模式的代码片段。

已知应用：实际系统中模式应用的例子。

相关模式：列举与各模式紧密相关的模式以及它们之间的区别。

7.1.4 如何使用设计模式

通过学习设计模式,可以使软件开发人员的面向对象分析和设计的能力得到很大的拓展和加强,即使编程人员还没有直接使用设计模式,只要真正用心理解了设计模式,那么软件开发人员的设计水平也将得到很大的提高。当然,学习设计模式最主要的目的是为了应用。那么如何使用设计模式呢? 下面就是使用设计模式时应该遵循的几条准则:

准则一：以充分学习和了解各个设计模式为基础。只有充分了解和掌握了每一个设计模式背后的设计原则和策略,才有可能运用自如。

准则二：设计模式应该互相配合,共同解决问题。不能将设计模式作为一个单独的东西使用,应该将它们结合起来。

准则三：重点思考和学习模式背后的原则和策略,而不仅仅是学习和运用已有的模式,应该能创造自己的模式。

在使用设计模式的过程中,使用者可能会产生以下几个误区:

误区一：在使用设计模式时,因为软件中的设计模式最初是以设计模式为名引入的,所以,学习者误以为模式只能应用于软件开发的设计阶段。其实不然,在软件开发的各个阶段,包括分析、设计和实现阶段都存在模式。

误区二：在项目开发的过程中,试图使用所有的模式。实际上,在项目的开发过程中,并不是模式使用得越多就一定越好。如果软件开发人员不能根据特定的问题,去寻求模式的解决方案,而只是凭臆想或是过于牵强地加模式,有可能使项目最后偏离了方向,使得整个项目真正需要解决的问题没有解决,反而在一些不重要的额外问题上花费过多的时间和精力,甚至使得最后的软件因为过于灵活,而没有人真正需要使用它。另外,很多模式是关于扩展性和重用性的。当确实需要扩展性的时候,模式提供某种方法来实现它,这可以有效地提高软件开发人员的开发效率,但是当不需要它的时候,应该让设计保持简单并且不要添加不需要的抽象层。

误区三：在不理解项目的实际背景的情况下,就急于照本宣科似的应用设计模式。Erich Gamma(里程碑式的书籍《设计模式》的作者之一)在有关设计模式的使用方法上,就建议人们"不要一开始就马上把模式套进某个设计,而是当你一边深入并且对问题理解更多的时候才使用它们"。

7.2 设计模式的分类

设计模式的分类有很多种方法,本文主要介绍 GOF(Gang of Four)设计模式分类和POSA(Pattern-Oriented Software Architectur,面向模式的软件架构)设计模式分类。

7.2.1 GOF 设计模式分类

20 世纪 90 年代,Erich Gamma 等 4 人,也就是通常所说的 GOF(Gang of Four,"四人

帮")从建筑设计领域将设计模式引入到计算机科学领域时,根据以下两条准则对设计模式进行了分类。第一,根据目的准则,设计模式可分为创建型(Creational)、结构型(Structural)、行为型(Behavioral)三种;第二,根据范围准则,设计模式可分为类模式和对象模式,类模式处理类和子类之间的关系,这些关系通过继承建立,是静态的,在编译时刻已经确定下来了。对象模式处理对象之间的关系,这些关系在运行时刻是可以变化的,具有动态性。依据以上两种分类准则,表 7.1 形象地表示出了设计模式的分类。

表 7.1　设计模式的分类

		目　　　的		
		Creational(创建型)	**Structural**(结构型)	**Behavioral**（行为型）
范围	类	Factory Method(工厂方法)	Adapter(适配器)	Interpreter(解释器) Template Method(模板方法)
	对象	Abstract Factory(抽象工厂) Builder(生成器) Prototype(原型) Singleton(单件)	Adapter(适配器) Bridge(桥接) Composite(组成) Decorator(装饰) Facade(外观) Flyweight(享元) Proxy(代理)	Chain of Responsibility（职责链） Command(命令) Iterator(迭代器) Mediator(中介者) Memento(备忘录) Observer(观察者) State(状态) Strategy(策略) Visitor(访问者)

创建型类模式将对象的部分创建工作延迟到子类,而创建型对象模式则将它延迟到另一个对象中。

结构型类模式使用继承机制类组合类,而结构型对象模式则描述了对象的组装方式。

行为型类模式使用继承描述算法和控制流,而行为型对象模式则描述一组对象怎样协作完成单个对象所无法完成的任务。

有关创建型(Creational)设计模式、结构型(Structural)设计模式、行为型(Behavioral)设计模式以及各自属于这三种设计模式中的模式,将分别在后面几节中给予介绍。

7.2.2　POSA 模式分类

Frank Buschmann 等编著的 *Pattern-Oriented Software Architecture* 是有关模式方面的又一经典著作,在此书中,作者拓展了模式的范围,根据规模和抽象层次的不同,定义了三个类别或层次的设计模式:体系结构模式(Architectural Patterns)、设计模式(Design Patterns)、惯用法模式(Idioms)。体系结构模式表达了软件系统的基本结构组织形式或者结构方案,它包含一组预定义的子系统,规定了这些子系统的责任,同时还提供了用于组织和管理这些子系统的规则和向导;设计模式描述了在特定环境下,用于解决通用软件设计问题的组件以及这些组件相互通信时的可重现结构,为软件系统的子系统、组件或者组件之间的关系提供一个精炼之后的解决方案;惯用法模式描述了如何实现组件的某些功能,或者利用编程语言的特性来实现组件内部要素之间的通信功能,它是一个与编程语言相关的低级模式,惯用法模式主要捕获了很多编程经验。

7.3　创建型(Creational)设计模式

创建型模式与对象的创建有关,即描述怎样创建一个对象,它隐藏对象创建的具体细节,使程序代码不依赖具体的对象。因此当增加一个新对象时几乎不需要修改代码即可。创建型类模式将对象的部分创建工作延迟到子类,而创建型对象模式则将它延迟到另一个对象中。创建型类模式有 Factory Method(工厂方法)模式,创建型对象模式包括 Abstract Factory(抽象工厂)模式、Builder(生成器)模式、Prototype(原型)模式、Sindeton(单件)模式4种。

7.3.1　Factory Method(工厂方法)模式

名称：Factory Method
意图：定义一个用于创建对象的接口,让子类决定实例化哪一个类。Factory Method 使一个类的实例化延迟到其子类。
结构：如图7.1所示：

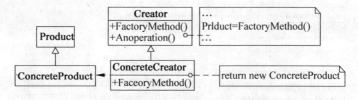

图 7.1　Factory Method 结构图

适用性：
(1) 当一个类不知道它所必须创建的对象的类的时候。
(2) 当一个类希望由它的子类来指定它所创建的对象的时候。
(3) 当类将创建对象的职责委托给多个帮助子类中的某一个,并且希望将哪一个帮助子类是代理者这一信息局部化的时候。

7.3.2　Abstract Factory(抽象工厂)模式

名称：Abstract Factory
意图：提供一个创建一系列相关或相互依赖对象的接口,而无须指定它们具体的类。
结构：如图7.2所示：
适用性：
(1) 一个系统要独立于它的产品的创建、组合和表示时。
(2) 一个系统要由多个产品系列中的一个来配置时。
(3) 当要强调一系列相关的产品对象的设计以便进行联合使用时。

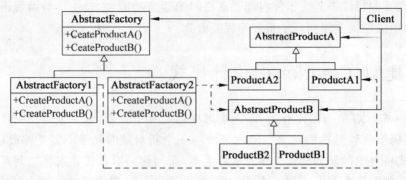

图 7.2　Abstract Factory 结构图

（4）当提供一个产品类库，而只想显示它们的接口而不是实现时。

7.3.3　Builder（生成器）模式

名称：Builder

意图：将一个复杂对象的构建与它的表示分离，使得同样的构建过程可以创建不同的表示。

结构：如图 7.3 所示：

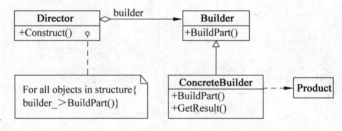

图 7.3　Builder 模式结构图

适用性：

（1）当创建复杂对象的算法应该独立于该对象的组成部分以及它们的装配方式时。

（2）当构造过程必须允许被构造的对象有不同的表示时。

7.3.4　Prototype（原型）模式

名称：Prototype

意图：用原型实例指定创建对象的种类，并且通过复制这些原型创建新的对象。

结构：如图 7.4 所示：

适用性：

（1）要实例化的类是在运行时刻指定时，例如，通过动态装载。

（2）当为了避免创建一个与产品类层次平行的工厂类层次时。

（3）一个类的实例只能有几个不同状态组合中的一种时，建立相应数目的原型并复制它们可能比每次用合适的状态手工实例化该类更方便一些。

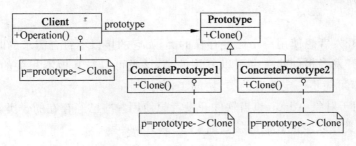

图 7.4 Prototype 设计结构图

7.3.5 Singleton(单件)模式

名称：Singleton

意图：保证一个类仅有一个实例，并提供一个访问它的全局访问点。

结构：如图 7.5 所示：

适用性：

（1）当类只能有一个实例而且用户可以从一个众所周知的访问点访问它时。

（2）当这个唯一实例是通过子类化可扩展的，并且用户应该无须更改代码就能使用一个扩展的实例的时候。

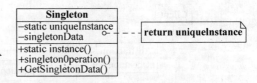

图 7.5 Singleton 模式结构图

7.4 结构型(Structural)设计模式

结构型模式处理类或对象的组合，即描述类和对象之间怎样组织起来形成大的结构，从而实现新的功能。结构型类模式采用继承机制来组合类，如 Adapter(适配器类)模式；结构型对象模式则描述了对象的组装方式，如 Adapter(适配器对象)模式、Bridge(桥接)模式、Composite(组合)模式、Decorator(装饰)模式、Facade(外观)模式、Flyweight(享元)模式、Proxy(代理)模式。

7.4.1 Adapter(适配器对象)模式

名称：Adapter

意图：将一个类的接口转换成用户希望的另外一个接口。Adapter 模式使得原本由于接口不兼容而不能一起工作的那些类可以一起工作。

结构：如图 7.6 所示：

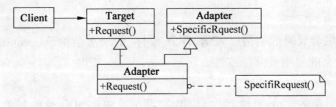

图 7.6 Adapter 模型结构图

适用性:

(1) 当软件开发者想使用一个已经存在的类,而它的接口不符合需求的时候。

(2) 当软件开发者想创建一个可以复用的类,该类可以与其他不相关的类或不可预见的类(即那些接口可能不一定兼容的类)协同工作时。

(3) (仅适用于对象 Adapter)当软件开发者想使用一些已经存在的子类,但是不可能对每一个都进行子类化以匹配它们的接口时。

7.4.2 Bridge(桥接)模式

名称:Bridge

意图:将抽象部分与它的实现部分分离,使它们都可以独立地变化。

结构:如图 7.7 所示:

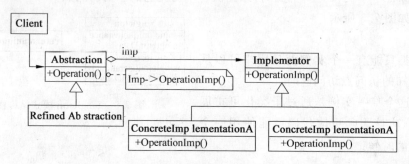

图 7.7 Bridge 模式结构图

适用性:

(1) 当软件开发者不希望在抽象和它的实现部分之间有一个固定的绑定关系时,例如这种情况可能是因为,在程序运行时刻实现部分应可以被选择或者切换。类的抽象以及它的实现都应该可以通过生成子类的方法加以扩充。这时 Bridge 模式使程序员可以对不同的抽象接口和实现部分进行组合,并分别对它们进行扩充。

(2) 当对一个抽象的实现部分的修改应对用户不产生影响,即用户的代码不必重新编译时。例如,在 C++ 中,类的表示在类接口中是可见的。有许多类要生成。这样一种类层次结构说明必须将一个对象分解成两个部分。Rumbaugh 将这种类层次结构称为"嵌套的普化"(Nested Generalizations)。

(3) 当软件开发者想在多个对象间共享实现(可能使用引用计数),但同时要求对用户透明时可采用这种模式。

7.4.3 Composite(组合)模式

名称:Composite

意图:将对象组合成树形结构以表示"部分-整体"的层次结构。Composite 使得用户对单个对象和组合对象的使用具有一致性。

结构:如图 7.8 所示:

适用性:表示对象的部分-整体层次结构,使得用户忽略组合对象与单个对象的不同,

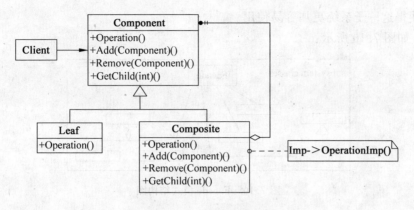

图 7.8　Composite 模式结构图

方便软件开发者统一地使用组合结构中的所有对象。

7.4.4　Decorator(装饰)模式

名称：Decorator

意图：动态地给一个对象添加一些额外的职责。就增加功能来说，Decorator 模式相比生成子类更为灵活。Decorator 模式可以在不影响其他对象的情况下，以动态、透明的方式给单个对象添加职责，处理那些可以撤销的职责。

结构：如图 7.9 所示：

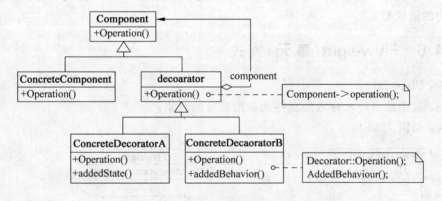

图 7.9　Decorator 模式结构图

适用性：当不能采用生成子类的方法进行扩充时。一种情况是，可能有大量独立的扩展，为支持每一种组合将产生大量的子类，使得子类数目呈爆炸性增长。另一种情况可能是因为类定义被隐藏，或类定义不能用于生成子类。

7.4.5　Facade(外观)模式

名称：Facade

意图：为子系统中的一组接口提供一个一致的界面，Facade 模式定义了一个高层接口，这个接口使得这一子系统更加容易使用。

结构：如图 7.10 所示：

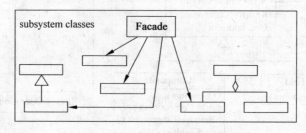

图 7.10　Facade 模式结构图

适用性：

（1）当软件开发者要为一个复杂子系统提供一个简单接口时。子系统往往因为不断演化而变得越来越复杂，大多数模式使用时都会产生更多更小的类，这使得子系统更具可重用性，也更容易对子系统进行定制，但这也给那些不需要定制子系统的用户带来一些使用上的困难。Facade 模式可以提供一个简单的默认视图，这一视图对大多数用户来说已经足够了，而那些需要更多的可定制性的用户可以越过 Facade 层。

（2）当用户程序与抽象类的实现部分之间存在着很大的依赖性时，引入 Facade 将这个子系统与用户以及其他子系统分离，可以提高子系统的独立性和可移植性。

（3）当需要构建一个层次结构的子系统时，使用 Facade 模式定义子系统中每层的入口点。如果子系统之间是相互依赖的，这时可以让它们仅通过 Facade 进行通信，从而简化了它们之间的依赖关系。

7.4.6　Flyweight（享元）模式

名称：Flyweight

意图：运用共享技术有效地支持大量细粒度的对象。

结构：如图 7.11 所示：

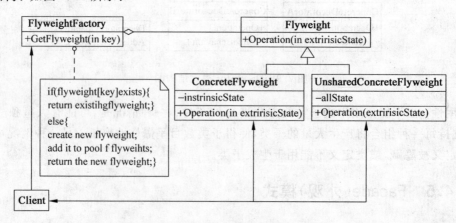

图 7.11　Flyweight 模式结构图

适用性：当一个应用程序使用了大量的对象的时候，由于使用大量的对象，造成很大的存储开销。而且由于对象的大多数状态都可变为外部状态，如果删除对象的外部状态，那么可以用相对较少的共享对象取代很多组对象，应用程序不依赖于对象标识，由于 Flyweight 对象可以被共享，对于概念上明显有别的对象，标识测试将返回真值。

7.4.7　Proxy(代理)模式

名称：Proxy

意图：为其他对象提供一种代理以控制对这个对象的访问。

结构：如图 7.12 所示：

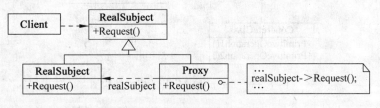

图 7.12　Proxy 模式结构图

适用性：在需要用比较通用和复杂的对象指针代替简单的指针的时候，使用 Proxy 模式。下面是一些可以使用 Proxy 模式的常见情况：

(1) 远程代理(Remote Proxy)为一个对象在不同的地址空间提供局部代表，NEXTSTEP 使用 NXProxy 类实现了这一目的，Coplien 称这种代理为"大使"(Ambassador)。

(2) 虚代理(Virtual Proxy)根据需要创建开销很大的对象。

(3) 保护代理(Protection Proxy)控制对原始对象的访问。当保护代理用于对象，而且有不同的访问权限的时候。例如，在 Choices 操作系统中，KemelProxies 为操作系统对象提供了访问保护。

(4) 智能指引(Smart Reference)取代了简单的指针，它在访问对象时执行一些附加操作。它的典型用途包括：对指向实际对象的引用计数，这样当该对象没有引用时，可以自动释放它。当第一次引用一个持久对象时，将它装入内存。在访问一个实际对象前，检查是否已经锁定了它，以确保其他对象不能改变它。

7.5　行为型(Behavioral)设计模式

行为型设计模式描述算法以及对象之间的任务(职责)分配，它所描述的不仅仅是类或对象的设计模式，还有它们之间的通信模式。这些模式刻画了在运行时刻难以跟踪的复杂的控制流。行为型类模式使用继承机制在类间分派行为，如 Template Method(模板方法)模式和 Interpreter(解释器)模式；行为型对象模式使用对象复合而不是继承，它描述一组对象怎样协作完成单个对象所无法完成的任务，如 Chain of Reponsibility(职责链)模式、Command(命令)模式、Iterator(迭代器)模式、Mediator(中介者)模式、Memento(备忘录)模式、Observer(观察者)模式、State(状态)模式、Strategy(策略)模式、Visitor(访问者)模式。

7.5.1　Template Method（模板方法）模式

名称：Template Method

意图：定义一个操作中的算法的骨架，而将一些步骤延迟到子类中。Template Method使得子类可以不改变一个算法的结构，即可重定义该算法的某些特定步骤。

结构：如图 7.13 所示：

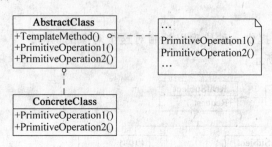

图 7.13　Template Method 模式结构图

适应性：当可以一次性实现一个算法的不变的部分，并将可变的行为留给子类来实现的时候。例如，软件开发者可以将各子类中公共的行为提取出来并集中到一个公共父类中以避免代码重复。这是 Opdyke 和 Johnson 所描述过的"重分解以一般化"的一个很好的例子。首先识别现有代码中的不同之处，并且将不同之处分离为新的操作。最后，用一个调用这些新的操作的模板方法来替换这些不同的代码。

7.5.2　Interpreter（解释器）模式

名称：Interpreter

意图：给定一个语言，定义它的文法的一种表示，并定义一个解释器，这个解释器使用该表示来解释语言中的句子。

结构：如图 7.14 所示：

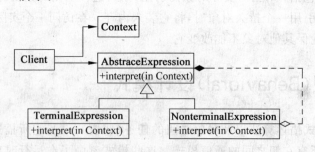

图 7.14　Interpreter 模式结构图

适应性：当有一个语言需要解释执行，并且可将该语言中的句子表示为一个抽象语法树时，可使用解释器模式。而当存在以下情况时该模式效果最好：对于复杂的文法，文法的类层次变得庞大而无法管理，此时语法分析程序生成器这样的工具是最好的选择。它们无须构建抽象语法树即可解释表达式，这样可以节省空间而且还可能节省时间。效率不是一个关键问题,最高效的解释器通常不是通过直接解释语法分析树实现的,而是首先将它们转换成另一种形式。例如,正则表达式通常被转换成状态机,但即使在这种情况下,转换器仍可用解释器模式实现,该模式仍是有用的。

7.5.3　Chain of Responsibility(职责链)模式

名称:Chain of Responsibility

意图:使多个对象都有机会处理请求,从而避免请求的发送者和接收者之间的耦合关系。将这些对象连成一条链,并沿着这条链传递该请求,直到有一个对象处理它为止。

结构:如图 7.15 所示:

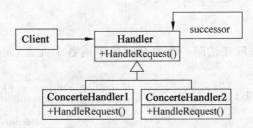

图 7.15　Chain of Responsibility 模式结构图

适应性:当有多个对象可以处理一个请求,哪个对象处理该请求由运行时刻自动确定的时候。

7.5.4　Command(命令)模式

名称:Command

意图:将一个请求封装为一个对象,从而使程序员可用不同的请求对用户进行参数化,对请求排队或记录请求日志,以及支持可撤销的操作。

结构:如图 7.16 所示:

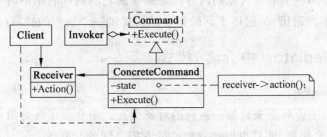

图 7.16　Command 模式结构图

适应性:

(1)当需要在不同的时刻指定、排列和执行请求的时候。一个 Command 对象可以有一个与初始请求无关的生存期。如果一个请求的接收者可用一种与地址空间无关的方式表达,那么就可将负责该请求的命令对象传送给另一个不同的进程并在那里实现该请求。

(2)支持取消操作。Command 的 Execute 操作可在实施操作前将状态存储起来,在取消操作时这个状态用来消除该操作的影响。Command 接口必须添加一个 Unexecute 操作,该操作取消上一次 Execute 调用的效果。执行的命令被存储在一个历史列表中。可通过向后和向前遍历这一列表并分别调用 Unexecute 和 Execute 来实现重数不限的"取消"和"重做"。支持修改日志,这样当系统崩溃时,这些修改可以被重做一遍。在 Command 接口中添加装载操作和存储操作,可以用来保存修改日志。从崩溃中恢复的过程包括从磁盘中重新读入记录下来的命令并用 Execute 操作重新执行它们。

(3) 当需要对事务进行建模的时候,Command 模式提供了对事务进行建模的方法。Command 有一个公共的接口,使得程序员可以用同一种方式调用所有的事务。同时使用该模式也易于添加新事务以扩展系统。

7.5.5 Iterator(迭代器)模式

名称:Iterator
意图:提供一种方法顺序访问一个聚合对象中的各个元素,而又不需暴露该对象的内部表示。
结构:如图 7.17 所示:

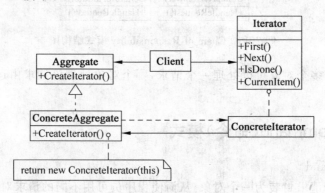

图 7.17 Iterator 模式结构图

适应性:当访问一个聚合对象的内容而无须暴露它的内部表示的时候,Iterator 模式支持对聚合对象的多种遍历,为遍历不同的聚合结构提供一个统一的接口(即支持多态迭代)。

7.5.6 Mediator(中介者)模式

名称:Mediator
意图:用一个中介对象来封装一系列的对象交互。中介者使各对象不需要显式地相互引用,从而使其耦合松散,而且可以独立地改变它们之间的交互。
结构:如图 7.18 所示:

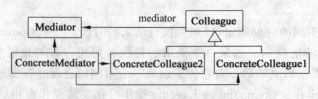

图 7.18 Mediator 模式结构图

适应性：

（1）当一组对象以定义良好但是复杂的方式进行通信的时候，一个对象引用其他很多对象并且直接与这些对象通信，导致产生的相互依赖关系结构混乱且难以理解，这种情况下采用 Mediator 模式是一个不错的选择。

（2）当想定制一个分布在多个类中的行为，而又不想生成太多的子类的时候，Mediator 模式是一个可利用的好的模式。

7.5.7　Memento(备忘录)模式

名称：Memento

意图：在不破坏封装性的前提下，捕获一个对象的内部状态，并在该对象之外保存这个状态，这样以后就可将该对象恢复到原先保存的状态。

结构：如图 7.19 所示：

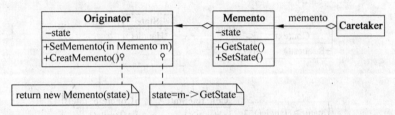

图 7.19　Memento 模式结构图

适应性：当想把对象恢复到以前某一时刻的状态时，可以使用 Memento 模式，但事先必须保存一个对象在某一个时刻的(部分)状态，这样以后需要时它才能恢复到先前的状态。如果直接用接口来让其他对象直接得到这些状态，将会暴露对象的实现细节并破坏对象的封装性。

7.5.8　Observer(观察者)模式

名称：Observer

意图：定义对象间的一种一对多的依赖关系，当一个对象的状态发生改变时，所有依赖于它的对象都得到通知并被自动更新。

结构：如图 7.20 所示：

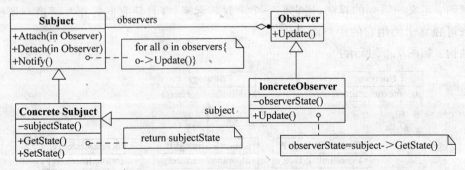

图 7.20　Observer 模式结构图

适应性：

（1）当一个抽象模型有两个方面，其中一方面依赖于另一方面时。将这二者封装在独立的对象中以使它们可以各自独立地改变和复用。

（2）当对一个对象的改变需要同时改变其他对象，而不知道具体有多少对象有待改变的时候。

（3）当一个对象必须通知其他对象，而它又不能假定其他对象是谁的情况下，可以使用Observer 模式。

7.5.9　State（状态）模式

名称：State

意图：允许一个对象在其内部状态改变时改变它的行为。

结构：如图 7.21 所示：

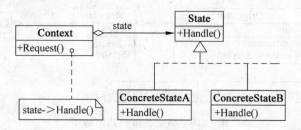

图 7.21　State 模式结构图

适应性：当一个对象的行为取决于它的状态，并且它必须在运行时刻根据状态改变它的行为的时候。例如，当一个操作中含有庞大的多分支的条件语句，且这些分支依赖于该对象的状态的时候，这个状态通常用一个或多个枚举常量表示。例如，有多个操作包含这一相同的条件结构时，State 模式将每一个条件分支放入一个独立的类中，这使得软件开发者可以根据对象自身的情况将对象的状态作为一个对象，这一对象可以不依赖于其他对象而独立变化。

7.5.10　Strategy（策略）模式

名称：Strategy

意图：定义一系列的算法，把它们一个个封装起来，并且使它们可相互替换。该模式使得算法可独立于使用它的用户而变化。

结构：如图 7.22 所示：

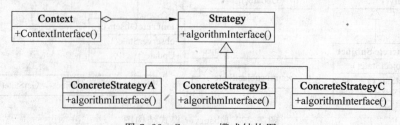

图 7.22　Strategy 模式结构图

适应性：

（1）当许多相关类的不同仅仅是因为行为有异引起的时候，Strategy 模式提供了一种用多个行为中的一个行为来配置一个类的方法。例如，可能会定义一些反映不同的空间/时间权衡的算法，这就需要使用一个算法的不同变体，当这些变体实现为一个算法的类层次时，就可以使用 Strategy 模式以避免暴露复杂的、与算法相关的数据结构。

（2）当一个类定义了多种行为，并且这些行为在这个类的操作中以多个条件语句的形式出现的时候，可以将相关的条件分支移入它们各自的 Strategy 模式类中以代替这些条件语句。

7.5.11　Visitor（访问者）模式

名称：Visitor

意图：表示一个作用于某对象结构中的各元素的操作。它使程序员可以在不改变各元素的类的前提下定义作用于这些元素的新操作。

结构：如图 7.23 所示：

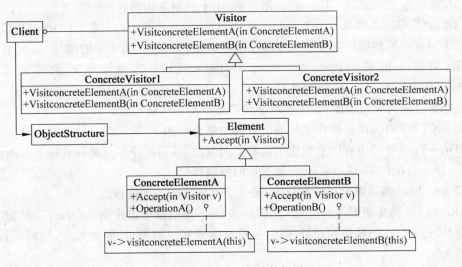

图 7.23　Visitor 模式结构图

适应性：

（1）一个对象结构包含很多类对象，它们有不同的接口，当软件开发者想对这些对象实施一些依赖于其具体类的操作的时候。

（2）当软件开发者需要对一个对象结构中的对象进行很多不同的并且不相关的操作，并且需要避免该操作"污染"这些对象的类的时候，Visitor 模式使得软件开发者可以将相关的操作集中起来定义在一个类中，当该对象结构被很多应用共享时，用 Visitor 模式让每个应用仅包含需要用到的操作，这样使得对象结构的类的定义很少改变，但使用 Visitor 模式后就经常需要在此结构上定义新的操作，改变对象结构类需要重定义对所有访问者的接口，这可能需要很大的代价，相比对象结构类经常改变的代价，那么可能还是在这些类中定义这些操作所付出的代价要小得多。

7.6　DrawCLI 中设计模式的应用

7.6.1　DrawCLI 基础

DrawCLI 是具有可视化编辑容器支持的面向对象的绘图应用程序,因其简单而且通用,一般作为开发工具的样板程序。目前,有各种语言版本的 DrawCLI 应用程序,本书主要介绍通过 C++语言实现的在 MFC 平台上的 DrawCLI 应用程序。DrawCLI 中有关图元的类及其功能介绍如下:

CDrawObj 类(在 Drawobj.cpp 中实现)是派生的 shape 类的基类。该基类处理形状的命中测试、形状的移动和形状的大小调整。通过使用多态性,DrawCLI 可以通过 CDrawObj 的接口与不同类的对象进行交互。

CDrawRect 类是从 CDrawObj 派生的。CDrawRect 用于绘制矩形、圆角矩形、椭圆和直线。

CDrawPoly 类也是从 CDrawObj 派生的,用于绘制多边形。

CDrawOleObj 类也是从 CDrawObj 派生的,用于表示嵌入的对象。CDrawOleObj 将所有特定于 ActiveX 的操作委托给包含的 CDrawItem 对象(参阅下面的描述)。对于一般形状操作,对嵌入的对象的处理类似于对 DrawCLI 中其他形状对象的处理,因为 CDrawOleObj 是从 CDrawObj 派生的。

这些类之间的关系如图 7.24 所示图元部分类间层次结构图。

DrawCLI 中有关图形操作工具的类及其功能介绍如下:

CDrawTool 类是所有图形操作工具对象的基类,其他操作工具类都直接从 CDrawTool 派生。CDrawTool 类定义了工具对象支持的控制接口。

CSelectTool 类是图元属性选择类,定义了对图元的选中操作。

CRectTool 类是矩形工具类,是从 CDrawTool 类中派生出来的。CRectTool 定义了对图元类 CDrawRect 的操作和控制,通过它可以生成和控制矩形、圆角矩形、椭圆形、直线形状的图元。

CPolyTool 类是折线工具类,是从 CDrawTool 类中派生出来的。CPolyTool 定义了对图元类 CDrawPoly 的操作和控制,通过它可以生成折线形状图形,如五边形等。

以上 DrawCLI 中 4 个图形操作工具类之间的层次结构图如图 7.25 所示:

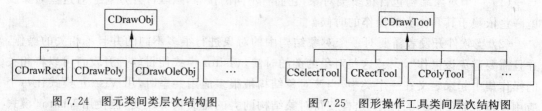

图 7.24　图元类间类层次结构图　　　　图 7.25　图形操作工具类间层次结构图

7.6.2　DrawCLI 中的设计模式

对 DrawCLI 中一些比较关键的类以及功能有了较基础的认识之后,接下来分析在

DrawCLI 中所用到的设计模式。在 DrawCLI 中，主要用到了常见的三种设计模式，即 Prototype(原型)模式、Chain of Reponsibility(职责链)模式和 Observer(观察者)模式。

7.6.3　Prototype(原型)模式

Prototype 设计模式的特点是父类在创建对象时，只是复制一个子类的实例，这个实例被称为 Prototype。父类有一个 Prototype 变量，每个子类都有一个 Clone 方法，当一个子类需要创建对象时，用户把它作为参数传递给父类的 Prototype 变量，父类再调用其 Clone 方法完成对象的创建。Prototype 设计模式在 DrawCLI 中应用的类图如图 7.26 所示：

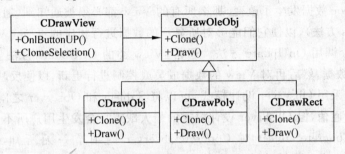

图 7.26　Prototype 设计模式在 DrawCLI 中的应用

可以看出子类 CDrawObj、CDrawPoly、CDrawRect 都重载了 Clone 和 Draw 方法。不过，这时对 Clone 方法的调用是在 CDrawView 中(它就相当于前文所说的"Tool"类)来完成的。当使用者选择一个图形对象时(激活 OnLBottonUp 消息)，程序为了判断这个对象是什么，就复制该对象(通过对 CloneSelection 的调用)，然后到文档类中去找到这个对象。CloneSelection 方法中对 Clone 方法调用的示例代码如下：

```
POSITION pos = m_selection.GetHeadPosition();
while (pos != NULL) {
CDrawObj * pObj = m_selection.GetNext (pos) ;
pObj -> Clone (pObj -> m_pDocument) ;//copies object and adds it to the document
}
```

Prototype 设计模式的优点有两个：①可以运行时添加、删除对象。只要被创建对象有 Clone 方法，需要动态添加一个对象时，只要把该对象作为参数传给"Tool"类，"Tool"类再调用它的 Clone 方法即可。只要"Tool"类支持 Remove 方法，用户同样可以动态地删除一个对象。②每个子类只需要一个 GraphicTool 类，从而大大简化了子类的数量。该设计模式的主要缺点是每个子类必须有 Clone 方法，但有时候这个要求是达不到的。例如，如果这个子类有一个不支持复制的对象成员变量，对象的构造将会失败。

7.6.4　Observer(观察者)

Observer 的设计模式描述了一种依赖关系，具体地讲，就是 Subject (客体)与 Observer (观察者)之间的一对多的关系。一个 Subject 对应于多个与之相依赖的 Observer。当 Subject 的状态发生变化时，所有的 Observer 都会得到一个通知(Notify 方法)。Observer 得到这个通知时，会做相应的改变，以保持和 Subject 之间的同步。Observer 在 DrawCLI

中的体现就是著名的 DocPView(文档/视图)结构,如图 7.27 所示:

一般将应用程序的数据保存在 Doc 类里(在本例中是 CDocView),如 m_paperColor 保存桌布的颜色;m_nMapMode 保存映射模式;m_size 保存应用程序的视口尺寸等。一个应用程序只有一个 Doc 类,如本例中的 CDrawDoc,但可以有多个 View 类,如本例中的 CDrawView(很遗憾,

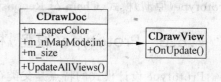

图 7.27 Observer 在 DrawCLI 中的体现

DrawCLI 只有一个视图类)。View 类是人机交互的界面,应用程序在这里接收消息。如果由于种种原因 Doc 数据发生了改变,那么所有的 View 都必须被通知到(通过调用 Doc 类的 UpdateAllViews 方法),以便它们能够对所显示的数据进行相应的更新。View 在接到来自 Doc 的通知后,会调用 OnUpdate 方法。通常,View 类的 OnUpdate 方法要对 Doc 进行访问,读取 Doc 的数据,然后再对 View 的数据成员或控制进行更新,以便反映出 Doc 的变化。如图 7.27 所示,采用 Observer 设计模式,可以将 Subject 和 Observer 之间的耦合抽象化,也可以实现广播通信,但 Observer 设计模式的最大缺点是会发生用户所不希望的更新。如前所述,由于 ConcreteSubject 对 ConcreteObserver 的细节一无所知,当不希望某些 ConcreteObserver 对象更新时,仅靠这种简单的一对多的机制显然是不够的。为了克服这一问题,DrawCLI 在 OnUpdate 方法中加入了如下的判断句:

```
switch(1Hint){
case HINT_UPDATE_WINDOW:// redraw entire window
Invalidate (FALSE);break;
case HINT_UPDATE_DRAWOBJ://a single object has changed
InvalObj ((CDrawObj * ) pHint);break;
…}
```

7.6.5 Chain of Responsibility(职责链)模式

Chain of Responsibility 的主要思想是将消息的处理者按"特殊到一般"的顺序来组织。这里不妨以一个按钮的 Help 消息为例来说明,假设使用者在 anOKButton 上单击鼠标,产生了一条 Help 消息,应用程序是按照如下的顺序处理的:anOKButton 先试着处理它,如果能够处理,就弹出一条帮助信息,消息链终止;如果 anOKButton 不能处理,它就会将这条消息传递给与它上下文最接近的父窗口——aPrintDialog;如果它有处理方法,则弹出一条关于 aPrintDialog 的帮助消息,消息链终止;类似地,如果 aPrintDialog 不能处理,则将 Help 消息传递给应用程序,应用程序将弹出一条关于该应用的帮助信息,如此形成消息链,如图 7.28 所示:

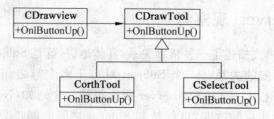

图 7.28 Chain of Responsibility 在 DrawCLI 中的应用

当使用者在视图上按下鼠标左键并松开时,产生 OnLButtonUp 消息。这时,视图先做一些预处理,然后将 OnLButtonUp 消息传递给 CDrawTool,其代码为:

```
CDrawTool * pTool = CDrawToolFindTool (CDrawToolc_drawShape) ;
if (pTool != NULL)
pTool -> OnLButtonUp (this ,nFlags ,point) ;
```

这里的 pTool 实际上是 CDrawTool 的一个子对象(即指针),假设是 COrthTool,跟踪到 COrthTool 的 OnLButtonU 函数内部,就会发现,它实际上也是在做了一些处理后继续将消息往下传递:

```
CDrawObj * pObj = pView -> m_selection.GetTail () ;
pView -> GetDocument () -> Remove (pObj);
pObj -> Remove() ;
selectTool.OnLButtonDown(pView ,nFlags ,point) ;//try a select !
```

Chain of Responsibility 设计模式的优点主要有:

(1) 降低了耦合。由于消息链上的发送者和接收者彼此都不必知道对方的细节,而且,一个消息也不必知道消息链的具体结构,于是发送者和接收者之间,消息和消息链之间的耦合度就大大降低了。

(2) 可以灵活地为对象分配职责。消息链中每个成员只处理它们“分内”的职责,不能处理的部分只要传递给消息链的下一个对象即可。所有设计者可以灵活地限定对象的职责范围,并将消息链按职责范围进行排序。Chain of Responsibility 设计模式的缺点是不能保证一个消息被可靠地处理。有时,一个消息传遍整个消息链,也没有找到一个有效的处理方法,这样就会造成程序的“黑洞”。另外,如果消息链的顺序没有被很好地组织,也会发生消息不被处理的情况。

7.7　本章小结

本章开始部分介绍了有关设计模式的定义、设计模式的功能作用、有关设计模式的描述方法以及设计模式的使用等相关方面的问题,特别强调了软件开发人员要注意避免在使用设计模式时的思维误区。后面主要介绍了 GOF 设计模式的 23 种分类,以及各类设计模式的描述。最后分析了设计模式在绘画图形时的实际运用,帮助读者快速体会到使用设计模式的好处。

习　题　7

1. 什么是设计模式? 设计模式的基本要素有哪些?
2. 设计模式有哪两种分类方法? 各将设计过程分成哪些模式?
3. 学习设计模式的原因有哪些? 请一一列举。
4. 当想用不同的请求对用户进行参数化时,可以使用的设计模式有哪些?
5. 在你所熟悉的软件系统中,如文档编辑器,找出其中所用到的设计模式并进行分析。

6. 当想创建一个具体的对象而又不希望指定具体的类时,可以使用哪种设计模式?

7. Adapter 模式的效果是什么? 请举一个具体应用的例子并分析。

8. 按照 Adapter 模式,MouseAdapter 和 WindowsAdapter 是否属于适配器?

9. Strategy 模式和 Command 模式都建议使用对象代替方法,这两种模式间的意图有什么区别?

10. Strategy 模式的意图是什么?

11. Bridge 模式要解决的基本问题是什么?

12. Observer 模式的意图是什么?

第8章

软件体系结构

软件体系结构是在识别可重用部件和连接器的基础上,研究软件结构的表达和分析的理论和技术。在过去十多年间,软件体系结构受到了广泛的关注,目前已经成为软件工程研究的一个重要分支和热点。本章主要介绍几种常见的软件体系结构风格。

8.1　软件体系结构基础

8.1.1　软件体系结构的定义

虽然软件体系结构在软件工程中已经有很深的根基,但是由于有关研究和使用刚刚兴起,因而人们对它的理解还没有达成共识。许多研究人员基于自己的经验从不同角度、不同侧面对体系结构进行了刻画。下面列出一些重要文献中关于软件体系结构的定义。

Dewayne Perry 和 Alexander Wolf 于 1992 年正式提出软件体系结构的概念:软件体系结构是具有一定形式的结构化元素。结构化元素包括:进程元素、数据元素和连接元素三类。

Mary Shaw 和 David Garlan 于 1993 年提出:软件体系结构是软件设计过程中的一个层次,这一层次超越计算过程中的算法设计和数据结构设计,研究整体结构设计和描述方法。在这里,设计和说明总体系统结构作为一个新问题被正式提了出来。

Bass 等人于 1994 年在关于软件品质属性研究中提出:软件结构设计至少包括应用领域的功能分割,系统结构,结构的领域功能分配这三个方面。Hayes-Roth 指出:软件体系结构是由功能构件组成的抽象系统的说明,它是按照功能构件的行为、界面和构件之间的相互作用进行描述的。

Dewayne Perry 和 David Galan 于 1995 年在 IEEE 软件工程学报上将其定义为:软件体系结构是一个程序/系统各部件的结构、它们之间的相互关系、进行设计的原则和随时间演进的指导方针。

南加州大学软件工程中心的 Barry Boehm 指出:一个软件体系结构包括:①一个软件和系统部件、它们之间的相互关系及约束的集合;②一个系统需求说明的集合;③一个基本原理用以说明某一部件、互连和约束能够满足系统的需求。

1997 年,Bass、Clements 和 Kazman 在《使用软件体系结构》一书中将其定义为:一个程序或计算机系统的软件体系结构包括一个或一组软件部件、软件部件的外部可见特性及其相互关系。

　　下面对软件体系结构定义进行简单的总结分析：软件体系结构定义了软件部件(Component)，包括部件间交互的定义，特别强调省略和部件相互关系无关的内容信息(Content Information)；软件体系结构并不说明什么是部件、什么是部件的相互关系；每一个软件系统都有自身的体系结构，即由软件部件及其相互关系组成；软件体系结构中每一部件的行为是体系结构的一部分，反映部件间如何进行交互；软件体系结构的基本元素是部件，部件的描述信息包括：计算功能——部件所实现的整体功能，额外功能特性——描述部件的执行效率、处理能力、环境假设和整体特性，结构特性——描述部件如何与其他部件集成在一起，以构成系统信息；家族特性——描述了相同或相关部件之间的关系。

　　总之，软件体系结构的研究正在发展，软件体系结构的定义也必然随之完善。

8.1.2　研究软件体系结构的目的

　　下面从三个方面说明为什么要研究软件体系结构。

　　(1) 体系结构是风险承担者进行交流的手段。

　　软件体系结构代表了系统的公共的高层次的抽象。这样，系统的大部分有关人员(即使不是全部)就能把它作为建立一个互相理解的基础，形成统一认识，互相交流。体系结构提供了一种共同语言来表达各种关注和协商，进而对大型复杂系统能进行理智的管理。这对项目最终的质量和使用有极大的影响。

　　(2) 体系结构是早期设计决策的体现，早期的决策比较难处理、比较难以改变、影响范围也比较大。

　　软件体系结构明确了对系统实现的约束条件；软件体系结构决定了开发和维护组织的组织结构；软件体系结构制约着系统的质量属性；通过研究软件体系结构可能预测软件的质量；软件体系结构使推理和控制更改更简单；软件体系结构有助于循序渐进的原型设计；软件体系结构可以作为培训的基础。基于以上因素，可以看出体系结构作为早期设计决策的体现的重要性。

　　(3) 软件体系结构是可传递和可重用的模型。

　　软件体系结构级的重用意味着体系结构的决策能在具有相似需求的多个系统中发生影响。通过体系结构的抽象可以使设计者能够对一些经过实践证明是非常有效的体系结构部件进行复用，从而提高设计的效率和可靠性。软件体系结构有利于形成完整的软件生产线，并共享公共的软件体系结构。可以引进大量的外部开发的部件来构造系统，只要这些部件是与确定的体系结构相容的。体系结构可以使部件的功能与其互连机制分离，从而可以分散注意焦点，有利于处理问题。体系结构有利于面向模式、面向部件的开发。

8.1.3　软件体系结构的研究角度

1. 软件角度

　　软件体系结构从不同角度分析软件的体系结构，描述一个软件系统的整体结构，能全面、清晰地反映软件系统的全貌，也能满足不同参与者的需求。

　　如图 8.1 所示是目前常用的"4+1"角度模式：

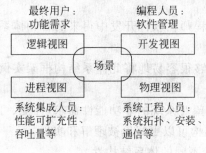

最终用户：   编程人员：
功能需求   软件管理

逻辑视图   开发视图

场景

进程视图   物理视图

系统集成人员：   系统工程人员：
性能可扩充性、   系统拓扑、安装、
吞吐量等   通信等

图8.1 "4+1"角度模式

逻辑视图主要支持系统的功能需求，即系统提供给最终用户的服务。开发视图也称模块视图，主要侧重于软件模块的组织和管理。进程视图侧重于系统的运行特性，主要关注一些非功能性的需求，它强调并发性、分布性、系统集成性和容错能力，以及从逻辑视图中的主要抽象如何适合进程结构。物理视图主要考虑如何把软件映射到硬件上，它通常要考虑到系统性能、规模、可靠性等，解决系统拓扑结构、系统安装、通信等问题。场景可以看做是那些重要系统活动的抽象，它使4个视图有机联系起来，从某种意义上说，场景是最重要的需求抽象。在开发体系结构时，它可以帮助设计者找到体系结构的构件和它们之间的作用关系。同时，也可以用场景来分析一个特定的视图，或描述不同视图构件间是如何相互作用的。

2. 软件风格角度

软件体系结构描述了对软件设计成分如何进行整理和安排，并且对这些整理和安排加以限制，从而形成一种设计软件的特定模式。每一种软件体系结构风格均有自己的组织原则和基本成分，它们决定了风格的形成。

有原则地使用结构风格有比较多的益处，例如，促进了对体系结构设计的复用；带来显著的代码复用；体系结构风格不变部分可以共享同一段实现代码；只要系统是使用常用的、规范的方法来组织，就可使别的设计者很容易地理解系统的体系结构；对标准风格的使用也支持了互操作性；CORBA与基于事件机制的集成；结构风格通常允许进行特殊的和风格有关的分析，这与连接件的特性有关；通常有可能对特定的风格提供可视化手段。

软件体系结构风格有4种基本的要素：①提供一个词汇表，定义与设计元素有关的部件、连接件类型等；②定义一套配置规则或系统的拓扑限制，明确设计元素的合法组成方式；③定义一套语义解释原则，使得设计元素的组成可以适当地约束于配置规则之中，并具有清晰的含义；④定义可以对基于这种风格建立的系统进行的分析，例如，Client/Server结构风格的实时处理过程的可调度性。

8.1.4 软件体系结构的研究热点

近年来，人们逐渐认识到软件体系结构在软件开发中的重要地位，好的软件体系结构是决定一个软件系统成功的因素，因此将热点集中到软件体系结构的研究上。目前，已经有一些公用的体系结构规范，如管道/过滤器层次系统、Client/Server结构等，但只是用特定的方式来理解并用于特定的系统。软件系统设计者没有从系统体系结构中寻找共性来对特定领域形成通用的体系结构范型，没有对体系结构模型进行选择的原则，甚至没能将他们的设计技巧规范地表达出来，因此无法传授给他人。

目前，人们在软件体系结构领域主要致力于模块接口语言、特定领域的体系结构、软件重用、软件模式的规范化、软件体系结构描述语言、软件体系结构设计的形式化基础和设计环境的研究。主要的研究方向如下：

(1) 提供软件体系结构描述语言：使开发者能够描述他们设计的体系结构，以便与人

交流。

（2）对软件体系结构的专门知识的整理：对软件工程师在软件开发中得来的各种体系结构方面的原则、模式进行整理和分类。

（3）提供特定领域的体系结构框架：使得开发者能够很容易地将此体系结构框架实例化为该领域内新的软件系统。

（4）提供软件体系结构设计技术的形式化基础：希望对系统的非功能性需求（性能、可维护性等）给出形式化特征，使得据此设计的软件体系结构可以更好地被理解和实现。

（5）研究体系结构的分析技术：预见软件质量，比较不同的体系结构性。

（6）体系结构设计规则与开发方法的研究：将体系结构设计活动推广到更广的软件开发进程中去。

（7）体系结构设计工具和环境：用软件工具描述和分析软件体系结构。

8.2　基本的软件体系结构风格

软件体系结构风格是描述某一特定应用领域中系统组织方式的惯用模式。体系结构风格定义了一个系统家族，即一个体系结构定义一个词汇表和一组约束。词汇表中包含一些构件和连接件类型，而这组约束指出系统是如何将这些构件和连接件组合起来的。体系结构风格反映了领域中众多系统所共有的结构和语义特性，并指导如何将各个模块和子系统有效地组织成一个完整的系统。

本节主要讨论以下内容：管道和过滤器（Pipes and Filters）；数据抽象和面向对象组织（Data Abstraction and OO-organization）；基于事件的隐式调用（Event-based，Implicit Invocation）；分层系统（Layered Systems）；仓库系统（Repositories）。

8.2.1　管道和过滤器

在管道/过滤器风格的软件体系结构风格中，每个构件都有一组输入和输出，构件读取输入的数据流，经过内部处理，然后产生输出数据流。这个过程通常通过对输入流的变换及增量计算来完成，所以在输入被完全消费之前，输出便产生了。因此，这里的构件被称为过滤器，这种风格的连接件就像是数据流传输的管道，将一个过滤器的输出传到另一个过滤器的输入。如图 8.2 所示是管道/过滤器风格的示意图。

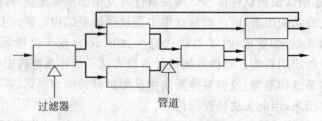

图 8.2　管道/过滤器风格的体系结构

过滤器的作用是对输入数据进行局部变换，并采用渐进式计算方法，在未处理完所有输入数据以前，就可以产生部分计算结果，并将其送到输出端口。管道的作用是作为各过滤器之间的连接器将一个过滤器的输出传到下一个过滤器的输入端。

管道和过滤器风格的优点如下：

（1）系统的整体行为可以理解为各独立过滤器行为的简单合成。

（2）系统维护容易：过滤器可以容易地替换和增加。

（3）允许进行如吞吐量和死锁等性能分析。

（4）很自然地支持并发执行。

但是，这样的系统也存在一些缺点：

（1）过滤器容易被看成是一个提供完整的将输入数据转换成输出数据的模块。实际上，过滤器是以渐进式处理数据的。

（2）维护两个分离但相关的数据流时，很难设计这样的系统。

（3）由于管道遵循最一般的数据传输标准，所以，过滤器必须承担数据语法分析和编码的额外工作，增加了复杂性，降低了性能。

8.2.2 数据抽象和面向对象组织

抽象数据类型概念对软件系统有重要作用。目前软件界已普遍转向使用面向对象系统。这种风格建立在数据抽象和面向对象的基础上，数据的表示方法和它们的相应操作封装在一个抽象数据类型或对象中。这种风格的构件是对象，或者说是抽象数据类型的实例。对象是一种被称做管理者的构件，因为它负责保持资源的完整性。对象是通过函数和过程的调用来交互的。如图 8.3 所示是数据抽象和面向对象风格的体系结构。

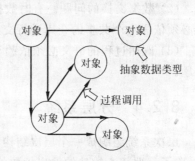

图 8.3 数据抽象和面向对象风格的体系结构

面向对象的系统有许多优点，并早已为人所知：

（1）因为对象对其他对象隐藏它的表示，所以可以改变一个对象的表示，而不影响其他对象。

（2）设计者可将一些数据存取操作的问题分解成一些交互的代理程序的集合。

但是面向对象也存在某些缺点：

（1）为了使一个对象和另一个对象通过过程调用等进行交互，必须知道对象的标识。只要一个对象的标识改变了，就必须修改所有其他明确调用它的对象。

（2）必须修改所有显式调用它的其他对象，并消除由此带来的一些副作用。例如，如果A 使用了对象 B，C 也使用了对象 B，那么，C 对 B 的使用所造成的对 A 的影响可能是料想不到的。

8.2.3 基于事件的隐式调用

基于事件的隐式调用风格的思想是构件不直接调用一个过程，而是触发或广播一个或多个事件。系统中的其他构件中的过程在一个或多个事件中注册，当一个事件被触发时，系统自动调用在这个事件中注册的所有过程，这样，一个事件的触发就导致了另一模块中的过程的调用。

这种风格的构件是一些模块,这些模块既可以是一些过程,也可以是一些事件的集合。过程可以用通用的方式调用,也可以在系统事件中注册一些过程,当发生这些事件时,过程被调用。

这种风格的主要特点是事件的触发者并不知道哪些构件会被这些事件影响,这样就不能假定构件的处理顺序,甚至不知道哪些过程会被调用,因此,许多隐式调用的系统也包含显式调用作为构件交互的补充形式。

基于事件的隐式调用的主要优点有:

(1)为软件重用提供了强大的支持。当需要将一个构件加入现存系统中时,只需将它注册到系统的事件中。

(2)为改进系统带来了方便。当用一个构件代替另一个构件时,不会影响到其他构件的接口。

基于事件的隐式调用的主要缺点如下:

(1)构件放弃了对系统计算的控制。一个构件触发一个事件时,不能确定其他构件是否会响应它。而且即使它知道事件注册了哪些构件的构成,它也不能保证这些过程被调用的顺序。

(2)数据交换的问题。有时数据可被一个事件传递,但在另一些情况下,基于事件的系统必须依靠一个共享的仓库进行交互。在这些情况下,全局性能和资源管理便成了问题。

(3)既然过程的语义必须依赖于被触发事件的上下文约束,关于正确性的推理则存在问题。

8.2.4　分层系统

层次系统组织成一个层次结构,每一层为上层服务,并作为下层用户。在一些层次系统中,除了一些精心挑选的输出函数外,内部的层只对相邻的层可见。在这样的系统中构件在一些层实现了虚拟机(在另一些层次系统中层是部分不透明的)。连接件通过决定层间如何交互的协议来定义,拓扑约束包括对相邻层间交互的约束。

这种风格支持基于可增加抽象层的设计,允许将一个复杂问题分解成一个增量步骤序列的实现。由于每一层最多只影响两层,同时只要给相邻层提供相同的接口,允许每层用不同的方法实现,同样为软件重用提供了强大的支持。

如图 8.4 所示是分层系统的示意图。

分层系统有许多优点:

(1)支持基于抽象程度递增的系统设计。

(2)支持功能扩展、增强。因为功能的改变最多影响相邻的层次。

(3)支持复用。只要提供的服务接口定义不变,同一层的不同实现可以交换使用。

但是,分层系统也有一些缺点:

(1)并不是每个系统都可以很容易地划分为分层的模式,有时即使存在逻辑层次结构,但

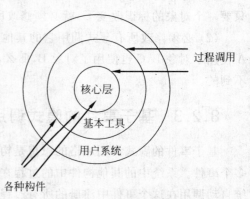

图 8.4　分层系统风格的体系结构

出于对系统性能的考虑,往往会将低层和高层的功能耦合起来。

(2) 很难找到一个合适的、正确的层次抽象方法。

8.2.5 仓库系统

在仓库风格中,有两种不同的构件:中央数据结构说明当前状态,独立构件在中央数据存储上执行,仓库与外构件间的相互作用在系统中会有大的变化。

控制原则的选取产生两个主要的子类:一方面,若输入流中某类时间触发进程执行的选择,则仓库是一个传统型数据库;另一方面,若中央数据结构的当前状态触发进程执行的选择,则仓库是一个黑板系统。

如图 8.5 所示是黑板系统的组成。

从图中可以看出,黑板系统主要由三部分组成:知识源、黑板数据结构和控制。

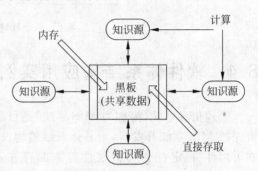

图 8.5 黑板系统的组成

还有体系类型的软件体系结构,如用户/服务器模型,这里不做详细介绍。

总之,一个体系结构风格定义了有相同组织结构模式的一系列系统,并定义了组件和连接器类型的列表以及一套组件连接的约束。许多体系结构模型还有一个或多个语义模型来指定如何由各部分的属性决定系统的整体属性。

8.3 基于软件体系结构的开发模式

模式是指从某个具体的形式中得到的一种抽象,在特殊的非任意性的环境中,该形式不断地重复出现。

一个软件体系结构的模式描述了一个出现在特定设计语境中的特殊的再现设计问题,并为它的解决方案提供了一个经过充分验证的通用图示。解决方案图示通过描述其组成构件及其责任和相互关系以及它们的协作方式来具体指定。

良好的体系结构可以为软件开发和维护带来好处:识别相似系统的通用结构模式,有助于理解系统高层之间的联系,使得新系统可以作为以前系统的变种来构造;合适的体系结构是系统成功的关键,而不合适的体系结构可能带来灾难性的后果;对软件体系结构的理解,可以帮助开发人员在不同的设计方案中做出理性的选择;体系结构对于分析和描述复杂系统的高层属性通常是十分必要的;各种体系结构风格的提炼、描述和普遍采用,便于软件开发人员在系统设计中互相交流;在软件开发文档中清晰地记录系统体系结构,不仅可以显著地节省软件理解的工作量,而且便于在软件维护的全过程中保持系统的总体结构和特性不变。

传统的软件开发过程可以划分从概念直到实现的若干个阶段,包括问题定义、需求分析、软件设计、软件实现及软件测试等。如果采用传统的软件开发模式,软件系统结构的建立应位于需求分析之后、概要设计之前。传统的软件开发模式存在开发效率不高,不能很好地支持软件重用等缺点。

基于软件体系结构的开发模式把整个软件过程划分为系统结构需求、设计、文档化、复审、实现、演化6个子过程,如图8.6所示。

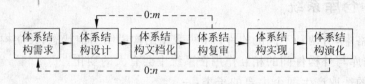

图 8.6   基于软件体系结构的开发模式

8.4   软件体系结构应用实例

管理信息系统(简称为 MIS 系统)是目前最常见的应用系统形式之一,然而即使是一些资深的 MIS 系统开发者,对其体系结构均没有进行系统的分析与总结,使得很多 MIS 系统在可用性、稳定性和可扩展性等方面存在不足。有数据表明,在全球范围内,有50%的"MIS 系统"是完全失败的,这与没有采用合适的体系结构是有一定关系的。在本实例中,根据 MIS 处理对象的不同,对 MIS 系统进行分类,并通过实例对其中最常见的一种体系结构进行简单分析。

MIS 系统的处理对象主要是数据、信息与知识。首先对这三个概念进行简单的定义:

数据:数据是对处理对象进行简单加工所形成的记录。以银行系统为例,某个用户在营业网点存入一笔钱,则会在银行的数据中心至少形成两条数据记录:(1)在其账户的余额上增加存入的金额;(2)增加一条流水记录,包括账户、户名、营业网点、操作员、存入时间、存入金额等信息。这些可以称之为数据。

信息:信息是对数据进行过滤,分析与综合后所形成的内容。例如某银行的营业网点在每天的营业结束后需要统计一下本日存款笔数、取款笔数、存款金额、取款金款、营业网点余额等。上述在数据的基础上进行汇总及简单抽取所形成的内容,可以称之为信息。

知识:知识是在信息的基础上按照多维度统计与综合分析所形成的具体决策性和指导性的概要结论。例如,在学校附近的银行营业网点经过统计和分析近几年的银行业务发现,每年9月初现金取款业务非常频繁,而且取款额度也比较大,经过分析发现这是因为每年9月初新生开学所造成的。所以每到9月初,银行可以多准备一点现金储备,并多开相应的业务窗口来应对突然增长的用户人群。这就是在知识的指导下银行营业网点对业务的调整。

根据处理对象的不同,可以将 MIS 系统分为6大类的系统,参见表8.1。

表 8.1   MIS 系统分类

系统分类	处理对象	示例
事务处理系统	数据	银行门柜业务系统、电信、电力等收费系统
数据流系统	数据流	办公自动化系统,含有审批流程的物流管理方面的系统如采购、销售、库存等。
管理信息系统	信息	综合分析与报表系统
信息流系统	信息流	内容管理系统
决策支持系统	知识	决策支持系统
知识流系统	知识流	知识管理系统

下面以某地级市农信社综合业务系统(含储蓄、对公、中间业务和会计业务)为例,介绍以数据处理为中心的事务处理系统的体系结构。

在图 8.7 的描述的体系结构中,前端业务界面可以按照事务的逻辑结构来组织系统界面。对于银行业务来说,一个事务可以理解一个银行交易。事务与通信中间件来保证交易的一致性和可靠性,比较常见的产品包括 BEA Tuxedo;事务路由中心以描述表的形式定义了每个事务的内容,每个事务与原子事务的逻辑及组织关系。每个事务与前端业务界面通信的关键值及其内容的验证关系等。这种类型的体系结构在实践中证明了其有效性,适宜于各种以数据处理为中心的门柜业务系统,如银行业务系统等。以下通过数据说明同一城市银行业务系统在两种不同体系结构下的比较,具体参见表 8.2。

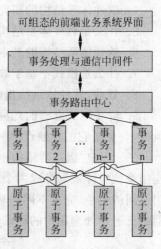

图 8.7 事务处理体系结构

表 8.2 两种不同体系结构下的业务系统比较

比 较 指 标	事务处理体系结构	管理系统体系结构
初始投资	280 万	≥400 万
数据中心配置	高性能 PC 服务器	小型服务器
支持网点数	高峰时间约 120 个网点	约 60 个网点
维护成本(年)	约 100 万	约 400 万
网点间组网方式	64K DDN 专线	业务处理采用 2M 专线
可扩展性	业务扩展比较简单,只需在事务路由表中增加相应的事务,并编写必要的原子事务代码	业务扩展比较复杂,周期长

到目前为止,仍然有开发者没能准确区分以数据处理为中心的系统和以信息处理为中心的系统之间的区别,都是按照管理系统的架构来进行设计。事实上,以数据处理为中心的系统应以事务系统架构为宜,而以信息处理为中心的系统则适宜于采用传统的 IPO(输入、处理与输出)架构。

8.5 本章小结

本章首先从一些重要文献中关于软件体系结构的定义出发分析总结了软件体系结构的定义。然后重点说明了几种基本的软件体系结构风格,包括管道和过滤器、数据抽象和面向对象组织、基于事件的隐式调用、分层系统、仓库系统。接着简单介绍了软件体系结构的开发模式。

习 题 8

1. 什么是软件体系结构?
2. 软件体系结构的基本元素是什么? 它包含哪些描述信息?
3. 简述研究软件体系结构的原因。

4. 软件体系结构的研究角度有哪几种？

5. 什么是软件体系结构风格？

6. 软件体系结构的基本风格有哪些？它们的优点和缺点分别是什么？

7. 什么是模式？基于软件体系结构的开发模式是怎样的？

8. 目前，软件体系结构的主要研究方向有哪些？

9. 除了本文介绍的几种软件体系结构风格外，说出一种你所知道的其他软件体系结构风格，并分析它的优缺点。

10. 用户/服务器结构也是软件系统结构风格一种。在技术上，"用户/服务器"指一个应用系统整体被划分成两个逻辑上分离的部分，一个"用户"和一个"服务器"，每一个部分充当不同的角色、完成不同的功能。一般地，用户为完成特定的工作向服务器发出请求，服务器的任务是处理用户的请求并返回结果。用户与服务器模型经过演变之后如图 8.9 所示。

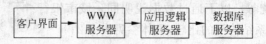

图 8.8 用户与服务器模型

在图 8.8 中，用户完成与用户的交互操作，逻辑服务器完成复杂的处理，WWW 服务器则承担用户与应用逻辑之间的连接作用。根据以上介绍，试分析用户/服务器结构的优缺点。

第9章

敏捷软件过程

自从 1968 年提出软件工程概念以来,出现了许多软件开发的模型、方法和技术,软件过程也受到了高度的重视。在软件过程规定的原则的指导下,软件项目(尤其是大型软件项目)得以顺利开发,软件的质量得到了明显的提高。然而软件危机并未得到根本的解决,许多软件不能如期交付,开发人员经常加班加点来赶进度,大量的文档资料也加重了开发人员的负担。延期的进度、增加的预算和没有保证的质量导致了软件用户的不安。更长时间的软件系统开发却生产出更加低劣的软件产品,也使得开发人员感到沮丧。人们把这种指令性的软件过程称为重量级(Heavy Weight)软件过程。

随着科学技术的发展和经济的全球化,软件开发出现了新的特点,软件的需求经常发生变化,强烈的市场竞争要求快节奏地开发软件,从而促使新的软件开发方法的出现。典型的方法有 XP(Extreme Programming)方法、SCRUM 方法、DSDM 方法等,相对重量级软件过程,它们被称为轻量级(Light Weight)软件过程。

9.1 敏捷实践

9.1.1 敏捷联盟

2001 年年初,由于许多公司的软件团队陷入了不断增长的软件开发过程的泥潭,一批业内专家聚集在一起概括出了一些可以让软件开发团队具有快速工作、响应变化能力的观点和原则。他们称自己为敏捷联盟。在随后的几个月中,他们创建出了一份声明,也就是敏捷联盟的宣言(The Manifesto of the Agile Alliance)。

敏捷软件开发宣言:

我们正在通过亲身实践以及帮助他人实践,揭示更好的软件开发方法。通过这项工作,我们认为:

- 个体和交互　　　胜过　　过程和工具
- 可运行软件　　　胜过　　详尽的文档
- 用户合作　　　　胜过　　合同谈判
- 响应变化　　　　胜过　　遵循计划

虽然以上右项也有价值,但是我们认为左项具有更大的价值。

1. 个体和交互优于过程和工具

这里并不是否定过程和工具的重要性，而是更强调软件开发中人的作用和交流的作用。因为软件是由人组成的团队来开发的，与软件项目相关的各类人员（如项目经理、建模人员、设计师、程序员、测试人员和用户）通过充分交流和有效合作，才能成功地开发出令用户满意的软件。如果只有定义良好的过程和先进的工具，而人员的技能很差，又不能很好地交流和协作，软件是很难成功开发出来的。

2. 可运行软件高于详尽的文档

对用户来说，通过执行一个可运行的软件来了解软件做了些什么，远比阅读厚厚的文档要容易得多。因此，敏捷软件开发强调不断地、快速地向用户提交可运行的软件（不一定是完整的软件），以得到用户的认可。好的、必要的文档仍是需要的，它能帮助人们理解软件做什么、怎么做以及如何使用，但软件工程的主要目标是创建可运行的软件。

3. 与用户协作高于合同谈判

只有用户才能明确地说明需要什么样的软件，然而大量的实践表明，在开发的早期，用户常常不能完整地表达他们的全部要求，有些早期确定的需求，以后也可能会改变。因此，要想通过合同谈判的方式，将需求固定下来常常是有困难的。敏捷软件开发强调与用户的协作，通过与用户的交流和紧密的合作来发现用户的需求。

4. 对变更及时做出反应高于遵循计划

任何软件项目的开发都应制定一个项目计划，确定各开发任务的优先顺序和起止日期。然而，随着项目的发展，需求、业务环境、技术等都可能变化，任务的优先顺序和起止日期也可能因种种原因会改变。因此，项目计划应该具有可塑性，有变动的余地。当出现变化时应及时做出反应，修订计划以适应变化。

9.1.2　开发原则

从上述观点中引出了下面的 12 条原则，它们是敏捷实践区别于重量级软件过程的特征所在。

（1）最优先要做的是通过尽早地、持续地交付有价值的软件来使用户满意。

MIT Sloang 管理评论杂志刊登过的一篇论文指出，初期交付的系统中所包含的功能越少，最终交付的系统的质量就越高。而且该论文认为，以逐渐增加功能的方式经常性地交付系统和最终产品质量之间有非常强的相关性。交付得越频繁，最终产品的质量就越高。

（2）敏捷过程利用变化来为用户创造竞争优势。即使到了开发的后期，也欢迎改变需求。

敏捷过程的参与者不惧怕变化。敏捷团队会非常努力地保持软件结构的灵活性，这样当需求变化时，对于系统造成的影响是最小的。

（3）经常性地交付可以使用的软件，交付的间隔可以从几周到几个月，交付的时间间隔越短越好。

（4）在整个项目开发期间，业务人员和开发人员必须天天在一起工作。

（5）围绕被激励起来的个人来构建项目，给他们提供所需要的环境和支持，并且信任他们能够完成工作。

（6）在团队内部，最具有效果并且富有效率的传递信息的方法，就是面对面的交谈。

（7）可使用的软件是首要的进度度量标准。

（8）敏捷过程提倡可持续的开发速度。责任人、开发者和用户应该能够保持一个长期的、恒定的开发速度。

（9）不断地关注优秀的技能和好的设计会增强敏捷能力。

（10）简单——使未完成的工作最大化的艺术——是根本的。

（11）最好的构架、需求和设计出自自组织的团队。

（12）每隔一定时间，团队会在如何才能更有效地工作方面进行反省，然后相应地对自己的行为进行调整。

9.2 敏捷开发方法

随着敏捷软件的盛行和发展，敏捷开发方法得到了极大的发展，各大软件开发公司都对自己的公司采取了相适应的过渡过程，对敏捷方法大家都有自己的追求和适应点。敏捷开发方法虽然有很多种，主流可归纳为以下 6 种：

1. XP

XP(Extreme Programming)的思想源自 20 世纪 90 年代 Kent Beck 和 Ward Cunningham 在软件项目上的合作经历。XP 注重的核心是沟通、简明、反馈和勇气。因为知道计划永远赶不上变化，XP 无须开发人员在软件开发初期编制很多的文档。为了将以后出现 Bug 的概率降到最低，XP 提倡测试先行。

2. Scrum

Scrum 是一种迭代的增量化过程，用于产品开发或者工作管理，它是一种可以集合各种开发实践的经验化过程框架。Scrum 中发布产品的重要性高于一切。该方法由 Ken Schwaber 和 Jeff Sutherland 提出，旨在寻求充分发挥面向对象和构建技术的开发方法，是对迭代式面向对象方法的改进。

3. Crystal Methods

Crystal Methods 由 Alistair Cockbum 在 20 世纪 90 年代末提出。该方法认为不同类型的项目需要不同的方法。它们尽管没有 XP 那么高的产出效率，但会有更多的人能够接受并遵循它。

4. FDD

FDD(Feature Driven Development，特性驱动开发)由 Peter Coad，Jeff de Luca，Eric

Lefebvre 共同开发,是一套针对中小型软件开发项目的开发模式。此外,FDD 是一个模型驱动的快速迭代开发过程,它强调的是简化、实用。易于被开发团队接受,适用于需求经常变动的项目。

5. ASDM

ASDM(Adaptive Software Development Methodology,自适应软件开发)由 Jim Highsmith 在 1999 年正式提出,ASDM 强调开发方法的适应性,这一思想来源于复杂系统的混沌理论。ASDM 不像其他方法那样有很多具体的实践做法,它更侧重为 ASDM 的重要性提供最根本的基础,并从更高的组织和管理层次来阐述开发方法为什么要具备适应性。

6. DSDM

DSDM(Dynamic Systems Development Methodology,动态系统开发方法)是众多敏捷开发方法中的一种,它倡导以业务为核心,快速而有效地进行系统开发。实践证明,DSDM 是成功的敏捷开发方法之一。在英国,由于其在各种规模的软件组织中的成功,该方法已成为应用最为广泛的快速应用开发方法。DSDM 不但遵循了敏捷方法的原理,而且也适应那些成熟的传统开发方法——有坚实基础的软件组织。

9.3　XP——极限编程

9.3.1　XP 的基础——实践

XP 方法是敏捷方法中最著名的一个。极限编程是一个高度迭代的过程,有较多的反馈对环境和需求变化做出调整,同时极限编程强调以小版本形式来开发系统,由此使用户可以很快使用一个较小的系统,然后不断增加此系统的功能。它的优点就是程序员可以从用户实际的使用情况里得到反馈。极限编程诞生于一个遇到麻烦的商业软件项目(Chrysler Comprehensive Compensation,克莱斯勒的综合小组,C3 系统),极限编程与传统开发方法不同,难以用人们熟悉的瀑布模型的开发经验去理解它;再者,某些普通的软件实践在极限编程中有时被过分强调,而且变得极端。

XP 这种开发方法也经过了测试和改进,以适应更广泛的开发领域。XP 方法已成功应用于许多软件项目的开发中,并取得了显著的效果。例如,IONA 公司的 obix 技术支持小组在采用 XP 方法后,其软件生产率提高了 67%。XP 适用于软件需求模糊且挥发性强、开发团队人数在 10 人以下、开发地点集中的场合。它由一系列简单却互相依赖的实践组成。这些实践结合在一起胜于一个部分结合的整体。

9.3.2　XP 方法的价值和规则

XP 方法通过在一些对费用控制严格的公司中使用,已经被证明是非常有效的。因此由 Kent Beck 提出了 4 条基本的价值原则:交流、简单、反馈和勇气,在此基础上形成了 12 条 XP 项目应遵循的实践准则,XP 还有一个最突出的特点,就是它对测试的极度重视,XP

的设计过程是"纪律性"与"适配性"的高度统一,这也使得 XP 在适配性方法中成为发展最好的一种方法。

1. 交流(Communication)

XP 方法强调交流的价值,通过交流,既可以向项目的相关人员提供信息,又可以从他们那里获取信息。大量的实践表明,项目失败的重要原因之一是交流不畅,使得用户的需求不能准确地传递给开发人员,造成开发人员不能充分理解需求;模型或设计的变动未能及时告知相关人员,造成系统的不一致和集成的困难等。因此,所有项目相关人员之间充分而有效的交流是软件开发成功所必不可少的。

XP 方法提倡面对面的交流,把用户作为团队成员(XP 团队中的用户是指定义产品的特性并排列这些优先级的人或者团体),最好的情况是用户和开发人员在同一场所中工作。通过对开发人数和开发地点的限制有利于面对面的交流。通常一张图或几句话就能把问题给讲清楚,通常称这些为用户素材。在 XP 中,开发人员和用户反复讨论,以获取对于需求细节的理解,但是不去捕获那些细节。

2. 简单(Simplicity)

XP 团队使他们的设计尽可能的简单、具有表现力。简单的价值使得软件开发是敏捷的,它体现了敏捷开发的一次,并且只有一次(Just enough)的指导思想,即开发中的代码及其制品既不需要太多也不需要太少,刚好即可。今天只做今天的事,明天如需要,则通过不断的改进设计和重构来满足明天的需求。今天所保持的简洁,可以降低明天由于变更所带来的费用。

3. 反馈(Feedback)

Beck 说:"对于编程而言,乐观主义是一种冒险。而反馈则是相应的解决良药。"及时有效的反馈,其价值体现在能确定开发工作是否正确,及时发现开发工作的偏差并加以纠正。XP 的实践者认为反馈比起前馈(Feedforward)来得更为重要。无论是用反复的构建或者频繁的用户功能测试,XP 都能不断地接收到反馈,而反馈的及时程度是很重要的,它能及时发现偏差,并对软件环境有很好的认识。

4. 勇气(Courage)

无论是使用 CMM 方法或者是 XP 的方法,方法使用的本身就是需要勇气的。敏捷软件开发对大多数软件机构来说是一个新方法,是对软件开发现状的一个挑战,因此采用敏捷软件就更需要勇气。

9.3.3　XP 方法的 12 个核心实践

XP 的实践、价值、原则和活动之间的关系是:原则来自价值;而价值和原则又是以 12 个实践为基础的;12 个实践关联着 4 个主要的软件开发活动。XP 实践提供了对实际操作的指导。可以用一个很简单的图示来表示出这 4 者之间的关系(如图 9.1 所示)。

某些软件模型具有很大的强制性,在开发阶段中规定了必须进行的实践,目的却并不是为了提高队伍的开发能力,往往只是为了方便管理层去监控项目。XP 是一个价值驱动的模型,所有实践必须体现出价值。这意味着,当在某些情况下不能体现出 XP 的价值时,就没有必要进行这些实践了;另一方面,即使有的实践不包括在以下介绍的 12 个极限编程实践中,只要能体现出 XP 的价值,XP 的队伍也是可以采用的。

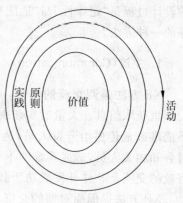

图 9.1　极限编程的实践、价值、原则和活动

1. 完整的团队

XP 方法要求所有团队成员应该在同一个场所工作。成员中必须有一名现场用户,由他提出需求,确定需求的优先级,编写验收测试用例。通常团队还设一位"教练"角色,指导 XP 方法的实施,负责与外部沟通和协作。

2. 计划对策

XP 项目每两周交付一次可以工作的软件。每两周的迭代(Iteration,也可称为重复周期或循环周期)都实现了现场用户的一些要求。在每次迭代结束时,会给现场用户演示迭代生成的系统,以得到他们的反馈。

(1) 迭代计划。

每次迭代通常耗时两周。这是一次较小的交付,可能会被加入到产品中,也可能不会。它由用户根据开发人员确定的预算而选择的一些用户素材组成。

开发人员通过度量在以前的迭代中所完成的工作量来为本次迭代设定预算。只要估算成本的总量不超过预算,用户就可以为本次迭代选择任意数量的用户素材。

一旦迭代开始,用户就同意不再修改当次迭代中用户素材的定义和优先级别。迭代期间,开发人员可以自由地将用户素材分解成任务,并依据最具技术和商务意义的顺序来开发这些任务。

(2) 发布计划。

XP 团队通常会创建一个计划来规划随后大约 6 次迭代的内容,这就是所谓的发布计划。一次发布通常需要三个月的工作。它表示了一次较大的交付,通常此次交付会被加入到产品中。发布计划是由用户根据开发人员给出的预算所选择的、排好优先级别的用户素材组成。

用户同样可以决定在本次发布中用户素材的实现顺序。如果开发人员要求的话,用户可以通过指明哪些用户素材应该在哪次迭代中完成的方式,制订出发布中最初几次迭代的内容。

为了解决一个技术或者设计上的问题,一般可以采用 Spike Solution 方式(类似软件工程中常说的"技术原型")。此方法只关心所要解决的问题本身,而不关心其他内容。大部分的 Spike Solution 是一个粗糙的不能再用的程序,一般试验完成后就不再使用了。使用这种方法的目的是减少技术问题的风险,并且可以提高开发人员对用户素材评估的准确性。

发布计划不是一成不变的,用户可以随时改变计划的内容。他可以取消用户素材,编写新的用户素材,或者改变用户素材的优先级别。

3. 隐喻

设定 XP 项目隐喻（Metaphor）的前提是所有的项目参与人员都必须对相关的抽象概念有统一的、具体的认识。在克莱斯勒薪酬支付系统开发（C3 系统）项目中，开发小组就使用了生产流水线这一隐喻。由于流水线这个概念在克莱斯勒公司中人人皆知，不同阶段的薪酬支付方法就变得很具体而便于理解了。为了避免歧义，保持较高的生产效率，每一个人对抽象问题的概念的理解都应该尽可能相同。

极限编程者在本质上都是务实主义者，系统隐喻这个缺乏具体定义的概念使人们觉得很不习惯。这种隐喻描述了开发人员如何构建系统，起到概念框架的作用。这种比喻必须是每个团队成员都熟悉的。在某种意义上，系统隐喻却是 XP 所有实践中最重要的实践之一。

4. 规则游戏

开发任何系统，都要有系统需求。在 XP 中，系统需求的记录有点像日志形式，称为用户故事。用户故事是规则游戏（Planning Game）中的一个重要环节，它具体描述了系统会怎样解决实际问题和系统的行为等。每一个故事都被记录在索引卡上，用于说明一个用户需要的功能。每个故事都应有其可体现的价值，但实际上某一个故事的价值，在很大程度上要依赖于其他故事或支持其他故事的实行。

在 XP 中，用户负责编写用户故事。而程序员要对每一个故事所需的开发时间做出估测，并且提醒用户有关的潜在技术风险。然后，依据所估计的时间基础，用户决定故事的优先级，即决定它们会怎样分配到各个迭代过程里，或是小版本中去进行开发。以上这些活动就组成了一个规则游戏，通过这些活动，开发人员可以迅速得到一个粗略的计划，并对其进行改进。还有，规则游戏不是只进行一次，至少在每次迭代完毕后，都要重新修正计划。

通常规则游戏开始时只是一个草案，但随着开发人员参与到规划的工作中，做出的项目预测会更切合实际，这样的规划比其他方法有更高的可信度。而且由于规划是由用户和程序员共同参与完成的，再加上有小版本这一实践，所以程序员可以得到及时的反馈，以辅助他们对规划进行完善，并尽可能及早地解决各种问题。

5. 测试驱动

XP 方法提倡测试优先，即用户素材的验收测验是在就要实现该用户素材之前或实现该用户素材的同时进行编写的。测试优先为开发人员提供编程前对代码进行周密思考的机会，使开发人员很快发现他们的想法实际上是否可行。

6. 简单设计

简单设计就是编码时，只依据当时的需求，而程序员不必为可能发生的改变或扩展考虑。因为使用 XP 的开发人员认识到，只有代码可读性、可维护性及单元测试，才会真正影响到将来代码修改的难度和成本。如果代码的可维护性足够好，做任何的更改都不是太大的问题。

例如,如果一个 XP 小组要开发一个先进先出的存货系统,就不必考虑怎样修改系统使它可以处理先进先出的作业,因为业务需求的变化是不可能预测的。所以不要考虑和编写还没有要求到的系统功能,而增加系统的复杂性。

另外,简单设计还包括其他 4 个意思:

(1) 要通过测试。

(2) 避免重复的代码。

(3) 明确表达每一步编码的目的,即代码的可读性。

(4) 使用尽可能少的对象类和对象方法。

简单设计这一核心实践与重构和测试驱动开发有着密切的关系。

7. 重构

重构(Refactoring)可以用简单的数学方法来解释,即以更简洁而直接的表达式来代替难懂或烦琐的表达式。表达式越复杂,重构的优点就越明显。因此重构是在不影响既有程序行为的前提下,对源代码进行改进和简化。未经重构的代码有以下几个潜在的风险:对象类之间的关系紊乱、对象类之间有不合理的责任、代码重复及其他方面的混乱。这些都会导致代码难以维护和扩展,也降低了代码的可读性。若不对烦琐的代码进行重构,扩充源代码的功能会带来较大的风险。

在整个开发过程中,应对程序结构进行持续不断的梳理,在不影响程序的外部可见行为的情况下,应按照高内聚低耦合的原则对程序内部的结构进行改进,保持代码简洁、无冗余。

8. 结对编程

Laurie Willians 和 Nosek 的研究表明,结对非但不会降低开发团队的效率,而且会大大减少缺陷率。在 XP 中突出强调结对编程,即所有的产品代码都是由结对的程序员使用同一计算机共同完成的。并且两个人的角色可以互换即动态调整。结对的关系每天至少要改变一次,以便于每个程序员在一天中可以在两个不同的结对中工作。在一次迭代期间,每个团队成员应该和所有其他的团队成员在一起工作过,并且他们应该参与本次迭代中所涉及的每项工作。这将极大促进知识在团队中的传播。另外,个别人员的流动对项目的进展造成的影响也会降到最低。

在 XP 中,结对编程所能带来的好处可归结为以下几点:

(1) 所有的设计都是由两个人讨论决定的。

(2) 系统的任何一个部分都至少有两个人熟悉,避免了由于人事更替造成的问题。

(3) 减小了忽略编写编程用例的概率,因为结对者会互相提醒对方。

(4) 在编程过程中与不同的人结对可以进一步增强知识与经验的共享。

(5) 所有编码都随时得到检验。

(6) 两个程序员可以同时分别关注操作层面和理论层面,加强了程序的设计。

但在实际操作中,结对编程作为 XP 中的一个核心实践,它的生产力或效率常被质疑。

9．持续集成

程序员每天会多次地插入他们的代码并进行集成，规则很简单。第一个插入的只要完成插入就可以了，所有其他的人负责代码的合并工作。持续集成（Continuous Integration）能保持项目组中所有开发好的模块始终是组装完毕，完成集成测试且是可执行的。

持续集成的关键在于当天必须完成所有代码的集成。若一个集成任务在当天不能完成，这意味着集成过于复杂，因此最好分步实行；否则就说明采用的解决方法过于复杂，需要一个更简单的来代替。若集成问题不能当天解决，便要有勇气丢掉当天的工作，重新进行。

一个程序中的代码会因为程序员的疏忽或者其他的原因出现前后不一致。这种情况日积月累就会出现很大的问题。持续集成就可以避免这种问题的产生，因为这些不一致在它们一出现时就可以得到及时处理。使用一套完善的自动测试系统，可以及时发现错误的代码，这样一来可确保集成的顺利进行，编码过程也就能一直保持稳定。并且，集成时所有的程序员都应共同参与，解决任何集成的问题，这也是 XP 避免设计的错误发展成严重问题的一个重要的手段。

10．集体代码所有权

结对编程中的每一个人都具有拆出任何模块并对它进行修改的权力。没有程序员对任何一个特定的模块或技术单独负责。没有人比其他人在一个模块或者技术上具有更多的权威。因此总体上每个成员都对整个系统有了一定程度的了解。此外，结对编程、编码标准、持续集成等实践都是为了代码全体共有提供了支持，能及时发现修改代码而引起的冲突，避免冲突的集中爆发。

在 XP 中，由于代码不断得到所有程序员的检验和集成，结对人员在不断进行搭档转换，有统一的编码标准，代码修改和重构后程序员要重新执行所有的测试用例，这些过程使代码共有的现实变得可行。在其他 XP 实践的支持下，共有代码还能提高整个工作的速度。

11．编码标准

XP 方法强调制定一个统一的编码标准，包括命名、注释、格式等编程风格，使得所有的程序代码就像出自一人之手。编码标准这一实践的关键，并不在于编制怎样的标准，而在于所有人都要共同遵守。这和工业生产中运用统一的产品标准有类似的作用。

12．可持续步调

XP 方法强调每周 40 小时工作制。由于人的精力是有限的，敏捷软件开发要求每个团队的成员都能始终保持精力充沛，充满活力。长时间超负荷的工作会影响工作效率，因此，XP 方法要求每周工作时间不超过 40 小时，即使加班，也不要连续工作超过两周。

以上从价值、原则、实践、活动及其之间的联系对极限编程做了介绍。极限编程与传统编程方式的最大不同,是允许系统需求在开发过程中变更。XP 以迭代过程来支持对需求变化做出不断的相应的改变。XP 的价值高于实践,进行这些实践的目的都是为了实现 XP 的价值。表 9.1 总结了 XP 和传统方法的区别。

表 9.1　极限编程和传统方法的区别

传统编程方法	极 限 编 程
用户的沟通是有限的	使用户参与到开发小组中
没有隐喻	使用了隐喻
软件设计是在设计阶段确立的	软件是连续设计的
基于将来可能的条件进行设计	基于当前情况进行设计
实施较为复杂	操作相当简单
开发人员独立进行工作	结对编程
分派任务	组员自行协调任务
定期进行集成	持续进行集成
对于需求改变,队伍是恐惧的	对于需求改变,队伍是进取的
软件开发完毕后测试	软件修改前后都测试
上下级之间沟通有限	积极地多方面沟通

充分理解极限编程的 12 个核心实践,是非常重要的。极限编程是一组简单、具体的实践,这些实践结合在一起形成了一个敏捷开发过程。该过程已经被许多团队使用过,并且取得了好的效果。XP 是一种优良的、通用的软件开发方法。项目团队可以拿来直接采用,也可以增加一些实践,或者对其中的一些实践进行修改后才采用。

9.3.4　XP 案例分析

项目概况及背景:

实例公司——亚洲领先的电子商务解决方案供应商,在 J2EE 架构的项目执行方面有丰富的经验,结合 RUP(Rational Unified Process)形成了自己的一套电子商务项目实施方法论,并在多个项目中成功进行实施。同时,由于具体项目时间和成本的限制,也出现了一些问题,主要有以下两点:

项目交付后,用户提出很多的修改意见,有些甚至涉及系统架构的修改。出现这种情况的主要原因是:很多项目虽然是采用增量迭代式的开发周期,但是在部署前才发布版本,用户只是在项目部署后才看到真正的系统,因此会发现很多界面、流程等方面的问题。

对于用户提交 Bug 的修改周期过长:开发人员在开发的时候,对于单元测试的重视程度不够,模块开发结束后就提交给测试人员进行测试,而测试人员由于时间的关系,并不能发现所有的问题;在用户提交 Bug 后,开发人员由于项目接近尾声,对于代码的修改产生惰性,同时又没有形成有效的回归测试方法,因此,修改的周期比较长。

针对 XP 的核心价值,可以看到,如果能够加强与用户的沟通、增加项目中测试实施的力度,就可以在一定程度上解决上述问题。

从 2001 年开始,公司内部展开对于 XP 等敏捷方法的研究,希望能够借鉴一些做法,来完善项目方法论。2002 年 5 月,上层决定在公司的一个新的项目中启用 XP 的一些最佳实践,来检验其效果。该项目是为一家国际知名手机生产厂商的合作伙伴提供手机配件订购、申请、回收等服务,项目的情况如表 9.2 所示:

表 9.2　项目具体明示

条　目	描　述	条　目	描　述
项目名称	合作伙伴管理系统	项目周期	43 个工作日
处理工作流程	9 个	项目小组人员	5 人,其中资深顾问两名

从表 9.2 中可以看出,该项目是一个小型项目,而且项目小组成员对于 XP 在项目开始之前都有一定的了解;另一方面,用户要求的项目周期比预期估计的时间有一定的余地,因此公司决定利用这个项目进行 XP 的试验性实践。

在项目执行过程中,基本上还是采用 RUP 的软件过程,而没有死板地套用 XP 的做法,例如,在需求分析阶段,还是采用 Use Case 来对需求进行描述,而不是 XP 规定的 CRC 卡片;在系统分析与设计阶段,首先进行系统的架构设计,而不是简单地套用 XP 的"简单设计"实践。

下面结合项目的具体情况,讨论一下 XP 的 12 个最佳实践。

1. 现场用户(On-site Customer)

XP:要求至少有一名实际的用户代表在整个项目开发周期中都在现场负责确定需求、回答团队问题以及编写功能验收测试。

评述:现场用户可以从一定程度上解决项目团队与用户沟通不畅的问题,但是对于国内用户来讲,目前阶段还不能保证有一定技术层次的用户常驻开发现场。解决问题的方法有两个:一是可以采用在用户那里现场开发的方式;二是采用有效的沟通方式。

项目:首先,在项目合同签署前,向用户进行项目开发方法论的介绍,使得用户清楚项目开发的阶段、各个阶段要发布的成果以及需要用户提供的支持等;其次,由项目经理每周向用户汇报项目的进展情况,提供目前发布版本的位置,并提示用户系统相应的反馈与支持。

2. 代码规范(Code Standards)

XP:强调通过指定严格的代码规范来进行沟通,尽可能减少不必要的文档。

评述:XP 对于代码规范的实践,具有双重含义:一是希望通过建立统一的代码规范,来加强开发人员之间的沟通,同时为代码走查提供了一定的标准;二是希望减少项目开发过程中的文档,XP 认为代码是最好的文档。对于目前国内的大多数项目团队来说,建立有效的代码规范,加强团队内代码的统一性,是理所当然的;但是,认为代码可以代替文档却是不可取的,因为代码的可读性与规范的文档相比还是有一定的差距。同时,如果没有统一的代码规范,让开发人员全体拥有代码就无从谈起。

项目:在项目实施初期,就由项目的技术经理建立代码规范,并将其作为代码审查的标准。

3. 每周 40 小时工作制（40-hour Week）

XP：要求项目团队人员每周工作时间不能超过 40 小时，加班不得连续超过两周，否则会影响生产率。

评述：该实践充分体现了 XP 的"以人为本"的原则。但是，如果要真正地实施下去，对于项目进度和工作量合理安排的要求就比较高。

项目：由于项目的工期比较充裕，因此，很幸运的是开发小组并没有违反该实践。

4. 计划博弈（Planning Game）

XP：要求结合项目进展和技术情况，确定下一阶段要开发与发布的系统范围。

评述：项目的计划在建立起来以后，需要根据项目的进展来进行调整，一成不变的计划是不存在的。因此，项目团队需要控制风险、预见变化，从而制定有效、可行的项目计划。

项目：在系统实现前，首先按照需求的优先级做了迭代周期的划分，将高风险的需求优先实现；同时，项目团队每天早晨参加一个 15 分钟的项目会议，确定当天以及目前迭代周期中每个成员要完成的任务。

5. 系统隐喻（System Metaphor）

XP：通过隐喻来描述系统如何运作、新的功能以何种方式加入到系统中。它通常包含一些可以参照和比较的类和设计模式。XP 不需要事先进行详细的架构设计。

评述：XP 在系统实现初期不需要进行详细的架构设计，而是在迭代周期中不断地细化架构。对于小型的系统或者架构设计的分析会推迟整个项目的计划的情况下，逐步细化系统架构倒是可以的；但是，对于大型系统或者是希望采用新架构的系统，就需要在项目初期进行详细的系统架构设计，并在第一个迭代周期中进行验证，同时在后续迭代周期中逐步进行细化。

项目：开发团队在设计初期，决定参照 STRUTS 框架，结合项目的情况，构建针对工作流程处理的项目框架。首先，团队决定在第一个迭代周期实现配件申请的工作流程，在实际项目开发中验证了基本的程序框架；而后，又在其他迭代周期中，对框架逐渐精化。

6. 简单设计（Simple Design）

XP：认为代码的设计应该尽可能简单，只需要满足当前功能的要求，不多也不少。

评述：传统的软件开发过程，对于设计是自顶而下的，强调设计先行，在代码开始编写之前，要有一个完美的设计模型。它的前提是需求不变化，或者很少变化；而 XP 认为需求是会经常变化的，因此设计不能一蹴而就，而应该是一项持续进行的过程。

应尽可能包含最少的类与方法。对于国内大部分的软件开发组织来说，应该首先确定一个灵活的系统架构，而后在每个迭代周期的设计阶段可以采用 XP 的简单设计原则，将设计进行到底。

项目：在项目的系统架构经过验证后的迭代周期内，坚持简单设计的原则。对于新的迭代周期中出现需要修改设计和代码的情况，先对原有系统进行"代码重构"，而后再增加新的功能。

7. 测试驱动（Test-driven）

XP：强调"测试先行"。在编码开始之前，首先将测试用例写好，而后再进行编码，直至所有的测试都得以通过。

评述：RUP 与 XP 对测试都非常重视，只是两者对于测试在整个项目开发周期内首先出现的位置处理不同。XP 是一项测试驱动的软件开发过程，它认为测试先行使得开发人员对自己的代码有足够的信心，同时也有勇气进行代码重构。测试应该实现一定的自动化，同时能够清晰地给出测试成功或者失败的结果。在这方面，xUnit 测试框架做了很多的工作，因此很多实施 XP 的团队，都采用它们进行测试工作。

项目：在项目初期就对 Junit 进行了一定的研究工作，在项目编码中，采用 JBuilder 6.0 提供的测试框架进行测试类的编写。但是，不是对所有的方法与用例都编写，而只是针对关键方法类、重要业务逻辑处理类等进行。

8. 代码重构（Refactoring）

XP：强调代码重构在其中的作用，认为开发人员应该经常进行重构，通常有两个关键点应该进行重构：对于一个功能实现和实现后。

评述：代码重构是指在不改变系统行为的前提下，重新调整、优化系统的内部结构以减少复杂性、消除冗余、增加灵活性和提高性能。重构不是 XP 所特有的行为，在任何的开发过程中都可能并且应该发生。在使用代码重构的时候要注意，不要过分地依赖重构，甚至轻视设计；否则，对于大中型的系统而言，将设计推迟或者干脆不做设计，会造成一场灾难。

项目：在项目中将 Jrefactory 工具部署到 JBuilder 中进行代码的重构，重构的时间是在各个迭代周期的前后。代码重构在项目中的作用是改善，其中还有设计，而不是代替设计。

9. 结对编程（Pair Programming）

XP：认为在项目中采用成对编程比独自编程更加有效。成对编程是由两个开发人员在同一台计算机上共同编写解决同一问题的代码，通常一个人负责写编码，而另一个人负责保证代码的正确性与可读性。

评述：其实，成对编程是一种非正式的同级评审（Peer Review）。它要求成对编程的两个开发人员在性格和技能上应该相互匹配，目前在国内还不是十分适合推广。成对编程只是加强开发人员沟通与评审的一种方式，而非唯一的方式。具体的方式可以结合项目的情况进行。

项目：在项目中并没有采用成对编程的实践，而是在项目实施的各个阶段，加强了走查以及同级评审的力度。需求获取、设计与分析都有多人参与，在成果提交后，交叉进行走查；而在编码阶段，开发人员之间也要在每个迭代周期后进行同时评审。

10. 集体代码所有权（Collection Ownership）

XP：认为开发小组的每个成员都有更改代码的权利，所有的人对于全部代码负责。

评论：代码全体拥有并不意味着开发人员可以互相推诿责任，而是强调所有的人都要负责。如果一个开发人员的代码有错误,另一个开发人员也可以进行 Bug 的修复。在目前,国内的软件开发组织,可以在一定程度上进行该实践,但是同时需要注意一定要有严格的代码控制管理。

项目:在项目开发初期,首先向开发团队进行"代码全体拥有"的教育,同时要求开发人员不仅要了解系统的架构、自己的代码,同时也要了解其他开发人员的工作以及代码情况。这个实践与同级评审有一定的互补作用,从而保证人员的变动不会对项目的进度造成很大的影响。在项目执行中,有一个开发人员由于参加培训,缺席项目一周,由于实行了"代码全体拥有"的实践,其他开发人员成功地分担了该成员的测试与开发任务,从而保证了项目的如期交付。

11．持续集成 (Continuous Integration)

XP:提倡在一天中集成系统多次,而且随着需求的改变,要不断地进行回归测试。因为这样可以使得团队保持一个较高的开发速度,同时避免了一次系统集成的恶梦。

评述:持续集成也不是 XP 专有的最佳实践,著名的微软公司就有每日集成(Daily Build)的成功实践。但是,要注意的是,持续集成也需要良好的软件配置变更管理系统的有效支持。

项目:使用 VSS(Visual Source Safe)作为软件配置管理系统,坚持每天进行一次的系统集成,将已经完成的功能有效地结合起来,进行测试。

12．小型发布 (Small Release)

XP:强调在非常短的周期内以递增的方式发布新版本,从而可以很容易地估计每个迭代周期的进度,便于控制工作量和风险;同时,也可以及时处理用户的反馈。

评论:小型发布突出体现了敏捷方法的优点。RUP 强调迭代式的开发,对于系统的发布并没有做出过多的规定。用户在提交需求后,只有在部署时才能看到真正的系统,这样就不利于迅速获得用户的反馈。如果能够保证测试先行、代码重构、持续集成等最佳实践,实现小型发布也不是一件困难的事情,在有条件的组织可以考虑使用。

项目:项目在筹备阶段就配置了一台测试与发布服务器,在项目实施过程中,平均每两周(一个迭代周期结束后)进行一个小型发布;用户在发布后两个工作日内,向项目小组提交"用户接收测试报告",由项目经理评估测试报告,将有效的 Bug 提交至 Rational Clear Case,并分配给相应的开发人员。项目小组应该在下一个迭代周期结束前修复所有用户提交的问题。

以上是 XP 的最佳实践在项目中的应用情况,该项目的详细统计数据如表 9.3 所示。

表 9.3　项目管理统计数据表

条　　目	描　　述	条　　目	描　　述
项目开始时间	2002/4/25	项目实际成本	177 340
项目预期结束时间	2002/6/28	CPI(Consumer Price Index)	1.155
项目实际结束日期	2002/7/2	SPI(Schedule Performance Index)	1.028
项目预计成本	199 080		

其中,项目执行过程中提交了一个"用户需求变更",该变更对于项目周期的影响为 6 个工作日。

项目实施后,在用户接收测试期间,只提交了两个 Bug,而且在提交当天就得到了解决。目前,项目运行平稳,并得到了用户的好评。因此,XP 在该项目的实施中有效地保证了项目质量和项目周期。

9.4　Scrum

假若把工程实践看成一个糖果棒,那么 Scrum 就是糖果棒的包装纸。Scrum 把已有的基础和工程实践封装起来,这也就是说 Scrum 和其他实践是兼容的。因此,Scrum 的优点,就是它不与实际工程发生冲突。通常实施新的实践时,会遇到在文化和方法上的困难,有时甚至是相当痛苦的经验,但是实施 Scrum 却不一样,也就是这个原因,Scrum 并不像是一个完全的软件模型或方法。那么,Scrum 具体是什么呢?

9.4.1　Scrum 简史

Scrum 在橄榄球比赛中是一个紧密整合的小团队,团队中每个队员都扮演一个定义明确的角色,并且在团队的每个进展中完成自己所担负的任务。整个团队有一个单一的焦点,工作的优先权也是清楚的。因此,我们希望软件队伍像 Scrum 一样,以一种高度整合的方式工作;另外,他们也是个自我定向和自我组织的团队。

把橄榄球中的协作理念应用到管理上,源自《创新求胜——智价企业论》[Takeuchi and Nonaka 1986],书中总结了 10 家日本创新公司共同最佳实践的著作。在该书中首次用橄榄球中 Scrum 在场地中移动橄榄球的团队行为,来解释适应性且自我组织的团队特征。

在 1994 年,Jeff Sutherland 把这样的团队特征应用到软件开发中,那时候,他在 Easel 公司,并在该公司引入了部分的 Scrum 实践。后来,受到一份关于波特兰公司超生产力的项目报告的影响,他们首先有效地使用了结构化的每日会议。在 1995 年,Ken Schwaber 和 Jeff Sutherland 一起在 Easel 公司把 Scrum 正规化,其结果发表于 1995 年。在 1996 年,Sutherland 加盟独立公司,而且邀请 Schwaber 协助将 Scrum 的概念应用于更多的实际项目中,适用于需求难以预测的复杂商务应用产品的开发。在 2001 年,他们把 Scrum 扩展成一个新的版本。

Scrum 将工业过程控制中的概念应用到软件开发中来,认为软件开发过程更多是经验性过程(Empirical Process),而不是确定性过程(Defined Process)。确定性过程是可明确描述的、可预测的过程,因而可重复(Repeatable)执行并能产生预期的结果,并能通过科学理论对其最优化。经验性过程与之相反,应作为一个黑箱(Black Box)来处理,通过对黑箱的输入输出不断进行度量,在此基础上,结合经验判断对黑箱进行调控,使其不越出设定的边界,从而产生满意的输出。Scrum 方法将传统开发中的分析、设计、实施视为一个黑箱,认为应加强黑箱内部的混沌性,使项目组工作在混沌的边缘,充分发挥人的创造力。如将经验性过程按确定性过程来处理(如瀑布模型),必将使过程缺乏适应力。

9.4.2　Scrum 的生产测度

Scrum 的所有实践围绕着一个迭代、增量的过程框架展开。图 9.2 说明了 Scrum 的核心系统表示。Scrum 结合了一种每天进行的讨论影响生产问题的站立会议,鼓励开发人员列出正在加工哪些部件、已经完成哪些部件以及可能遇到的问题。Scrum 将开发工作按三个层次组织:短距、版本和产品。一个短距是 30 天(或 4 个工作周),版本一般是若干短距、通常是 6~9 个短距,产品是一系列版本。

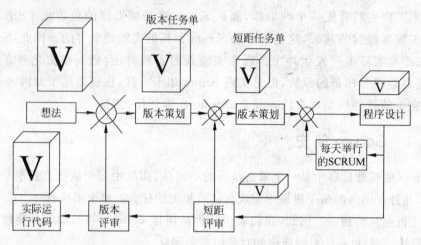

图 9.2　Scrum 核心系统架构

需求要转换为叫做"产品任务单"的用户增值功能列表。可以在项目开展以后增加产品任务单,不一定在项目的一开始就固定下来。对于每个版本,会从产品任务单中取出一部分,编成版本任务单。对于每个短距,要从版本任务单中取出一部分,编成短距任务单。短距任务单不能进一步分解,一旦达成一致就不能更改。开发团队会在 30 天的短距中完成,因为短距任务单不会变化。

Scrum 运行方式概括大体如下:每一迭代初期,团队评审必须完成的事项——挑选出他们认为在迭代结束时才能转化为相应完整功能增量的部分。在迭代的其余时间内,团队不受干涉,努力工作。当迭代结束时,团队展示完成的功能增量,请用户进行检查,以对项目做出及时的调整。Scrum 的核心在于迭代。团队首先浏览开发需求,考虑可用技术,并对自身技术及能力做出评估。然后共同确定构建功能的方案,并每日调整方法,以应对新的复杂问题、困难和出乎意料的情况。团队找出并选择最佳方案去完成任务。该创造性过程便是Scrum 生产力的核心。

9.4.3　Scrum 的开发方式

Scrum 主管(Scrum Master)每日会主动参与 Scrum 实践,在每天早上,都有一个简短(约 15 分钟)的 Scrum 会议讨论项目的进展,他聆听每位成员的工作报告,并和所期待的情况进度做出比较。例如,如果有人花费了三天时间在一个简单的工作上,那就是说这位成员需要帮助。Scrum 主管也会了解整个队伍对项目进度的报告：他们是否停滞不前？是否被误导？是否在前进？当成员需要帮助时，管理层应该参与解决问题。

在每日 Scrum 的会议里，团队报告他们遇到了问题且不能自行解决时，Scrum 主管就要负责解决，若问题连他都不能马上解决，便要尽快将问题让高级管理阶层了解。当问题被提升时，Scrum 主管让组织知道他们团队的政策、过程、结构和设备等，这有助于组织迅速解决问题。

9.4.4　Scrum 实践

Scrum 实践不像其他的软件模型，并没有说明设计、编码、软件质量等，因为 Scrum 强调程序员的自我组织。下面先简单介绍 Scrum 是怎样去管理一个软件开发项目的。先从用户需求开始，像极限编程中的用户故事一样，系统需求被划分为一系列的子需求，叫产品 Backlog。所有的产品 Backlog 都由一个人来管理，叫做产品拥有者。有什么需求变更，都应通过产品拥有者去增加或删除产品 Backlog。

产品拥有者和程序员（Scrum 团队）一起计算开发每个产品 Backlog 所需的时间。但产品拥有者会决定哪些产品 Backlog 应该先做。一部分产品 Backlog 被先挑选出来，Scrum 团队就会在未来 30 天内完成它，这部分产品 Backlog 叫做 Sprint Backlog，而这 30 天则叫做 Sprint。当 Scrum 团队开始了 Sprint 后，没人能够干扰 Scrum 团队，团队将会自我组织。他们可以一周工作 60 个小时，可以结对编程或单人编程等，但是他们要承诺在 30 天后完成 Sprint Backlog。另外，每天早上，团队要出席 15 分钟的 Scrum 会议，成员可以向 Scrum 主管报告是否遇到任何解决不了的问题。Scrum 主管的角色相当重要，他要保持团队不断进步且不受外界干扰。30 天后，也就是一个 Sprint 完毕了，Scrum 主管将会报告在过去的 30 天完成的工作和下一个 Sprint 的任务。

接下来需要了解的就是 Scrum 中每个角色和实践的细节。

(1) 产品 Backlog。产品 Backlog 是指任何认为对系统必要的需求，或者是认为应有的需求。收集产品 Backlog 的来源可以有很多，例如市场部门期望系统有数据分析功能，他们可能常提出新的需求，即新的产品 Backlog。当销售部门发现任何使他们更有竞争力或增加公司用户的功能时，他们便会提出有关的产品 Backlog。工程生产部门提出关于生产的产品 Backlog，用户服务部门关注用户的投诉是否因系统引起，他们可能提出有关缺陷的产品 Backlog。

(2) 产品主管。产品拥有者管理产品 Backlog，他会和 Scrum 团队一起估算大概需要多少时间开发每一个产品 Backlog。

(3) Scrum 主管。Scrum 主管主持每日 15 分钟的 Scrum 会议，若当团队报告一个问题后，Scrum 主管不能马上在会议中做出决定，他有责任在 Scrum 会议结束后一个小时以内，告诉整个团队他的决定。

(4) Scrum 团队。Scrum 主管和 Scrum 团队开会并回顾检讨产品 Backlog，Scrum 团队会承诺在未来 30 天（Sprint）内完成哪些产品 Backlog，团队对每个 Sprint 都要有这样的约束，但在 Sprint 内，团队有权去安排需要的事情，唯一的限制就是不能与公司的标准和传统惯例有冲突。

Scrum 团队的成员没有特定的职称和组织结构,也就是不会把成员区分为软件工程师或系统分析师等。Scrum 团队会自我组织,并按需求和技术来开发系统。这种类型的团队无组织、无自我定位,但能够弹性处理不同的工作和产生的问题。Scrum 会避开那些拒绝编码的人,因为他们只喜欢做有关系统设计方面的工作。每一个人都要参与、实践或学习怎样去自我组织,并努力做到最好。Scrum 成员只要求做到最好。他们没有特定的工作描述,没有职称,也没有例外。

(5) 每日 Scrum 会议。每个 Scrum 团队每天早上都要出席一个 15 分钟的 Scrum 状态报告会议。在会议中,团队要简短回答三个问题:①从上次会议以后到现在有什么新的进展;②有什么问题正在阻碍工作的进行;③在下次会议之前将做什么。

每日 Scrum 会议改善了沟通,取消了其他类型的会议,并找到了并解决了开发过程中所遇到的问题,强调快速决定,也同时增进了所有人对项目的认识。

(6) Sprint 计划会议。Sprint 计划会议其实是由两个连续的会议组成的。在第一个会议里,Scrum 团队、产品拥有者、管理层和用户一起讨论,明确在下一个 Sprint 里应该开发的功能。在第二个会议里,Scrum 团队自己确定如何在下一个 Sprint 里面编写这些功能。在 Sprint 计划会议前,应先了解产品 Backlog、过去 Sprint 已完成的产品 Backlog、Scrum 团队的能力和他们过去的表现,当 Sprint 计划会议完毕后,便应有一组各成员同意的产品 Backlog,称为 Sprint Backlog,作为下一个 Sprint 里的开发工作。

(7) Sprint。Scrum 团队在 30 天里把 Sprint Backlog 开发出来。整理 Sprint Backlog,使得每一个 Sprint 都有一个目标,叫做 Sprint 目标。例如,一个 Sprint 目标可以是"用户账龄分析",团队在工作中,要记住这个目标。Scrum 团队要从 Sprint Backlog 出发,编制一连串的任务来达到 Sprint 目标。这些任务是编程的工作,目的是完成 Sprint Backlog,每一个任务要用 4～6 个小时来完成。

在 Sprint 期间,团队可以选择工作方式,可以在任何时候举办内部会议。因为管理层给团队 30 天的自由时间,所以 Scrum 团队是一个自我定向、自我组织的队伍。

(8) Sprint 回顾。当 Sprint 完结后,便要举行 Sprint 回顾会议,而 Scrum 主管要协调和引导此会议,并和团队成员一起订立议程等。在 Sprint 回顾中,一般地说,Scrum 主管会简洁地介绍 Sprint 已完成的工作,把 Sprint 目标以及 Sprint Backlog 与实际的结果进行比较,讨论所有不符合之处及其产生的原因。需要注意的是,没有人需要为这个会议做额外的准备,因为 Scrum 团队若花太多的时间来准备这个会议的话,说明他们实际上只有很少的东西要报告,要避免用不实的内容来掩盖基本的事实。

(9) Scrum 中嵌套 Scrum。例如一个小的 Scrum 团队,他们为一个 8 人的团队,若超过这个规模便很难有效地工作,团队的生产力便会下降,团队的控制机构(就是每日 Scrum 和 Sprint Backlog)会变得很臃肿,所有只能应付中小型的项目。但对于比较大型的项目来说,Scrum 团队的规模可以扩展吗?答案是肯定的。Scrum 能够适用于 100 个成员的团队,而其方法很简单,就是在 Scrum 中嵌套 Scrum,如图 9.3 所示。

当超过 8 个人的时候,便把他们分成多个 Scrum 团队。先划分出一个团队,让他们选择 Backlog 并对 Sprint 做出保证,然后建立另一个团队,让他们从剩下的 Backlog 中选择,

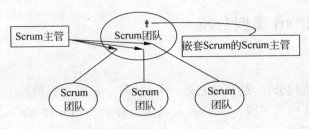

图 9.3 Scrum 嵌套

保证进入 Sprint 等程序。注意,要根据每个团队的技能水平,选择最好的一队来完成最基本的 Backlog,尽量减小各团队之间的相互影响和依赖,并增加组内工作的关联性。确保每组的成员都在从事本团队相关的工作,而非其他团队的工作。

Scrum 实践具有以下特征:

- Scrum 团队是自我定向以及自我组织的团队。
- 一旦选定工作,便限定在 30 天里,不许再另外增加工作。
- 每天有 15 分钟的会议,讨论关键问题。
- 通常 30 天为一个循环。
- 每个循环结束后,有一个回顾会议。
- 每个循环的计划,都以用户的需求为驱动。

9.4.5 监测进展

Jeff Sutherland 与 Ken Schwaber 合作发展了 Scrum,并将其应用到了实际的项目中,他改进了 Scrum 监测使之达到一个合理的日常管理费用——开发人员每日 1 分钟,项目经理每日 10 分钟。Scrum 使用一种十分简单但强有力的工具来监测项目的进展:一张 Sprint 待交付表图。该图在水平轴上划分日期,在垂直轴上标记按小时计算剩余的工作:在 30 天期限结束的时候,剩余的工作量应该为 0。所以在开始以前剩余的工作应该为预计完成所有 Sprint 待交付表特性所需的全部小时数。每一天,开发人员记录完成一项工作消耗的时间和完成的百分比。自动待交付表工具计算工作完成量和剩余量。如果一个开发人员有一个需要两天完成的任务在开始后变成了一个三天的任务,项目领导会得到两方面日常反馈,一个是项目进展(或者延期等其他方面),一个是证明不够准确的预计。

9.4.6 Scrum 方法的实践效果和发展方向

Scrum 在实践中提高了生产率(根据软件生产率组织的 Capers Jones 称可提高 6 倍),在实施中有一个"间断平衡"(Punctuated Equilibrium)现象,即在经过紧张、并行的 Sprint 开发后,在 Sprint 评审时,软件产品产生较剧烈的变化。敏捷软件开发有不少的指导性原则,以指导软件开发者怎样开发软件。因为敏捷联盟中的 17 个人里面有 6 个是 XP 的支持者,我们应该相当清楚,XP 中的大部分实践能够反映这些敏捷规则。Scrum 方法也在设法借鉴 XP 方法。

9.4.7　Scrum 案例分析

1. 失败案例一

某知名大型互联网公司，被采访者是一个名叫 David 的工程师。

他是这样总结失败的原因："有些高层错误理解了 Scrum 和 Agile，导致歪曲了某些东西，使得 Agile 变得形式化。"他们在项目中尝试使用了 Scrum 中的一个实践：每日 Scrum 会议。下面是 David 描述的一名不了解 Scrum 的项目经理如何使用这个实践的：

"项目经理发现这个东西挺好，就单独把 Daily Scrum 拿来进行推广；结果，这个经理并不理解什么是 Scrum，他把 Daily Scrum 变成了 Daily Report：每个员工都要在早上固定时间开 Daily Scrum，然后把当天的任务告诉给他，让他来决定工作是不是饱满。而其他 Scrum 的精华部分都没有推广。"

在敏捷刚出现的时候，极限编程（XP）一直是主流。但是，在敏捷方法开始在全世界流行的今天，为什么最红火的却是 Scrum？这是因为 Scrum 更容易普及和推广。其实极限编程包容了 Scrum 方法。从工程学的角度，可以把软件开发分成两部分：过程（分解任务，排列优先级和迭代计划）和代码实现（高质量的代码和自动化的代码保障体系）。其中最难的就是代码，最有直接商业价值的是过程。Scrum 则回避了最难的部分，加强和创新了最能直接体现商业价值的过程部分。

现在就开始对案例进行分析和诊断。在这里借用 Scrum 实施调查中的两个词"成功"和"失败"。其实，很难定义成功和失败。在实施调查中，失败可以理解为使用 Scrum 不当，没有到达预先的期望，直至最后团队放弃了 Scrum。成功是意味着人家还在继续使用 Scrum，从某种程度上说，就是 Scrum 达到了团队的预先期望，至少是可以接受的期望。

当然这家大型互联网公司的制度和文化的问题也与失败有着一定的关系，但是这并不是直接的。

了解 Scrum 的人都会很清楚，他们对 Scrum 的应用相对初级，也只用了一个 Scrum 中提到的 Scrum 会议。可以看出，他们的问题就是：项目经理根本不知道什么是 Scrum。也许连自己在开发中遇到的主要问题是什么都还不清楚。

下面就以每日晨会为例，在 Scrum 中，明显地提到在会议中每个人只可以说三件事情：

（1）我昨天做了什么。

（2）我今天准备做什么。

（3）我在工作中遇到了什么问题。

每日 Scrum 会议的目的有两点：

（1）加强团队交流和信息共享。互相了解彼此都在做什么工作，完成了什么任务。这样，每日的信息传递，可以让每个人可以更多地了解整个项目的业务和技术状况。并且如果在工作中遇到问题，也可以在这时候提出来，请求大家的帮助。

（2）促使每个人在早上做好一天的工作计划。这样，每个人一天的工作就会有明确具体的目标。这会直接提高一天的工作效率。

所以,上面的这个失败项目是在没有理解 Scrum 的前提下,使用 Scrum 没有发挥出 Scrum 的作用。

2. 失败案例二

一个离岸开发的某创业型公司,拥有离岸开发团队。这个失败案例非常典型和普遍。

"某一天,国外的项目经理 PM 突然发来几个链接,一看讲的是一个闻所未闻的词,就是 Scrum 了。好像就给了一两天的时间去看 Scrum 的介绍文档,然后就开 Stand-up Meeting (站立会议)。" 和以上第一个案例相比,这个案例的团队是真实地在推行 Scrum。从表面看,大家也是在按照 Scrum 框架的方式工作:有相应划分的角色,有具体的分解任务,有会议,也有迭代的 Sprint。为什么会同样导致失败?

显然,他们是在照搬照套 Scrum 的框架。他们是两个离岸的开发团队,因为地点、时区和语言的差异,很容易就会导致沟通和交流不畅,这时候再生硬地引入 Scrum,是难以发挥作用。

下面介绍他们是如何来使用 Scrum 的。

(1) 每日 Scrum 会议。

"其实大家都知道沟通进度的重要性,但我们双方存在着七八个小时的时差,那边一上班这边就快收拾东西下班了,就这种情况下还要讲自己今天要做些什么,遇到困难,已经毫无意义。结果 Scrum 会议就流于形式。后来,我们又间歇性地在自己团队内部做 Stand-up,但最后还是因为不能带给团队太大价值,流于形式,就放弃了。"其实,在敏捷的实践中,每日 Scrum 会议是最容易做的,也是最有效果的实践之一。那为什么最后会流于形式从而放弃了? 主要有以下几个原因:

① 会议的时间不好。另一个团队快下班了,工作结束了。通过实践,人们发现 Scrum 会议最佳的时间是早上。例如:9 点上班,会议时间可以定在 9 点半。早上到公司之后,大家首先处理一下个人的事务,到时间后按时地举行 Scrum 会议,然后全身心地投入到一天的工作中。这样很自然,开发节奏也很畅快。

② 成员有抵触心理。或许是在抵触会议,或许是在抵触 Scrum,或许本来就已经存在或多或少的问题。

③ 没有营造好的团队氛围。具体地说,Scrum 会议不是每天的工作报告,更不是项目经理进行工作检查或者考核。项目经理有责任营造一个安全的会议氛围,让每个人都乐意说出真正发生的事情,就算是昨天遇到技术问题,没有任何的工作成果,也能得到谅解,而不是担心受到指责。

(2) 迭代任务。

"在第一次使用 Scrum 的时候,好歹产品主管还能来设置优先级,我们估算时间,最后决定哪些任务放到下一个 Sprint 里面。到后来只要是人,就能往 Scrum 上放任务,也不知道任务的优先级,我们自己开发人员看着办,最后剩下几百个小时完不成再扔到下一个 Sprint 里面去。"

显然,以上的迭代过程很随意,松松散散,没有任何的约束。有人说这是公司制度的问题。敏捷方法,有很多的准则,要求每个人能够自觉遵守,养成工作习惯,成为一种职业素质,最终目标是要形成一个自组织的团队。例如,谁可以往 Scrum 上放任务? 这明显是产品主管的职责。就算是开发人员想往上加任务,也应该和产品主管以及整个团队讨论,明确任务的价值和优先级之后,再决定是否可以把任务放到当前的 Scrum 上。也是最基本的要求,也是每个团队成员默认遵守的原则,是一个开发者最起码的职业素质要求。

从上面的描述可以再次看出,大家是对 Scrum 有抵触的。如果到现在,推广者还不能让大家理解、认可和接受 Scrum 方法。那么,引入 Scrum,也绝不可能获得成功。

敏捷方法需要有一个有能力的主管,即 Scrum Master,以身作则,带领着团队齐心协力,以项目的成功作为最高奋斗目标。

明确的短期目标。如果让一个团队做半年的详细工作计划,一定非常困难,但如果是两周,那就完全不一样了。假设用户有 100 个功能的需求,但团队在一个迭代(一般是两周左右)中,只能完成 20 个任务。那么就明确地告诉用户,在一个迭代中,我们只可以完成 20 个任务,那么先开发其中 20 个最有价值的任务。

如何知道团队在一个迭代可以完成多少任务?显然,迭代只有两周的时间,相对的计划会比较准确,而且前面一个迭代的工作量,是这个迭代最好的参照。如果是第一个迭代,可以根据团队的经验做好一个合理的两周计划应该不难。

迭代结束之后,应给用户演示工作成果,及早获得用户反馈。同时团队在一个迭代结束之后,也会对整个开发的状况进行思考和反省,举行一个回顾会议,客观地讨论前一段时间的工作,哪些地方做得好,哪些地方做得不够好,对不好的地方,要能讨论出具体可行的解决办法。

敏捷的团队就是用这种迭代的方式,增量地进行工作。小步前进,不停地思考、反省和总结,不停地进行自我调整和完善。让自己一步一步地变得优秀,走向卓越。

3. 成功案例分析

在学习敏捷方法的时候,应该尽可能多地和深入地学习,并融会贯通。在具体工作的时候,先要忘掉学到的条条框框。首先分析自己的上下文环境,找出最主要的矛盾,然后根据团队状况,通过学到的经验和方法将这些问题进行平衡和解决。

下面看一下有的团队是如何在项目中引入 Scrum 的。他们的做法是这样的:"我们不是采用纯粹的 Scrum,而是将 Agile 中的很多理念,包括 XP 的部分做法,然后结合现有的开发环境与要求,用 Scrum 的回顾不断地做改进,从而找出自己的一条路。如果这个 Sprint 在我们回顾时觉得自己代码 Review(审查)做得不好,下一个 Sprint 就会引入新的代码 Review 机制。

这个 Sprint 觉得重复性的 Bug 较多,下一个 Sprint 就会引入缺陷预防机制。我们是自底向上,先做小范围试点,再全面推广,期间对过程进行不断改进。"

他们的具体做法如下:"其实我们一开始并没有把 Scrum 这个说法拿出来。就是首先和业务一起商量什么时候上线,商量出来的结果是每个月定期上线。于是就有了一月一个项目的进度。然后为了管理,实施每日晨会。为了改进,开始开项目总结会,把 Product review 和 Team retrospective 放在一起,既有产品经理介绍现状,也有大家讨论成绩、不足和挑战。后来总结会上觉得质量不好,从而加入了单元测试和代码 Review 机制。至于计划会议,一开始就采用的是 Scrum 的方法。项目小,MS Project 太难调。我们就更换了 Scrum 的 Excel 计划表,后来使用了 Xplanner。"

这些成功案例的团队,就是通过这样的方式进行一步一步推进,把 Scrum 成功地引入到了各自的项目中。

9.4.8　小结

敏捷就是一个团队持续不断的自我改进过程,直到那些优秀的品质成为大家的一种职业习惯——一个自组织的团队。敏捷没有终点,我们一直在路上。

严格地说,Scrum 是遵循敏捷方法的一个软件开发框架。在 Scrum 框架中,融入敏捷开发的精神和思想,就被称做 Scrum 开发方法。Scrum 是一个什么样的开发框架呢?简单地说,它由三个角色(Role)、三种会议(Ceremonie)、三项工件(Artifact)组成。

- 角色(Role):产品主管(Proruct Owner),他负责项目的商业价值;Scrum 主管(Scrum Master),他负责团队的运转和生产,以及自组织的团队。
- 会议(Ceremonie):迭代计划会议,每日晨会(Daily Scrum Meetings),迭代回顾会议。
- 工件(Artifact):用来排列任务的优先级和跟踪任务。包括待开发任务列表(Product Backlog),迭代任务列表(The Sprint Backlog),进度图(Burndown Chart)。

9.5　DSDM——动态系统开发方法

动态系统开发方法(Dynamic Systems Development Method,DSDM)是 20 世纪 90 年代早中期提出的一种 RAD (Rational Application Developer) 形式化。DSDM 起源于英国,目前在欧洲很流行,并且在美国也有很多地方在使用该方法。对于很多公司来说,DSDM 是一种可行的敏捷方法。

9.5.1　DSDM 原理

DSDM 无疑提出了一个探索式开发方法的概念。在 DSDM 早期的手册中,它强调“没有什么事情能一次就做好”,强调一种 80/20 规则(最后 20% 可能很耗时),强调系统使用者不可能在一开始就预见所有的需求,并推荐一种迭代法,在该方法中,“只要能进入下一步,当前的步骤就足够了”。DSDM 的 9 条原理与敏捷宣言的原理是一致的。

(1) 积极的用户参与是必要的。

(2) 必须赋予 DSDM 团队决定权。

(3) 重点在于产品的经常性交付。

(4) 适应业务需要是所交付产品被接受的一个基本标准。

(5) 迭代和增量式开发对于最终给出精确的业务解决方案是必要的。

(6) 开发期间的任何修改都是可逆的。

(7) 需求必须定位在高水平。

(8) 测试必须贯穿整个生命周期。

(9) 所有相关人员之间的协作合作方法是至关重要的。

这些原理大多数都比较容易理解,但第 6 条除外。它要求有一致的和到位的配置管理,以便在任何时候,当文档或者是编码出现变化时可以退回到早些时候的状态。

9.5.2　DSDM 过程

在图 9.4 中展示了 DSDM 开发过程的概略图。每个主要部分——功能模型迭代,设计与构建迭代,以及实现都是它们各自的迭代过程。DSDM 的三个相互关联的迭代模型和时间框(应用于迭代和发布)的应用最初可能很混乱,但是一旦定义好,它们就能够做出非常灵活的项目计划。

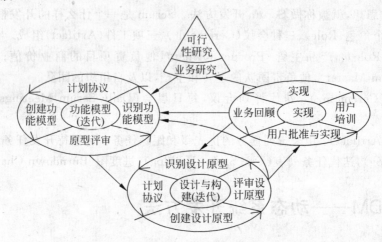

图 9.4　DSDM 开发过程概略图

功能模型迭代是搜索和确定功能需求的过程,它基于需求优先级出示列表。在该阶段非功能性需求也被指出来。大多数需求都在原型中而不是在文档中被证明。设计和构建迭代能精化原型以使其满足所有的需求并使设计的软件也都满足这些需求。一套业务功能在一个时间框可能通过功能模型、设计与构建迭代,继而另一套业务功能在下一个时间框可以通过同样的过程,实现系统配置以适应用户环境。

尽管可能在图 9.4 中功能模块迭代是为了完成上一个设计与构建,但事实上它们可以相应地交叉进行。这些功能模型、设计与构建迭代也适合一个短周期时间框(2～6 个星期),这样 DSDM 生命周期和其他的敏捷软件开发方法生命周期之间的差异就会小于最初观察所做的预计。

DSDM 确实使用一系列的原型:业务,可用性,运行和性能。这些原型的范例可以和 XP 的 Spike 相比——快速代码开发来研究不确定性领域。一般来说,DSDM 比其他敏捷开发方法更依赖于原型。在实际项目中,原型更像那些将被改进为最终产品的代码而不是传统的被抛弃的原型代码。在实践中,DSDM 原型有着更加接近于工作代码的敏捷定义。

DSDM 的一些着力点也与敏捷开发方法相同。首先,它明确提出了 DSDM 与传统方法论在灵活需求方面的不同。根据 DSDM 手册,传统观点在时间和资源被允许改变时,功能也是保持不变的(在原始需求规格说明被确定之后)。DSDM 持相反观点,功能在项目的全过程中都可以改变。这样,当功能发生改变时,通过使用时间框控制的目的就可以达到了。

DSDM 也很重视文档,但不够完善——由此招致了敏捷开发方法的不断批评。因为在

DSDM 有关协作重要性的原则里,更多地使用了原型而非文档来搜集信息(即使用功能模型而非功能规格说明)。DSDM 强调原型,认为详细规格说明不利于最终确定有效的解决方案。毕竟,一旦一份详细的需求规格说明被确定以后,用户的参与就不是很必要了,而且开发人员也总能指着规格说明说:"规格说明上说,我们这么干就行。"面对面的交谈不仅是对需求达成共识的最有力的方法,而且正如上面所提醒的,过多的文档也会给双方一个中断对话的借口。

DSDM 在一个项目中规定了 11 种角色(尽管可能还会出现额外的专家角色)。这些角色中有很多是很典型的——项目经理,团队主管和开发人员——对于通常的"用户"角色来说出现了一对有意思的子角色。DSDM 把用户角色分为"空想家","大使"和"顾问"。大使用户代表用户团体,向他人求取所需的技术技能。然而让用户理解相关业务过程和这些过程的目标。空想家用户确保产品的高层次要求不会被丢弃。顾问用户角色则为开发团队带来日常的详细的业务知识。倘若赋予他们适当的决策权,顾问用户就很相近于 XP 的现场用户了。

至于可运行软件,DSDM 不像其他严格方法那样,它不为它的 15 个已定义的可运行软件提供详尽的文档。相反,DSDM 工作产品指导方针只为每件工作产品提供一个简要的描述,一个目标列表,以及几条质量标准。由于组织和项目团队已经习惯了精确的文档内容,所以这种方法看上去非常适合。

DSDM 关注的另一个领域是为项目营造一个正确的文化氛围。例如,在 DSDM 使用手册中描述了项目经理有不同的侧重点,并指出对于那些陷在传统方法中的经理转变过来是有困难。对于一个项目经理来说,最关键的是要从传统的以任务和进度表为中心维持进展的状态中摆脱出来,转变到理顺需求优先级,搞好与用户关系,以及支撑团队文化与动机中去。

当参见图 9.4 时,你可能会想"测试"阶段在哪里?再一次为了保持与敏捷方法一致,测试不再作为一种单独的、特殊的行为,因为它是功能模型、设计与构建迭代的一个共有部分。

协作价值和原理是 DSDM 的另一个要点。利用 DSDM 指导项目开发,希望能做到:

- 团队有决策权。
- 成员要为项目的成功付出 100% 的努力。
- 对于单一目标要选择多种专业化人员组成工作组。
- 时间是每个人成功的标准。
- 执行人员可以被快速任命和奖励。
- 鼓励个人与工作组之间的协作与合作。

9.6 Crystal 方法

Crystal 方法(对称水晶方法)是 Alistair Cockbum 对敏捷软件工程的一大贡献,该方法主张其把交流和对话放在首位。软件开发是"一种发明与交流和合作性工作"。Alistair 强调人、交互、团队、技能、才智和交流并将其作为性能的第一要义。过程依然重要,但还是其次。

如果把人和团队作为第一要义,而把过程和工具作为第二要义,那么这种理论会如何影响过程设计呢?首先,这意味着因为每个人或团队都有其独特的才智和技能,所以每一个团队都应该利用为他们量身定制的过程。其次，意味着由于过程是次要的，所以它应该被最小化——"刚好够用"，这也是 Alistair 的观点。

9.6.1 Crystal 应用（7 大体系特征）

要了解 Crystal 项目管理体系的有效方式，可以考虑以下问题：

(1) "团队在工作时以何为中心？"

(2) "我们能否将项目带入一个更加安全的区域？"

在本节中，将介绍最优秀的团队制定的 7 大体系特征。水晶项目管理体系对前三项提出了硬性要求，而较为优秀的团队可使用其他 4 个大体系特征以期望项目能够向更为安全的方向发展。除了"渗透式交流"以外，其他所有体系特征都适用于不同规模的团队。

下面介绍 7 大体系特征：

(1) 体系特征一：经常交付。

任何项目，无论大小，敏捷程度，其最重要的一项体系特征是每过几个月就要向用户交付已测试的运行代码。"经常交付"的作用有：

- 项目经理根据团队的工作进展获得重要的反馈。
- 用户有机会发现他们原来的需要是否是他们真正想要的，也有机会将观察结果反馈到开发当中去。
- 开发人员有可能打破未解决问题的死结，从而实现对重点的持续关注。
- 团队得以调整开发和配置的过程，并通过完成这些工作鼓舞团队的士气。

(2) 体系特征二：反思改进。

敏捷开发的团队成员能够集中到一起，列举出他们的工作方法哪些行之有效，哪些需要改进，并讨论哪些方法会更有效，并在下一次迭代时进行调整，他们就可能跳出失败的窘境并走向成功。换句话说，就是反思和改进。团队不一定要花大量的时间来做这项工作——每隔几周或每一个月花一个小时即可。事实上，从日常开发工作中抽出一点时间来思考更为行之有效的工作方法就已经足够了。

(3) 体系特征三：渗透式交流。

渗透交流就是信息流向团队成员，使得成员就像通过渗透一样获取相关信息。这种交流通常都是通过团队成员在同一间工作室内工作而实现的。若有一名成员提出问题，工作室内的其他成员可以选择采取关注或不关注的态度，可以加入到这个问题的讨论当中来，也可以继续忙自己的工作。

渗透式交流是小型项目实现密切交流更为强有力的方法，它也是整个 Crystal 项目管理的核心特征。渗透交流可以降低交流成本，反馈率也非常高，因此错误能够迅速地得到更正，而知识也能够迅速地传播开。如此，成员就了解了项目的优先需求，知道掌握相关信息的相关人物。

当然，渗透交流自身也存在缺点，常见的是团队内最专业的设计人员常常被噪声或者过多的提问所打扰。在这种情况下，团队成员应该学会自我控制，减少闲聊时间，尊重他人的独立思考时间。

(4) 体系特征四：个人安全。

个人安全指的是当有人指出困扰你的问题时，你不用担心受到报复。例如，你可以毫不隐讳地告诉经理工作计划很不实际，或者告诉某位同事他的设计需要改进。个人安全非常重要，有了它，团队可以发现和改正自身的缺点。没有它，团队成员们知而不言，缺点则愈发严重以至于损害整个团队。

个人安全是迈向信任的第一步。信任指的是给予他人管理自己的权利，这种权利伴随着个人损害的风险，它以合理地处理自身与他人的关系为限度。信任可以通过经常交付而逐步增强。个人安全与友善的氛围有着密切的关系，友善的氛围主要指的是团队成员间善意聆听的意愿。请注意不要将个人安全与礼貌混为一谈。一些团队看起来似乎已经形成了"个人安全"的工作环境，但实际上只是成员出于礼貌而不愿意表达反对意见。用礼貌以及安全掩盖自己的反对意见，这样做只会造成不能及时发现和改正团队所犯的错误。

（5）体系特征五：焦点。

所谓"焦点"就是确定首先要做什么，然后安排时间，以平和的心态展开工作。而确定首先要做的工作，往往是根据项目目标和优先项目来确定，最典型的是由执行发起人来决定。时间以及平和的心态来源于稳定的工作环境，所谓"稳定"就是指成员的工作不会半途被其他的成员接管，然后去执行其他的项目，不会出现不协调的情况。成员应该知道他们最重要的并且优先的任务是什么，所有成员都能保证有连续两天、每天有两个小时不被打扰从事重要并且优先的任务。

（6）体系特征六：与用户建立方便的联系。

与用户持续建立方便的联系能够给团队提供：

- 对经常交付进行配置以及测试的地方。
- 关于成品质量的快速反馈。
- 关于设计理念的快速反馈。
- 最新的用户需求。

在用户深入设计系统之前，要提醒自己，必须确定用户的角色。用户才是最重要的角色。他们是软件服务的对象，也是焦点对象。如果在每次的发布迭代中不能获取真实用户的反馈，会给软件带来致命的错误。即使团队已经将敏捷项目开发所介绍的其他方法全部付诸了实施，若在开发过程中忽略掉这一条，那么在项目快结束时，往往会面临灾难性的失败。

（7）体系特征七：配有自动测试、配置管理和经常集成等功能的技术环境。

自动测试：确实有团队单凭个人测试就能成功交付，因此这项技术不算是一个促成功的关键因素。

配置管理：配置管理系统允许人们不同步地对工作进行检查，可撤销更改，并且可以将某一系统设置保存后进行新系统的发布，当新系统出现问题时可还原原系统设置。配置管理系统允许人们单独地或者共同开发代码。因此，配置管理系统一直被团队认为是最重要的非编译工具。

经常集成：开发团队在一天之内有可能要对系统进行多次的集成。如果没有利用好此功能，他们也许只是一天集成一次，或隔天进行一次系统集成，其实团队越频繁地对系统进行集成，他们就能够越快地发现错误，堆积到一起的错误也会越少，并使他们产生更新的灵感，而且检索到的错误传达代码区域也将越小。

最好的团队是将这三大技术结合成"持续测试集成技术"。这样做的好处是他们可以在几分钟内发现因集成所产生的错误。

9.6.2　Crystal 框架流程

Crystal 项目管理体系使用的是各种长度的嵌套式循环过程：开发、迭代、交付周期以及整个项目的开发过程，人们何时开展哪些工作取决于他们处于哪个工作周期。

大多数的项目存在 7 种循环：

- 项目周期(一个项目开发周期，持续时间不限)。
- 交付周期(一个交付的时间单位，一个星期到三个月不等)。
- 迭代周期(一个估计、开发的时间单位，一个星期到三个月不等)。
- 工作周。
- 集成周期(一个开发、集成以及系统测试的时间单位，30 分钟到 3 天不等)。
- 工作日。
- 开发(对一段代码进行开发以及测试的过程，几分钟到几个小时不等)。

Crystal 项目管理系统要求每一个项目都应该进行多次的交付，但不是每一次交付都要进行多次迭代。每一个周期都有它独特的先后顺序和它独有的节奏。在某一天内，不同的周期中会发出不同的活动。这些活动每时、每天、每周都在改变。因此想要做出一个完整的先行描述变得几乎不可能。

在图 9.5 中，将各个周期进行了展开，并以不同的方式将周期画上阴影，这样活动就能与其周期相连。大小字母象征着项目租用(Project Chartering)、迭代计划(Iteration Planning)、每日起立会议(Daily Standup)、开发(Development)、注册(Check-in)、集成(Integration)、反思研讨会(Reflection Workshop)、交付(Delivery)和项目综合总结报告(Project Summary Report)。为了周期的展开，选择了每日周期与集成周期的特别联系。

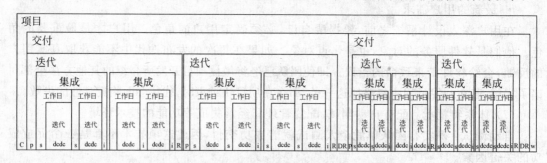

图 9.5　将周期全都展开以展示每天的活动

9.7　FDD 特性驱动开发

FDD 是一种强调特征驱动，快速迭代，适合于小型团队开发管理的方法。

9.7.1　FDD 过程模型

FDD(Feature Driven Development)特征驱动开发是由(Jeff De Luca)提出的，他为那些对敏捷方法的作用感到怀疑的人提供了关于特性驱动开发的成功案例。成功案例之一是新加坡一家大银行的一个复杂的商业贷款应用系统。在 Jeff 没有加入该项目之前,该项目遇到了不小的困难,该项目是一个涉及大范围的商业、公司和消费者贷款系统,它融合了大量的贷款凭证(从信用卡到大型跨行的公司贷款)和广泛的贷款功能(从调查到完成后台监测)。在与 Peter Coad 合作的新加坡项目的工作中,FDD 方法也得到了修正。

开发人员在两周内(或者更短)进行交付。管理人员有一套方法来制定计划,该计划包括意义明显的里程碑,由不断的确实的结果带来的风险降低。用户通过他们可以理解的里程碑来查看计划。

FDD 过程反映了从早期的以过程为中心的方法学中学习的过程。FDD 要求自始至终有足够的过程来保证可扩展性和可重复性,并始终鼓励创造性和革新。FDD 坚持如下观点:

- 为了用于更大的项目,一个用于构建系统的系统是必要的。
- 只有简单的、定义良好的过程才能更好地起作用。
- 过程的步骤应该是合乎逻辑的,并且它的价值应能立即清晰地展现在每个团队成员面前。
- 好的过程在幕后起作用,这样团队成员就可以专注于结果。
- 短的、迭代的、特性驱动的生命周期是最好的。

在更高层次上对 FDD 进行简单概括——它只有 5 个过程,如图 9.6 所示。花在每个过程上的项目时间分解如下:

- 过程 1:开发整体模型(初始 10%,项目进行中 4%)。
- 过程 2:构建特性列表(4%,项目进行中 1%)。
- 过程 3:按特性制定计划(2%,项目进行中 2%)。
- 过程 4:按特性进行设计。
- 过程 5:按特性进行构建(设计和构建共占 77%)。

图 9.6 表明 FDD 是一套指导方针而非一个指定性过程。Jeff 也提到为过程 1 划分 10% 的时间是最值的,其他的划分就多样化了。

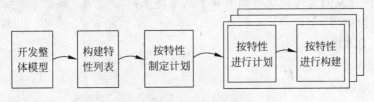

图 9.6 FDD 开发过程

9.7.2 FDD 与其他方法的相似和区别

FDD 的核心思想是:精细特性的迭代周期,使用小部分被传统实践检验了的流线型过程,对于团队交互作用和知识共享的偏爱,以及为所有开发提供环境的概要前端建模。然而,FDD 完成这些核心目标的方式与其他敏捷开发方法有所不同。

"FDD 和 XP 的原则中有些是对立的。" Jeff 说,"FDD 的神秘之处在于,它不像其他迭代或增量方法那样倾向于在整个生命周期中只注重细小阶段,而是在其前端就有我们称之为'过程 1'的大量由细小部分组成的内容。这允许我们构建一个特性列表,并不用做大量的修正工作就能实现。我们在最初会有所偏差,这并不代表我们反对重构,而是我们不喜欢做太多的重构。"

FDD 不同于 XP 和 Scrum 等方法的地方是特性交付的进度安排。在技术合理性限度内,XP 和 Scrum 强调用户在每个迭代开始时确定开发的优先顺序。用户在当前的业务价值评估的基础上确定下一步开发哪些特性。FDD 假设特性的整体价值已在项目中被确定,安排哪些特性的开发顺序主要是技术上的决策。无论哪种方式,完成特性开发就说明有了进展。

9.8　ASD 自适应软件开发

9.8.1　面向变化的生命周期

基于业务环境相对稳定这一假设的瀑布开发生命周期被频繁的变化所困扰。对工程师和管理人员进行的再次检查而言,规划是最困难的概念之一。在绝大多数组织中使用词语"规划",意味着有关预期结果的合理的高度确定性。"顺应规划"的内在和外在目标限制了管理人员从创新角度管理项目。

ASDM(Adaptive Software Development Methodology)自适应软件开发方法的第二个概念性组件是协作。复杂的应用程序不是构建的,而是发展而来的。复杂的应用程序要求收集、分析大量的信息并应用到问题中去——比他或她个人所能处理的信息要多得多。尽管通常提供了改进的空间,大多数软件开发人员相当精通分析、编程、测试以及类似的技能。但现有的开发,面临动荡的环境,其中包括高速率的信息流和多种知识需求。比起 5～10 年前的典型项目,当今构建类似于电子商务站点要求更加多样的技术和业务知识。在这种高信息流环境中,一个人或一个小组不可能"知道一切",协作技术(联合工作以产生结果、共享知识、或决策的能力)就显得极为重要。

自适应软件开发的生命周期有如下 6 个基本特征:

- 以任务为中心。
- 以特性为基础。
- 迭代。
- 时间框限制。
- 风险驱动。
- 容许变化。

对于许多项目来说,在开始时,需求可能是模糊的,但指引团队的整个任务却应该是十分清晰的。在任务开始时,任务说明起到了鼓励探索的作用,但在项目的整个过程中却往往将开发人员的注意力限制在狭小的范围之中。任务带来更多的是限制,而不是固定目标。没有良好的任务和不断改进的实践,迭代生命周期就变成了震荡生命周期——毫无进展的前后摇摆。任务描述以及得到这些描述的讨论为项目关键权衡和决策提供了基础。

ASD 生命周期关注结果而不是任务,结果被识别为应用特性。特性是在迭代中开发的用户功能。虽然软件文档(比如说数据模型)可能定义为交付,但在给用户提供直接结果的软件特性中总是处于次要的地位。

9.8.2 基本自适应软件开发生命周期

自适应生命周期分为推测、协作和学习三个阶段,如图 9.7 所示。

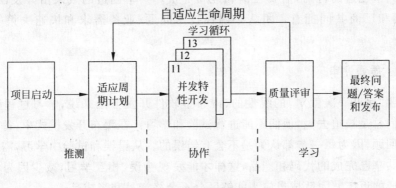

图 9.7 自适应生命周期阶段

1. 推测:启动与规划

在"规划"中有 5 个常规步骤。首先,项目初始化包括了设置项目的任务和目标、理解约束、建立开发项目中的各种组织、识别和概括需求、制定启动规模和范围的推测、确认关键的项目风险。一般地,对于小规模到中等规模的项目,初始化工作需要 2~5 天,对于大些的项目,则需要 2~3 周。

第二步是开发团队(而不是项目管理人员)根据项目的范围、特性设置需求、进行估计、由项目初始化工作确定的资源可用性来决定整个项目的时间框。

第三步是决定迭代的次数,并指定各自的时间框。对于小型或中型应用,迭代一般为 4~8 周。一些项目最好采用两星期的迭代。整个项目的大小和不确定程度是影响每个迭代时间长短的两个因素。

在建立了迭代及其进度表后,团队成员就为每个迭代确定了主题或目标。如同建立项目的整体目标一样,对每一个迭代都应当建立各自的主题(这类似于 Scrum 中的 Sprint 目标),这也是十分重要的。对于用户评审过程,每个迭代应当交付可演示的特征集,这就使产品对用户来说是可见的。在迭代中,每天将正在开发的特性进行集成,使产品对开发团队来说是可见的。测试应当是和特性开发一起进行,并成为特性开发不可分割的一部分——而不是末期的附加活动。

开发人员和用户为每次迭代分配特性。分配特性最重要的根据是,每个迭代必须是对用户发布可见和切实的特性集。在分配过程中,用户通过使用特性估计、风险和开发团队提供的信息决定特性的优先级。对于基本特征的迭代计划,电子表格是合适的工具。经验表明,这种由开发团队而不是项目管理员制定的规划,比起传统的基于任务的软件开发方式更容易理解。基于特性的计划反映了每个项目的独特性。

2. 协作:并发特性开发

软件技术团队负责交付软件,项目经理负责协调和并发开发活动。如果项目涉及分布式的开发团队,改变协作搭档、渊博的知识、人们怎样交互以及怎样处理相互依赖关系是十分重要的问题。对较小的、团队成员间关系密切的项目,协作可能由非正式的交谈和书写白板组成。但较大的项目就需要另外的实践和协作工具,以及与项目管理员的交互。

协作是共享创造的行为,需要互信和互相尊重。共享创造的成果由开发团队成员、用户、外部顾问和厂商共同拥有。团队必须在技术问题、业务需求和快速决策等方面进行协作。

3. 学习:质量评审

对于需要"保证一次就对"的线性的、瀑布型软件开发方法来说,学习过程变得越来越难。如果人们总是被迫去做,他们不能进行试验和学习。在瀑布开发模式中,每个阶段结束后都不赞成回顾,因为每一步都认为是不会有错误的。从错误和试验中学习,需要团队成员很早就部分共享已完成的代码和产品,这样才能发现错误,相互学习,减少因为小问题变成大问题而造成的返工。团队成员应当能够区分不合格产品和半成品。

在每次开发迭代的末期有 4 个方面需要学习:

- 以用户角度期待的结果质量。
- 从技术角度期待的结果质量。
- 团队的功能和团队成员采取的实践步骤。
- 项目的状态。

在自适应项目中,从用户得到的反馈处于最优先的地位。敏捷开发方法建议设置用户重点小组。这个概念从市场重点小组发展而来,针对应用软件的工作模式开展研究,并记录用户改变的需求。用户需要的是工作软件,而不是文档或图表。

第二类评审领域是技术质量。技术质量估价的标准方法是采用阶段性的技术评审;与结对编程结果类似。尽管代码评审或结对编程应该连续地进行,但是其他的评审,例如总体技术结构评审,应当每周或在每次迭代的末期进行。

第三类评审是开发团队通过监视自身的性能得到的反馈。这可能被称为人员和过程评审。迭代末期的最小检查有助于决定哪一部分没有工作,哪些部分需要团队加大投入,哪些部分需要减少投入。评审可鼓励团队从自身学习新东西和如何共同工作。

第四类评审是项目状态。有助于下次迭代的重新规划。状态评审的基本问题是:项目的进展如何? 相对于计划,项目进展如何? 项目进展应该怎样? 决定项目的状态有别于基于特性的方法。在瀑布型开发模型的生命周期中,总是在每一个主要开发阶段结束后向用户发布(例如,用一份完整的需求文档结束需求分析阶段)。在基于特性的开发方式中,已完成的特性,即交付的软件,标志着一次迭代的结束。

最后一个状态问题特别重要:项目"应当"开发到什么程度? 既然计划是推测性的,对其进行度量就不足以建立一个过程。项目开发团队和用户应当经常自问:"我们学到了什么? 我们的预期改变了吗? 我们下一步如何做?"

4. 领导:协作管理

许多公司习惯于传统的优化、效率、期望性、控制、精确和进程改进。今天,人们更多需要的是领导者而不是指挥员。指挥员只知道目标,而领导者知道实现目标的方向。指挥员对工作做出指示,而领导者对工作施加影响。控制者发出命令,而协作者使工作变得便利。控制者进行微观管理,而协作者实行宏观管理。采用领导-协作管理模式的管理员应当明白自己的基本角色是指定方向、提供指导并将不同的人和团队联系在一起。领导-协作管理模型将基本的哲学理论和现实中动荡的环境很好地结合在一起。"自适应性"比"最优性"更重要。

然而,实现自适应性并不容易。对组织或项目开发团队来说,从最优化到自适应性的转换需要意义深远的文化转换。首先不能苛求整洁和秩序。在很多地方是需要秩序的,但一般来说,业务领域变化的节奏排除了这种条理性。我们需要风险管理和设置控制,但在秩序和静态控制下组织的各种实践,就显得不现实。

对于复杂项目,"刚好够用"的要求是"比恰恰满足要求的稍微少一点"。为什么呢?复杂的问题——以高速、大变化和不确定性为特点的——可以通过创造、创新、良好的问题处理方法和高效的决策来解决。过于强调严格和最优过程会影响所有的特点。为使进程稳定(使之可重复),必须严格限制输入,在进程间仅仅传送必需的信息(从效率方面考虑),并且使传送尽可能按照规则进行。但现代组织中的复杂问题需要人们的交互、不同的信息、不拘一格的思想、快速的反应,当然有时也需要严格的活动。要在混沌和鼓励创造之间建立平衡,既要允许创造,又不能陷入真正的混沌之中。陷入混沌很容易,随心所欲地进行就可以了;得到稳定性也很容易,一步步做就行了。但在两者之间保持良好的平衡就不是轻而易举的事情了,这需要有出色的管理和领导才能。

在改变和自适应之间有着微妙的区别。自适应关注于外部;它从环境(市场)中得到信息流,并根据信息和组织的价值(目标)做出决策。但改变是组织根据内部的政策而不是外部信息而采用的。自适应组织向外部学习而不是内部。

所有组织层次都需要自适应,这意味着采用自由的信息流和分散的决策。也就是说,传统的等级管理结构需要同水平的、网状的团队结构分享权力。等级权力是不变的,但网状权力具有更多的自适应性。一种权力分配太多导致工作停滞不前,但过多的权力分配方式导致混乱。分享权力是自适应组织的又一基本特点。

自适应文化认为学习未知的东西比做我们已熟知的更为重要。传统的、因果的、线性的自然模型已经不能适应我们的现实世界。复杂系统的概念以及从中得出的关于组织化的项目管理的领导-协作理念,为人们提供了对经济环境的较好的认识。

9.9 本章小结

敏捷开发可理解为在已有软件开发方法基础上的整合——取其精华,去其糟粕。因此,敏捷开发继承了不少已有方法的优势。在一个开发团队中,有人将其与传统的开发方式做了对比后发现令人非常兴奋结果——"敏捷开发"使开发时间减少了30%～40%,有时甚至接近50%,同时极大地提高了交付产品的质量。

在本章中,主要介绍了敏捷软件开发方法的概念和模式,以及如何一步步地培养敏捷软件开发的能力。使用敏捷开发方法,关键是如何从内到外树立开发人员的信心,然后是开发小组的信心,最后是整个项目团队的信心。因为敏捷开发过程与传统的开发过程有很大不同,在这个过程中,团队是有激情有活力的,能够适应更大的变化,做出更高质量的软件。然而,我们不得不面对的现实却是,模式与方法的优化并不意味着问题的终结。作为一种开发模式,敏捷开发同样需要面对众多挑战,这需要人们在今后从事开发的过程中逐步学习和改进。

✓ 习 题 9

1. 为什么全天候工作队伍(或环球软件开发队伍)较喜欢采用 CMM 或瀑布模型呢?(提示:瀑布模型和 CMM 都着重遵循有规律的过程和文档处理)

2. 试说明一个软件模型可应用于管理"足够好的软件"的开发,便也可应用于"即时入市"的软件开发,但反之则不然。

3. 建议一个评估方法去衡量好的、差的用户表现在软件开发上的影响。

4. 敏捷过程的生命周期结构是一维还是二维的? 为什么?

5. 在对待需求变更方面,敏捷过程采取了何种方法和应对策略? 这一方法策略有何现实意义?

6. 请列举一个人们被以前(或最近)的结论或经验所误导的例子。

7. Miller 以 19 个实践来说明 XP。初次发表的极限编程(12 个实践的 XP)比较强调软件开发时的编程部分,反而忽略了商业方面。那些 XP 基本的原则固然很好,但也需要包括更多其他的实践使极限编程变得更加完美。修订后的实践(以 19 个实践来取代以前的 12 个实践)详列于表 9.4 中。这个修订让人们知道 XP 实际上不只是编程那么简单,而是借着组织上的改变可以去生产更好、更完美的软件。

表 9.4　19 个极限编程实践

共有的实践 **Joint practices**	迭代(Iteration) 共同的语言(Common vocabulary) 开放的工作室布局(Open workspace) 回顾(Retrospective)
程序员的实践 **Programmer practices**	测试驱动开发(Test-driven development) 结对编程(Pair programming) 重构(Refactoring) 代码共有(Collective ownership) 持续集成(Continuous integration) 你根本就用不上它们(You Aren't Going to Need It)
管理的实践 **Management practices**	接受责任(Accepted responsibility) 管理阶层支持(Air cover) 季度的评审(Quarterly review) 可反映(Mirror) 可持续的工作步伐(Sustainable pace)
顾客的实践 **Customer practices**	编写故事(Story telling) 版本发布计划(Release planning) 验收测试(Acceptance testing) 频繁的版本发布(Frequent releases)

　　根据以上的描述,请说明:①以上 19 个实践和 12 个极限编程实践的区别;②如何根据 4 个极限编程的价值去改善这 19 个实践。

　　8. 试说明敏捷宣言很难适用于全天候软件开发,但却适合于即时入市的原则。这当中是否存在矛盾?

　　9. 两个人结对可以举起更重的东西,我们是否可以认为这和结对编程是相似的呢?

　　10. 有一个小型的开发团队,在 1998 年以非瀑布模型成功地开发了销售系统 NSDS,这个小组被编制到别的单位,由另外一位主管领导,在 1999 年以瀑布模型开发了一个销售系统(SMS),其系统要比 NSDS 要简单,但却失败了。试讨论其原因何在?

　　11. 请分别说明下面每组名词的区别并举出例子:

　　① 角色和团队。

　　② 技能和技巧。

　　③ 活动和过程。

　　12. 敏捷过程这一软件过程模式的适用范围是什么?

第10章

软件测试技术与工具

本章介绍了常用的软件测试方法、软件测试类型、软件测试技术和常用的软件测试工具。一名优秀的软件测试人员必须熟练掌握这些内容,了解各自的优缺点。同时,只有扎实的理论基础才能真正在实践中熟练运用。

10.1 常用的软件测试方法

10.1.1 黑盒测试

软件的黑盒测试意味着测试要在软件的接口处进行。这种方法是把测试对象看做一个黑盒子,测试人员完全不考虑程序内部的逻辑结构和内部特性,只依据程序的需求规格说明书,检查程序的功能是否符合它的功能说明。因此,黑盒测试又叫功能测试或数据驱动测试。黑盒测试主要是为了发现以下几类错误:

(1) 是否有不正确或遗漏的功能?

(2) 在接口上,输入是否能正确地接受?能否输出正确的结果?

(3) 是否有数据结构错误或外部信息(例如数据文件)访问错误?

(4) 性能上是否能够满足要求?

(5) 是否有初始化或终止性错误?

黑盒测试的优点有:

(1) 比较简单,不需要了解程序内部的代码及实现。

(2) 与软件的内部实现无关。

(3) 从用户角度出发,很容易知道用户会用到哪些功能,会遇到哪些问题。

(4) 基于软件开发文档,所以也能知道软件实现了文档中的哪些功能。

(5) 在做软件自动化测试时较为方便。

黑盒测试的缺点有:

(1) 不可能覆盖所有的代码,覆盖率较低,大概只能达到总代码量的 30%。

(2) 自动化测试的复用性较低。

10.1.2 白盒测试

软件的白盒测试是对软件的过程性细节做细致的检查。这种方法是把测试对象看做一个打开的盒子,它允许测试人员利用程序内部的逻辑结构及有关信息,设计或选择测试用例,对程序所有逻辑路径进行测试。通过在不同点检查程序状态,确定实际状态是否与预期的状态一致。因此,白盒测试又称为结构测试或逻辑驱动测试。白盒测试主要是对程序模块进行如下检查:

(1) 对程序模块的所有独立的执行路径至少测试一遍。

(2) 对所有的逻辑判定,取"真"与取"假"的两种情况都能至少测试一遍。

(3) 在循环的边界和运行的界限内执行循环体。

(4) 测试内部数据结构的有效性等等。

白盒测试是指在测试时能够了解被测对象的结构,可以查阅被测代码内容的测试工作。它需要知道程序内部的设计结构及具体的代码实现,并以此为基础来设计测试用例,如例 10.1 所示。

例 10.1 用白盒测试的思想设计的测试用例:

```
HRESULT Play (char * pszFileName)
{
if (NULL == pszFileName)
return;
if (STATE_OPENED == currentState)
{
PlayTheFile();
}
return;
}
```

读了代码之后可以知道,先要检查一个字符串是否为空,然后再根据播放器当前的状态来执行相应的动作。可以这样设计一些测试用例:比如字符串(文件)为空的话会出现什么情况;如果此时播放器的状态是文件刚打开,会是什么情况;如果文件已经在播放,再调用这个函数会是什么情况。也就是说,根据播放器内部状态的不同,可以设计很多不同的测试用例。这些是在黑盒测试时不一定能做到的事情。

白盒测试的直接好处就是知道所设计的测试用例在代码级上哪些地方被忽略掉,它的优点是帮助软件测试人员增大代码的覆盖率,提高代码的质量,发现代码中隐藏的问题。

白盒测试的缺点有:

(1) 程序运行会有很多不同的路径,难以测试所有的运行路径。

(2) 测试是基于代码,只能测试开发人员做得对不对,而不能知道设计得正确与否,可能会漏掉一些功能需求。

(3) 系统庞大时,测试开销会非常大。

10.1.3 基于风险的测试

基于风险的测试是指评估测试的优先级,先做高优先级的测试,如果时间或精力不够,低优先级的测试可以暂时先不做。如图 10.1 所示,横轴代表影响,纵轴代表概率,根据一个

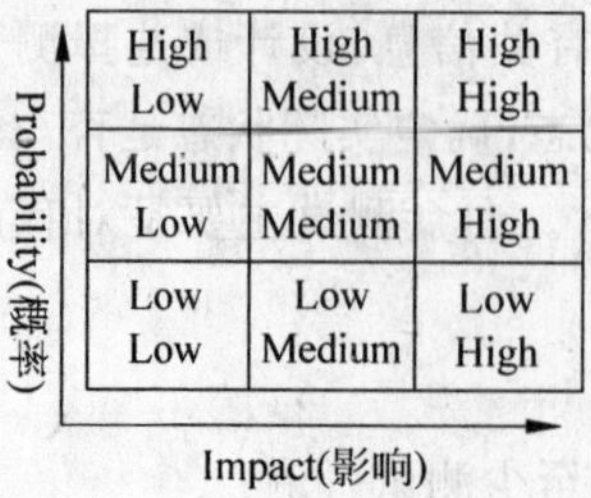

High Low
High Medium
High High
Medium Low
Medium Medium
Medium High
Low Low
Low Medium
Low High
Probability(概率)
Impact(影响)

图 10.1 功能对产品的影响及出问题的概率示意图

软件的特点来确定：如果一个功能出了问题，它对整个产品的影响有多大，这个功能出问题的概率有多大？如果出问题的概率很大，出了问题对整个产品的影响也很大，那么在测试时就一定要覆盖到。对于一个用户很少用到的功能，出问题的概率很小，就算出了问题的影响也不是很大，那么如果时间比较紧的话，就可以考虑暂时不测试。

基于风险测试的两个决定因素就是：该功能出问题对用户的影响有多大，出问题的概率有多大。其他一些影响因素还有复杂性、可用性、依赖性、可修改性等。测试人员主要根据事情的轻重缓急来决定测试工作的重点。

10.1.4 基于模型的测试

模型实际上就是用语言把一个系统的行为描述出来，定义出它可能的各种状态，以及它们之间的转换关系，即状态转换图。模型是系统的抽象。基于模型的测试是利用模型来生成相应的测试用例，然后根据实际结果和原先预想的结果的差异来测试系统，过程如图 10.2 所示。

Model
Provides excepted Results for
Generates
Test Oracle
Pass
No pass
Test Cases
Provides Actual results for
Are run by
Implementation

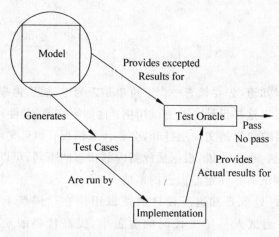

图 10.2 状态转换图

10.2 常见的软件测试类型

10.2.1 BVT

BVT(Build Verification Test)是在所有开发工程师都已经输入自己的代码，项目组编译生成当天的版本之后进行，主要目的是验证最新生成的软件版本在功能上是否完整，主要的软件特性是否正确。如无大的问题，就可以进行相应的功能测试。BVT 的优点是时间短，验证了软件的基本功能；缺点是该测试的覆盖率很低。因为运行时间短，不可能把所有的情况都测试到。

10.2.2 Scenario Tests（基于用户实际应用场景的测试）

在做 BVT 功能测试的时候，测试可能只集中在某个模块或比较分离的功能上。当用户在使用这个应用程序的时候，各个模块是作为一个整体来使用的，那么在做测试的时候，就需要模仿用户这样一个真实的使用环境，即用户会有哪些用法，会用这个应用程序做哪些事情，操作会是一个怎样的流程。加了这些测试用例后，再与 BVT、功能测试配合，就能使软件整体都能符合用户使用的要求。Scenario Tests 优点是关注了用户的需求，缺点是有时难以模仿用户真实的使用情况。

10.2.3 Smoke Test

在测试中发现问题，找到了一个 Bug，然后开发人员会来修复这个 Bug。这时想知道这次修复是否真的解决了程序的 Bug，或者是否会对其他模块造成影响，就需要针对此问题进行专门测试，这个过程就被称为 Smoke Test。在很多情况下，做 Smoke Test 是开发人员在试图解决一个问题的时候，造成了其他功能模块一系列的连锁反应，原因可能是只集中考虑了一开始的那个问题，而忽略了其他问题，这就可能引起了新的 Bug。Smoke Test 的优点是节省测试时间，防止编译失败。缺点是覆盖率比较低。

此外，Application Compatibility Test（兼容性测试）主要目的是为了兼容第三方软件，确保第三方软件能正常运行，用户不受影响。Accessibility Test（软件适用性测试），是确保软件对于某些有残疾的人士也能正常地使用，但优先级比较低。其他的测试还有 Functional Test（功能测试）、Security Test（安全性测试）、Stress Test（压力测试）、Performance Test（性能测试）、Regression Test（回归测试）、Setup/Upgrade Test（安装/升级测试）等。

10.2.4 测试实例

1. Web 性能测试

随着网络技术的迅速发展，尤其是 Web 及其应用程序的普及，各类基于 Web 的应用程序以其方便、快速、易操作等特点不断成为软件开发的重点。与此同时，随着需求量与应用领域的不断扩大，对 Web 应用软件的正确性、有效性和对 Web 服务器等方面都提出了越来越高的性能要求，对 Web 应用程序进行有效、系统的测试变得十分重要。

目前可以看到各种 Web 服务器平台，然而有关研究表明，98%的 Web 服务器都没能达到人们所期望的性能，平均只能发挥人们所期望性能的 1/6 左右。Web 性能测试能够确定影响 Web 服务器性能的关键因素，从而可以有针对性地进行分析和改进，避免 Web 服务器的研究和优化过程中的盲目行为；同时，它也是选取不同的 Web 服务器的重要依据。

随着 Web 应用程序使用越来越广泛，针对其性能测试的要求也越来越多，然而由于 Web 程序综合了大量的新技术，诸如 HTML、Java、JavaScript、VBScript 等，同时它还依赖很多其他的因素，如 Link、Database、Network 等，使得 Web 应用程序测试变得非常复杂。例如，Web 压力测试是评价一个 Web 应用程序的主要手段，它的测试就是一个代表性的问题。

Web 应用程序的测试有别于传统软件的测试,它有其自身的特点。下面进行比较深入的讨论。

2. Web 测试技术

(1) Web 应用程序体系结构。

Web 应用程序采用 B/S 结构,它是伴随着 Internet 技术的不断进步,由 C/S 结构改进和发展起来的新型体系结构。在这种结构下,用户界面完全通过 WWW 浏览器实现,一部分事务逻辑在前端实现,但是主要事务逻辑则在服务器端实现,形成所谓的三层结构。B/S 结构利用不断成熟和普及的浏览器技术实现原来需要复杂专用软件才能实现的强大功能,并节约了开发成本,是一种全新的软件系统构造技术。这种结构更成为当今应用软件开发的首选体系结构,目前最流行的 Microsoft .NET 也是在这样一种背景下被提出来的架构。

传统的软件一般采用 C/S 结构,此结构把数据库内容放在远程的服务器上,而在用户机上安装相应软件。C/S 软件一般采用两层结构,C/S 结构在技术上很成熟,它的主要特点是交互性强、具有安全的存取模式、网络通信量低、响应速度快、利于处理大量数据。但是该结构的程序是针对性开发,变更不够灵活,维护和管理的难度较大。

(2) Web 测试的内容与目的。

在很多时候人们都把测试的目的定位为寻找软件的 Bug,而且是尽可能地找出 Bug 来,而测试人员所做的事情就是找软件的毛病,只要找出毛病就可以了,这样很容易带来一系列的问题。比如测试人员给某网站做测试,并递交了一份简单的测试报告:"当 100 个用户共同单击某'提交'按钮时,发生大量的提交失败现象。"对于测试人员来说,他已经完成了他自己的任务,找出了 Bug,但是,这样的测试报告对于开发人员和项目管理者来说却毫无用处。报告中并未提及造成提交失败的原因,是硬件资源不足、网络问题、支撑软件参数设置错误还是应用开发问题等。

测试的目的是证伪,但不能片面地理解为简单地找 Bug 就可以了。软件测试应该经历以下 4 个步骤:

① 测试人员描述发现的问题(找到 Bug)。

② 测试人员详细说明是在何种情况下测试发现的问题,包括测试的环境、输入的数据、发现问题的类型、问题的严重程度等情况。

③ 测试人员协同开发人员一起去分析 Bug 的原因,找出软件的缺陷所在。

④ 测试人员根据解决的情况进行分类汇总,以便为日后进行软件设计的时候提供参考,避免以后出现类似的软件缺陷。

(3) 制定 Web 测试计划。

当明确了测试的目的之后,真正开始针对一个 Web 应用程序进行测试的时候,还需要制定一套详细的测试计划,这样才能顺利地完成所有的测试内容,计划的内容归纳为以下几步:

① 首先对被测的 Web 应用程序进行需求分析,即对所要做的测试做一个简要的介绍,包括描述测试的目标和范围,所测试的目标要实现一个什么样的功能,总结基本文档,主要活动。

② 写出测试策略和方法,这里包括测试开始的条件,测试的类型,测试开始的标准以及所测试的功能,测试通过或失败的标准,结束测试的条件,测试过程中遇到什么样的情况终

止和怎么处理后恢复等。

③ 确定测试环境的要求(包括软件和硬件方面),选择合适的测试工具。

④ 主要针对测试的行为,描述测试的细节,包括测试用例列表,进度表,错误等级分析,对测试计划的总结,以及在测试过程中会出现的风险分析等。

(4)测试的类型。

Web测试的类型包括内容测试、界面测试、功能测试、性能测试、兼容性测试、安全性测试等情况。内容测试、界面测试和兼容性测试都比较简单,在此不做描述。Web的功能测试与传统的软件测试区别不大,主要是在连接测试方面有区别,在数据的传递方面会稍微复杂点。由于Web软件都是采用B/S结构,用户端所需的服务都是由服务器提供的,所以主要是测试服务器上软件运行的性能。Web应用程序的测试包括用户端连接服务器速度方面的测试和压力测试这两方面,性能测试的步骤如下:

第一,分析产品结构,明确性能测试的需求,包括并发、极限、配置和指标等方面的性能要求,必要时基于LOAD测试的相同策略需同时考虑稳定性测试的需求。

第二,分析应用场景和用户数据,细分用户行为和相关的数据流,确定测试点或测试接口,指出系统接口的可能瓶颈,一般是先主干接口再支线接口,并完成初步的测试用例设计。

第三,依据性能测试需求和确定的测试点进行测试组网设计,并明确不同组网方案的重要程度或优先级作为取舍评估的依据,必要时在前期产品设计中提出支持性能测试的可测试性设计方案和对测试工具的需求。

第四,完成性能测试用例设计、分类选择和依据用户行为分析设计测试规程,并准备好测试用例将用到的测试数据。

第五,确定采用的测试工具。

第六,进行初验测试,以主干接口的可用性为主,根据测试结果分析性能瓶颈,通过迭代保证基本的指标等测试的环境。

第七,迭代进行全面的性能测试,完成计划中的性能测试用例的执行。

第八,完成性能测试评估报告。

在进行性能测试的时候,需要知道一些有效的性能指标,下面列出一些主要的性能指标:

第一,通用指标(指Web应用服务器、数据库服务器的必需测试项):

- ProcessorTime:指服务器CPU占用率,一般平均达到70%时,服务就接近饱和。
- Memory Available Mbyte:可用内存数,如果测试时发现内存有变化情况也要注意,如果是内存泄漏则比较严重。
- Physicsdisk Time:物理磁盘读写时间情况。

第二,Web服务器指标:

- Requests per second:平均每秒钟响应次数=总请求时间/秒数。
- Successful Rounds:成功的请求。
- Failed Rounds:失败的请求。
- Successful Hits:成功的单击次数。
- Failed Hits:失败的单击次数。
- Hits Per Second:每秒单击次数。
- Successful Hits Per Second:每秒成功的单击次数。

- Failed Hits Per Second：每秒失败的单击次数。
- Attempted Connections：尝试链接数。

第三，数据库服务器指标：

- User Connections：用户连接数，也就是数据库的连接数量。
- Number of deadlocks：数据库死锁。
- Butter Cache Hit：数据库 Cache 的命中情况。

（5）测试工具介绍。

① ACT（或者 MSACT）。ACT 是微软的 Visual Studio 和 Visual Studio . NET 带的一套进行程序测试的工具，ACT 不但可以记录程序运行的详细数据参数，用图表显示程序运行状况，而且安装和使用都比较简单，结果阅读也很方便，是一套较理想的测试工具。

Microsoft Web Application Stress Tool（WAS）：这个工具和 ACT 一样是微软的产品，但是这个工具没有和 Visual Studio 集成，可以单独使用。该工具基本的功能已经很完备，可以实现 ACT 几乎所有的功能，而且 WAS 使用更加简单，设置也更加完备明了。这个工具的另外一个特点是，它的报表是纯文本文件，而不是流行的 HTML 文件格式。

② Open System Testing Architecture（OpenSTA）。OpenSTA 的特点是可以模拟很多用户来访问需要测试的网站，它是一个功能强大、自定义设置功能完备的软件，但这些设置大部分需要通过 Script 来完成，因此在真正地使用这个软件之前，必须学会用它的 Script 编写脚本。如果需要完成很复杂的功能，对编写 Script 的要求还比较高。这个软件是开源的，可以自己修改达到特定的要求。

③ PureLoad。PureLoad 是基于 Java 的测试工具，它的 Script 代码完全使用 XML，所以这些代码的编写很简单，它的测试报表包含文字和图形，并可以输出为 HTML 文件。由于是基于 Java 的软件，所以可以通过 Java Beans API 来增强软件功能。

④ QALoad。QALoad 可用于测试 Web 应用程序，还可以测试一些服务器上的内容，如 SQL Server 等，只要是它支持的协议，都可以测试；另外，QALoad 不但可以测试 Windows 操作系统，而且可以测试 AIX，HP-UX 和 Solaris 等系统。

⑤ LoadRunner。Mercury LoadRunner 是一种预测系统行为和性能的负载测试工具。通过模拟上千万用户实施并发负载及实时性能监测的方式来查找问题，LoadRunner 能够对整个企业架构进行测试。通过使用 LoadRunner，企业能最大限度地缩短测试时间，优化性能和缩短应用系统的发布周期。

10.3　软件测试技术

10.3.1　自动化测试和手工测试

手工测试和自动化测试也是两种测试方法。自动化测试是对手工测试的一种补充，自动化测试不可能完全替代手工测试，因为很多数据的正确性、界面是否美观、业务逻辑的满足程度等都离不开测试人员的人工判断。而如果仅仅依赖手工测试，测试效率将比较低，尤其是回归测试的重复工作量给测试人员造成了巨大的压力。

因此，得出一个结论：可以认为手工测试与自动化测试是测试互补方法，关键是在合适的地方使用合适的测试手段。

1. 自动化测试

自动化测试是软件测试发展的一个必然趋势。随着软件技术的不断发展,测试工具也得到了长足的发展,人们开始利用测试工具来帮助自己做一些重复性的工作。软件测试的一个显著特点是重复性,重复让人产生厌倦的心理,重复使工作量倍增,因此人们想到用工具来解决重复的问题。

很多人一听到自动化测试就联想到基于 GUI 录制回放的自动化功能测试工具,如 QTP、Robot、WinRunner 等。实际上自动化测试技术的含义非常广泛,任何帮助流程的自动流转、替换手工的动作、解决重复性问题以及大批量产生内容,从而帮助测试人员进行测试工作的相关技术或工具的使用都称为自动化测试技术。例如,一些测试管理工具能帮助测试人员自动地统计测试结果并产生测试报告,编写一些 SQL 语句插入大量数据到某个表中,编写脚本让版本编译自动进行,利用多线程技术模拟并发请求,利用工具自动记录和监视程序的行为以及产生的数据,利用工具自动执行界面上的鼠标单击和键盘输入等。

自动化测试的目的是帮助软件系统测试,它可能部分地替代手工测试,但是不可能完全替代手工测试。

2. 手工测试

手工测试有其不可替代的地方,因为人具有很强的判断能力,而工具没有。手工测试不可替代的地方至少包括以下几点。

(1) 测试用例的设计:测试人员的经验和对错误的判断能力是工具不可替代的。

(2) 界面和用户体验测试:人类的审美观和心理体验是工具不可模拟的。

(3) 正确性的检查:人们对是非的判断、逻辑推理能力是工具不具备的。

对于一些基本的、逻辑性不强的操作,可以使用自动化测试工具。在性能测试、压力测试等方面,自动化测试有其优势。它可以用简单的脚本,实现大量的重复的操作。从而通过对测试结果的分析,得出结论,这样不仅节省了大量的人力和物力,而且使测试的结果更准确。

手工测试也存在一些缺陷,手工测试者最常做的就是重复的手工回归测试,不但代价昂贵,而且容易出错。自动化测试可以减少但不能消除这种工作的工作量。测试者可以有更多的时间去从事更有意义的测试,例如,应用程序在复杂的场景下的不同处理等,尽管测试要花费更长时间找到错误,但并不意味着因此而要付出更高的代价。所以选择正确的测试方法是十分重要的。

10.3.2 探索性测试

探索性测试可以说是一种测试思维技术。它没有很多实际的测试方法、技术和工具,但却是所有测试人员都应该掌握的一种测试思维方式。探索性强调测试人员的主观能动性,抛弃繁杂的测试计划和测试用例设计过程,强调在遇到问题时及时改变测试策略。

探索性测试的定义是:同时设计测试和执行测试。探索性测试有时候会与即兴测试(Ad hoc Testing)混淆。即兴测试通常是指临时准备的、即时的 Bug 搜索测试过程。探索性测试,相比即兴测试更是一种精致的、有思想的过程。

探索性测试是一种不是很严谨的测试方法,缺乏可管理性和度量性。因此,James Bach 提出了基于任务的测试管理(Session-Based Test Management)。Session-Based 测试管理是用于度量和管理探索性测试的一种方法。

测试人员在采用探索性测试方法的测试过程中,应该及时记录下所谓的"测试故事",把所有测试中学习到的关于软件系统的知识要点、问题和疑问、测试的主意、进行了怎样的测试等相关信息记录下来,然后周期性地与测试组长或其他测试人员基于记录的"测试故事"展开简短的讨论。

测试组长基于这些记录的结果来判断测试的充分性,测试人员通过讨论可以共享学习到的软件系统相关的信息,交流测试的思想,总结测试的经验,激发测试人员拿出更多的测试主意,从而指导下一次测试任务的执行。

在这种方式的测试管理中,测试组长就像一名教练,但是需要参与到测试的实际任务中,指导测试人员测试的方向和重点,提供更多的关于软件系统相关的信息给测试人员,授予测试人员更多的测试技术。

并非所有的软件测试都需要采用探索性测试的方法,但是可把探索性测试方式作为传统测试方式的补充,在每一项测试后留下一定的时间给测试人员做探索性的测试,以弥补相对刻板的传统测试方式的不足。应该更多地采用探索性测试的思维方式,将其应用在日常测试工作中。

10.3.3　单元测试

单元测试是针对软件设计中的最小单位(程序模块),进行正确性检验的测试工作,其目的在于发现每个程序模块内部可能存在的差错。由于敏捷开发的兴起,单元测试再度受到重视。没有采用敏捷开发方式的软件企业也在重新审视单元测试的重要性。

对于单元测试的定义,应该分成广义的和狭义的两种。狭义的单元测试是指编写测试代码来验证被测试代码的正确性。广义的单元测试则是指小到一行代码的验证,大到一个功能模块的功能验证,从代码规范性的检查到代码性能和安全性的验证都包括在内,视单元的范围而定义。

1. 单元测试由谁来做

关于单元测试应该由谁来做,存在两种截然不同的对立观点:一部分人认为单元测试既然是测试的一种类型,当然应该由测试人员负责;另外一部分人则认为,开发人员应该通过编写单元测试的代码来保证自己写的程序是正常工作的。

支持单元测试应该由开发人员执行的人认为,单元测试是程序员的基本职责,程序员必须对自己所编写的代码持有认真负责的态度。由程序员来对自己的代码进行测试的代价是最小的,却能换来优厚的回报,因为在编码过程中考虑测试问题,得到的是更优质的代码,这个时候程序员对代码应该做什么了解得最清楚。如果不这样做,而是一直等到某个模块崩溃时,程序员则可能已经忘记代码是怎样工作的,需要花费更多的时间重新弄清代码,即使这样也不一定能完全弄清楚,因此修改的代码往往不会那么彻底。

那些支持程序员不应该测试自己代码的人认为,单元测试应该由测试人员来做。程序员通常都有爱护自己程序的潜在心理,不忍心对程序进行破坏性的测试,而且,程序员也缺乏像测试人员一样敏锐的测试思维,很难设计出好的测试代码。

说明:广义的单元测试不仅包括编写测试代码进行单元测试,还包括很多其他的方面,例如代码规范性检查,则完全可以由测试人员借助一些测试工具进行。

2. 结对单元测试

测试人员应该与开发人员进行结对的单元测试,测试人员的优势是具有敏锐的测试思维和测试用例设计能力,应该充分利用测试人员的这些优点。一种可行的办法是:把两种观点结合在一起,让测试人员设计测试用例,开发人员编写测试代码实现测试用例,再由测试人员来执行测试用例。也就是说,让测试人员和开发人员结对进行单元测试,如图 10.3所示。

开发人员与测试人员在单元测试的过程中必须紧密地合作,一起讨论应该进行哪些测试以及怎样测试,应该添加哪些测试数据。开发人员应该向测试人员提供程序的设计思路、具体实现过程以及函数参数等信息。测试人员根据了解到的需求规格、设计规格来进行测试用例的设计,指导开发人员按照测试用例进行测试代码的设计。测试人员运行开发人员编写的测试代码进行单元测试以及结果的收集与分析。或者利用单元测试工具让单元测试代码自动运行。

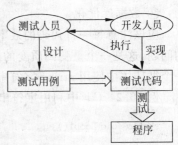

图 10.3　结对单元测试示例图

结对单元测试要求测试人员对需求的把握能力要强,而且对设计和编码过程有基本的认识。开发人员在结对单元测试中应能更好地按需求进行代码设计,同时也能从测试人员身上学到更多关于测试的知识,以便提高代码编写的质量和防止代码出错的能力。

10.3.4　单元级别性能测试

随着网络的发展,软件也越来越复杂,从独立的单机结构,到 C/S 结构、B/S 结构、多层体系架构,面向服务的(SOA)结构等,集成的软件技术越来越多,支持的软件用户也越来越多。一个凸显在人们面前的问题是性能问题。很多软件系统在开发测试时没有任何问题,但是上线不久就崩溃了,原因就在于缺少了性能方面的验证。

软件是否在上线之前进行性能测试就能解决问题呢? 不一定,如果性能测试进行得太晚,会带来修改上的风险。很多软件系统在设计的时候并没有很好地考虑性能问题和优化方案,等到整个软件系统开发出来后,测试人员忙着集成测试,开发人员也疲于应付发现的功能上的 Bug,当所有功能上的问题都得到解决后,才想到要进行性能测试。性能测试结果表明系统存在严重的问题,如响应时间迟缓、内存占用过多、不能支持大量的数据请求,在大量用户并发访问的情况下会造成系统崩溃。如果此时再去修改程序已经非常困难了,因为要彻底地解决性能问题,需要重新调整系统的架构设计,大量的代码需要重构,这时的程序员已经筋疲力尽,不想再进行代码的调整了,因为调整带来的是大量的编码工作,同时可能引发大量的功能上的不稳定性和再次出现大量的漏洞。

这给测试人员一个启示:性能测试不应该只是一种后期的测试活动,更不应该是软件系统上线前才进行的"演练",而应该是贯穿软件的生产全过程,如图 10.4 所示。

对于性能的考虑应该在架构设计时就开始,对于架构原型要进行充分的评审和验证。由于架构设计是一个软件系统的基础平台,如果基础不好,也就是根基不牢,性能问题就会根深蒂固,后患无穷。性能测试应该在单元测试阶段就开始。从代码的每一行效率,到一个方法的执行效率,再到一个逻辑实现的算法效率;从代码的效率,到存储过程的效率,都应该进行优化。单元阶段的性能测试可以考虑从以下几个方面进行:

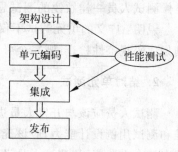

图 10.4　性能测试涉及的软件开发流程

① 代码效率评估。

② 应用单元性能测试工具。

③ 数据库优化。

应该注意每一行代码的效率,一些看似细小的问题可以经过多次的执行累积成一个大的问题,这是一个量变到质变的过程。例如,在用 C♯ 编写代码的时候,有些程序员喜欢在一个循环体中使用 string 字符串变量,如例 10.2 所示:

例 10.2　C♯中利用字符串连接操作来创建新字符串

```
static void Loop1()
{
    string digits = string.Empty;
    for(int i = 0;i < 100;i++)
    {//累加字符串
        digits += i.ToString();
    }
    Console.WriteLine(digits);
}
```

这段代码其实是低效率的,因为 string 是不可变对象,字符串连接操作并不改变当前字符串,只是创建并返回新的字符串,因此速度很慢,尤其是在多次循环中。应该采用 StringBuilder 对象来改善性能,如例 10.3 所示:

例 10.3　利用 StringBuilder 类来累加字符串提高代码效率

```
static void Loop2()
{
    //新建一个 StringBuilder 类
    Stringbuilder digits = new StringBuilder();
    for(int i = 0;i < 100;i++)
    {
        //通过 StringBuilder 类来累加字符串
        digits.Append(i.ToString());
    }
    Console.WriteLine(digits.ToString());
}
```

类似的问题有很多,它们的特点是单个问题都很小,但是在一个庞大的系统中,经过多次的调用,问题会逐渐地被放大,甚至引发系统性能等重大问题。这些问题都可以通过代码走查来发现。

如果测试人员不熟悉代码怎么办呢？那么可以借助一些代码标准检查工具，来帮助自动查找类似的问题。测试人员可以使用一些代码效率测试工具来帮助找出哪些代码或方法在执行时需要耗费比较长的时间，例如 AQTime 是一款可以计算出每行代码执行时间的工具。如图 10.5 所示，可以看出每一个方法甚至每一行代码的执行时间是多少。这对开发人员在查找代码层的性能瓶颈时，也会有很大的帮助。

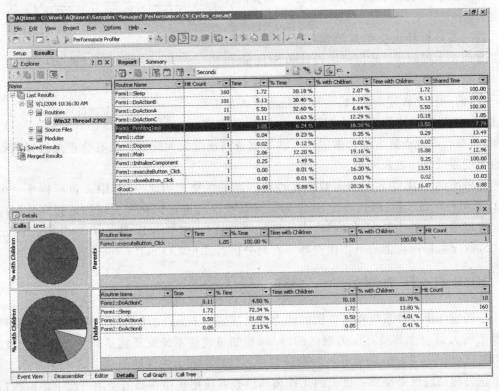

图 10.5　使用 AQTime 查找低效率的代码行

除了代码行效率测试工具外，最近还出现了一些开源的单元级别的性能测试框架，可以像使用 XUnit 这一类的单元测试框架一样，但不是用于测试单元代码的正确性，而是用于测试函数、方法的性能是否满足要求。例如 NTime 就是这样的一个小工具。

NTime 可以并发地多次运行同一个方法，查看其能否达到预期的性能指标。例如，下面的代码使用 NTime 框架启动两个线程，在 1 秒钟内并发地执行 MyTest 方法多次。

```
[TimerHitCountTest(98,Threads = 2,Unit = TimePeriod.Second)]
Public void MyTest()
{
    //调用被测试的方法
    MethodToBeTest();
}
```

如果测试结果表明能执行超过 98 次，则认为 Method To Be Test 方法的性能达标；否则将被视为不满足性能的要求。

10.3.5　数据库性能测试

目前很多软件系统除了代码层的性能测试之外,都需要应用到数据库,通常数据库也会成为性能瓶颈之一。例如,如图 10.6 所示的是一个简单的 C/S 结构系统,指出了可能出现性能瓶颈的地方。

那么测试人员应该如何发现数据库相关的性能问题呢?

首先要分析什么会引起数据库的性能问题,一般来说有两个主要原因:数据库的设计和 SQL 语句。

图 10.6　简单 C/S 结构系统可能出现性能瓶颈的地方

数据库的设计又分为数据库的参数配置和逻辑结构设计,前一种比较好解决,后一种则是测试人员需要关注的,不良的表结构设计会导致很差的性能表现。例如,没有合理地设置主键和索引则可能导致查询速度大大降低。没有合理地选择数据类型也可能导致排序性能降低。

低效率的 SQL 语句是引起数据库性能问题的主要原因之一,其中又包括程序请求的 SQL 语句和存储过程、函数等 SQL 语句。对这些语句进行优化能大幅度地提高数据库性能。可以借助一些工具来帮助找出有性能问题的语句,例如 SQL Best Practices Analyzer、SQLServer 数据库自带的事件探查器和查询分析器、LECCO SQLExpert 等。

10.3.6　压力测试

是否想知道软件系统在某方面的能力可以达到一个怎样的极限呢? 软件项目的管理者以及市场人员会尤其关心压力测试的结果,想知道软件系统究竟能达到一个怎样的极限。压力测试(Stress Testing)就是一种验证软件系统极限能力的性能测试。

压力测试应该是指模拟巨大的工作负荷以查看应用程序在峰值使用情况下如何执行操作。压力测试与负载测试(Load Testing)的区别在于,负载测试需要进行多次的测试和记录,例如,随着并发的虚拟用户数的增加,系统的响应时间、内存使用、CPU 使用情况等方面的变化如何。压力测试的目的很明确,就是要找到系统的极限点。在系统崩溃或与指定的性能指标不符时的点,就是软件系统的极限点。

经常碰到性能需求不明确的情况。用户通常不会明确地提出性能需求,在进行需求分析和设计时也通常把性能考虑在后面。即使提出了性能上的要求,也是很模糊的,例如:"不能感觉到明显的延迟"。

对于不明确的性能需求,通常需要进行的不是极限测试,而是负载测试,需要逐级验证系统在每一个数据量和并发量的情况下的性能响应,然后综合分析系统的性能表现形式。

10.3.7　软件的安全性测试

软件安全性测试包括程序、系统网络和数据库安全性测试。根据系统安全指标不同测试策略也不同。

1. 用户认证安全测试要考虑的问题

(1) 明确区分系统中不同用户权限。

(2) 系统中会不会出现用户冲突。

(3) 系统会不会因用户的权限的改变造成混乱。

(4) 用户登录密码是否可见、可复制。

(5) 是否可以通过某种非法途径登录系统(如复制用户登录后的链接直接进入系统)。

(6) 用户退出系统后是否删除了所有记录,是否可以使用后退键而不通过输入口令进入系统。

2. 系统网络安全测试要考虑的问题

(1) 测试采取的防护措施是否正确装配好,有关系统的补丁是否打上。

(2) 模拟非授权攻击,测试防护系统是否坚固。

(3) 采用成熟的网络漏洞检查工具检查系统相关漏洞。

(4) 采用各种木马检查工具检查系统木马情况。

(5) 采用各种防外挂工具检查系统各组程序是否易存外挂漏洞。

3. 数据库安全测试要考虑的问题

(1) 系统数据是否机密(如对银行系统,这一点就特别重要)。

(2) 系统数据的完整性。

(3) 系统数据的可管理性。

(4) 系统数据的独立性。

(5) 系统数据的可备份和恢复能力(数据备份是否完整,可否恢复,恢复是否完整)。

10.3.8 软件安装/卸载测试

现在的软件系统很多都通过安装包的方式发布。用户通过安装包安装软件系统。安装包在安装的过程中就把很多参数和需要配置的东西设置好,用户安装好后软件就马上可以使用。

安装测试需要注意以下几点:

(1) 安装过程是否是必要的。有些软件系统根本不需要在安装过程中设置任何参数,不需要收集用户计算机的相关信息,并且软件不存在注册问题,软件系统是为某些用户定制开发的。这些软件系统的安装过程是不必要的。

(2) 安装过程。安装过程是否在正确的地方写入了正确的内容? 安装之前是否需要什么必备组件,如果缺少了这些组件是否能提示用户先安装哪些组件? 能否自动替用户安装? 安装过程的提示信息是否清晰,能否指导用户做出正确的选择? 安装过程是否能在所有支持的操作系统环境下顺利进行?

(3) 卸载。能否进行卸载? 卸载是否为用户保存了必要的数据? 卸载是否彻底删除了一些不必要的内容? 卸载后是否能进行再次安装?

(4) 升级安装。如果是升级安装,是否考虑到了用户旧系统的兼容性,尤其是旧数据的兼容性？

（5）安装后的第一次运行。安装后的第一次运行是否成功？第一次运行是否需要用户设置很多不必要的参数？

（6）利用工具辅助测试。安装测试可以利用一些工具辅助进行，例如，InstallWatch 可用于跟踪安装过程中产生的所有文件和对注册表进行的修改。

10.3.9　环境测试

环境测试是验证在不同的机器环境下，软件系统是否正常工作。环境测试，也叫做兼容性测试或配置测试等，是指测试软件系统在不同的环境下是否仍然能正常使用。

软件系统往往在开发和测试环境中运行正常，但是到了用户的使用环境中则会出现很多意想不到的问题。由于现在的用户一般不会只使用一个软件系统，可能会同时运行多个软件系统，而且不同的用户有不同的使用习惯和喜好，因此会安装各种各样的软件系统。这些都可能造成软件发布后出现很多兼容性的问题，以及一些与特定环境设置有关的问题。

软件系统的应用环境越来越复杂，现在的软件系统一般涉及以下几个方面的环境：

（1）操作系统环境。

（2）软件环境。

（3）网络环境。

（4）硬件环境。

（5）数据环境。

软件在不同的操作系统环境下的表现有可能不一样。安装包可能需要判断不同的操作系统版本来决定安装什么样的组件。测试时还要注意即使是同一个版本的操作系统，SP 的版本不一样也可能会有所区别。

软件环境包括被测试软件系统调用的软件，或与其一起出现的常见软件。例如，有些软件需要调用 Office 的功能；一些特定的输入法软件也可能导致问题的出现，例如，通过 DevPartner 的覆盖率分析工具的命令行来启动一个 .NET 程序，再使用 TestComplete 进行录制，但回放时遇到 TextBox 控件输入的地方则输入不了中文字符。这种就是典型的两个软件之间的兼容性问题。

对网络环境的测试是指采用的网络协议和结构不一样时，软件系统能否适应。最简单直接的测试方法是拔掉网线，模拟断网的情况，看软件系统是否出现异常，能否正确提示用户。

对硬件环境的测试一般与性能测试结合在一起，包括检查软件系统在不同的内存空间和 CPU 速度下的表现。或者有些软件需要操作外部硬件，如打印机、扫描仪、指纹仪等，需要测试系统对一些主流产品的支持。

有些软件系统需要导入用户提供的一些真实的基础数据，作为后续系统使用的基础。对这些类型的软件系统应该在发布之前进行至少一次的、加载用户数据后的全面功能测试。

环境测试一般使用组合覆盖测试技术进行测试用例的设计。

例如，某个软件系统需要运行在下面的环境中：

操作系统：Windows XP 或 Windows 2003。

Office 版本：Office 2003 或 Office 2007。

内存配置：128MB 或 512MB。

如果全覆盖，则需要执行 $2×2×2＝8$ 项测试，如果没有足够的时间做这么多次的测试，则可以利用正交表法或成对组合覆盖等方法减少测试次数。

10.4　自动化测试

随着应用软件程序规模的不断扩大，业务逻辑也越来越复杂，软件系统的可靠性无法通过手工测试来全面验证，据美国计算机市场分析调查机构 Cartner Group 统计，世界上仅有 16.2％的应用软件系统较为完善和成功。手工测试的局限性越来越多地暴露出来。软件测试的工作量虽然很大，但许多操作都是重复性的、非智力创造性的工作，因此应用自动化测试可以对整个测试工作的质量、成本和周期带来非常明显的效果。自动化软件测试由于其高重用性、高可靠性等诸多优点而得到了广泛关注。

10.4.1　自动化测试标准

软件测试自动化不能解决测试中的所有问题，也不意味任何软件测试都可以自动化。要成功地实现软件测试自动化，需要周密的计划和大量艰苦的工作，软件测试自动化的开发人员首先必须清楚自动化测试的内容。以下几条可以作为自动化软件测试的标准：

1. 自动回归测试

软件测试自动化的优势是自动测试工具的重复使用，回归测试应该作为自动化的首要目标。软件自动测试主要应用于需要重复的测试的任务，一次性的测试是不值得自动化测试的。

2. 对稳定的应用进行测试

在自动化测试之前，首先应该确定该应用是否稳定。对一个在将来可能发生变化的应用进行自动测试是没有必要的，因为将来应用一旦改变，相应的自动测试代码就要随之改动，所以自动测试应该只对稳定的应用实施测试。

3. 对没有时间依赖性的测试

不要将自动化测试应用于与复杂的时间问题相关的测试。自动化测试对一个与复杂时间问题相关的测试所需的工作量是不具备时间依赖性的测试的工作量的许多倍。作为软件测试自动化的开发人员必须清醒地认识到：如果一个测试很难自动化，那就应该把它留给手工测试。把一些过于复杂的测试仍然用手工方式进行是合理的。

4. 重复性测试的自动化

如果一个测试经常重复使用，并且使用这个测试不方便，那么就应该考虑将测试自动化。

5. 将已经实现的手工测试用例自动化

在已有的并且实现了的手工测试用例当中选择可以自动化的手工测试用例，并将其自动化。

6. 合理限制自动化的范围

100％的自动化并不是追求的目标,过大追求自动化的范围只会造成适得其反的后果。软件测试自动化的开发人员应该在一个合理的可以进行自动化的范围内投入精力,在能力许可的情况下,再逐步扩大测试自动化的范围。

10.4.2　自动化测试体系结构

从软件自动化测试的适用范围以及实现机制,可以总结出软件测试自动化的以下几个关键要素:

- 要测试什么软件?
- 被测试的软件的构件或者特征是什么?
- 被测软件系统的运行环境是什么?
- 被测试软件系统的对外提供的接口是什么?
- 数据的输入格式是什么以及结果的捕获?

基于这几个关键因素,可以描绘出如图 10.7 所示的软件自动测试体系结构,该图反映了两方面内容,一方面说明体系结构的

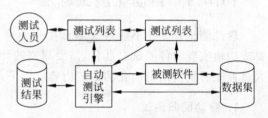

图 10.7　自动化测试体系结构

各个要素以及要素之间的联系的结构描述。通过该结构描述,可以说明自动化测试过程中信息以及其控制,流动的情况。另一方面说明体系结构中事件流顺序的描述。通过该描述,可以知道什么事件在何时启动了什么过程。

10.4.3　自动化测试原理和方法

软件测试自动化实现的基础是可以通过设计的特殊程序模拟测试人员对计算机的操作过程、操作行为,或者类似于编译系统那样对计算机程序进行检查。软件测试自动化实现的原理和方法主要有:直接对代码进行静态和动态分析、测试过程的捕获和回放、测试脚本技术、虚拟用户技术和测试管理技术。

1. 代码分析

代码分析是一种白盒测试的自动化方法,类似于高级编译系统,一般针对不同的高级语言去构造分析工具,在工具中定义类、对象、函数、变量等定义规则、语法规则;在分析时对代码进行语法扫描,找出不符合编码规范的地方;根据某种质量模型评价代码质量,生成系统的调用关系图等。

2. 捕获和回放

捕获和回放则是一种黑盒测试的自动化方法。捕获是将用户每一步操作都记录下来。

这种记录的方式有两种：程序用户界面的像素坐标或程序显示对象（窗口、按钮、滚动条等）的位置，以及相对应的操作、状态变化或是属性变化。所有的记录转换为一种脚本语言所描述的过程，以模拟用户的操作。

回放时，将脚本语言所描述的过程转换为屏幕上的操作，然后将被测系统的输出记录下来同预先给定的标准结果比较。这可以减轻黑盒测试的工作量，在迭代开发的过程中，能够很好地进行回归测试。

目前的自动化负载测试解决方案几乎都是采用自动化测试中的"录制-回放"的技术。该技术先由手工完成一遍需要测试的流程，同时由计算机记录下这个流程期间用户端和服务器端之间的通信信息，这些信息通常是一些协议和数据，并形成特定的脚本程序（Script）。然后在系统的统一管理下同时生成多个虚拟用户，并运行该脚本，监控硬件和软件平台的性能，提供分析报告或相关资料。这样，通过几台机器就可以模拟出成百上千的用户对应用系统进行负载能力的测试。

3. 脚本技术

脚本是一组测试工具执行的指令集合，也是计算机程序的一种形式。脚本通过录制测试的操作产生，然后再做修改，这样可以减少脚本编程的工作量。当然，也可以直接用脚本语言编写脚本。脚本技术分为以下几类：

（1）线性脚本：录制手工执行的测试用例得到的脚本。

（2）结构化脚本：类似于结构化程序设计，具有各种逻辑结构（顺序、分支、循环），而且具有函数调用功能。

（3）共享脚本：是指某个脚本可被多个测试用例使用，即脚本语言允许一个脚本调用另一个脚本。

（4）数据驱动脚本：将测试输入存储在独立的数据文件中。数据文件最好支持电子表格如 Excel 以便于处理，即使需要放在 Word 中，也建议使用嵌入 Excel 表的形式。

（5）关键字驱动脚本：是数据驱动脚本的逻辑扩展。

表 10.1 中列出了测试脚本属性的比较。好脚本应易于使用与维护，应有良好的注释、功能单一且可复用、结构化、有详细文档。在编写脚本前应根据使用的工具制定类似编程规范的标准。

表 10.1 测试脚本属性比较

属性	好 脚 本	差 脚 本
大小	小。包括注释一般不超过两页	大。单个脚本有许多页
功能	每个脚本有一个明确单一的目的	执行许多功能，甚至是整个测试用例
文档	提供给用户或管理者的文档清晰、简洁、及时更新	无文档或文档不更新，内容不详细
复用性	许多脚本可以完成不同脚本的测试用例	不能复用，每个脚本可以复用于完成单个测试用例
结构化	结构化易于理解且处理统一，因此容易修改	组织混乱，修改困难
维护性	易于维护，软件的变化只需要对少数脚本做小的修改	较小的软件变化需要较多的脚本修改，修改脚本困难

4. 虚拟用户技术和测试管理技术

虚拟用户技术的应用是自动化测试的一个很重要的部分,它使得自动化测试在同一时刻,可以模拟许多独立的用户对测试对象进行访问测试,极大地减少了人工测试的工作量,保证了自动化测试的高效性;同时,大量的用户访问测试又能对测试对象的稳定性及不确定的因素进行测试,增强了测试的效果。

软件测试管理包括测试计划管理、测试用例管理、软件缺陷管理、软件执行及软件报告等软件测试过程中的一系列的流程管理。

10.4.4　自动化测试实例

自动化软件测试的主要实施过程是:①根据具体测试对象选取测试工具;②选取适合自动化的测试用例;③计划和组织脚步的开发;④设计测试数据;⑤制定自动化测试流程。

下面介绍一个使用 LoadRunner 进行压力测试的实例。

使用 LoadRunner 完成测试一般分可为 4 个基本步骤:①用 Visual User Generator 创建脚本:用于创建脚本,选择协议,脚本录制及编辑、修改;②用中央控制器(Controller)来调度虚拟用户:创建 Scenario,选择脚本,设置机器虚拟用户数,设置 Schedule,如果模拟多机测试,需要设置 IP Spoofer;③运行脚本;④分析测试结果。

(1) 测试内容:对学校教务系统 JWC 进行应用服务器的压力测试,找出应用服务器能够支持的最大用户端数。

(2) 测试方案(用例):

方案 1:

① 用户登录 JWC 模块,总共登录 100 个用户,所有用户都同时并发操作。

② 用户单击"学生选课",进行课程选择,过程包括:首先,查询各学院选修课程;然后,进行选课并提交。

③ 单击"退出"按钮,退出系统。

方案 2:

① 用户登录 JWC 模块,总共登录 200 个用户,每 1 秒登录 1 个用户。

② 用户单击"学生选课",进行课程选择。

③ 单击"退出"按钮,退出系统。

方案 3:

① 用户登录 JWC 模块,总共登录 200 个用户,所有用户同时并发操作。

② 用户单击"学生选课",进行课程选择。

③ 单击"退出"按钮,退出系统。

方案 4:

① 用户登录 JWC 模块,总共登录 200 个用户,每秒同时登录 10 个用户。

② 用户单击"学生选课",进行课程选择。

③ 单击"退出"按钮,退出系统。

方案 5:

① 用户登录 JWC 模块,总共登录 300 个用户,所有用户同时并发操作。

② 用户单击"学生选课",进行课程选择。

③ 单击"退出"按钮,退出系统。

方案 6:

① 登录 JWC 模块,总共登录 100 个用户。所有用户都同时并发操作。

② 所有用户都同时并发操作,用户单击"课程查询"按钮。

③ 使用自发测试工具,测试 100 个用户同时查询课程时服务器的性能。

方案 7:

① 登录 JWC 模块,总共登录 200 个用户。所有用户都同时并发操作。

② 所有用户都同时并发操作,用户单击"提交选课"按钮。

③ 使用自发测试工具,测试 200 个用户同时提交选课信息时服务器的性能。

(3) LoadRunner 测试流程

① 创建脚本。

创建用户脚本需要用到 VUGen(Visual User Generator),启动 VUGen,通过菜单新建一个用户脚本,选择系统通信的协议,如图 10.8 所示。由于测试内容为 Web 应用,同时考虑到后台 SQL 数据库,选择 Web(HTTP/HTML)协议＋SQL Server 协议,确定后进入主窗体。

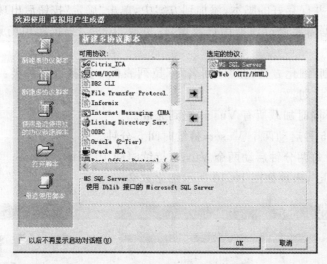

图 10.8　选择系统通信的协议

通过菜单来启动录制脚本的命令。在 URL 中输入要测试的 Web 站点地址:http://jwgl. wust. edu. cn/jwxs/login2. asp。选择要把录制的脚本放到哪一个部分,默认情况下是 Action。

单击"选项"按钮,进入录制的设置窗体,这里一般情况下不需要改动。然后单击 OK 按钮后,VUGen 开始录制脚本。录制过程中,在屏幕上会有一个工具条出现。录制完成后,单击"结束录制"按钮,VUGen 自动生成用户脚本,退出录制过程。

当录制完一个基本的用户脚本后,在正式使用前还需要完善测试脚本,增强脚本的灵活性。一般情况下,可以通过插入事务、插入结合点、插入注解、参数化输入等方法来完善测试脚本。具体参数设置可以参考相关的使用手册,这里不做详细介绍。

② 创建测试场景及虚拟用户。

启用 Controller 弹出如图 10.9 所示对话框。

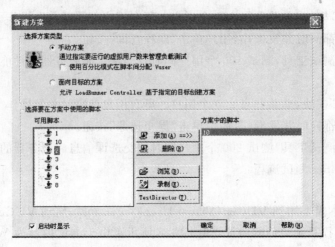

图 10.9　新建方案

选择刚才录制并保存好的脚本,添加到方案中,单击"确定"按钮后出现测试脚本文件路径及测试参数,根据需要修改虚拟用户数量,这里取"100"。根据实现场景设计,可取不同数字。

单击"编辑计划"细化方案,在"计划名"下拉列表框中选择计划种类:加压,缓慢加压,默认计划或新建立计划。

* 默认计划:同时加载所有 Vuser,直到完成。
* 加压:每 15 秒启动两个 Vuser,持续时间 5 分钟。
* 缓慢加压:每两分钟启动两个 Vuser,持续时间 10 分钟。

这里选择"加压",出现如图 10.10 所示细化方案。

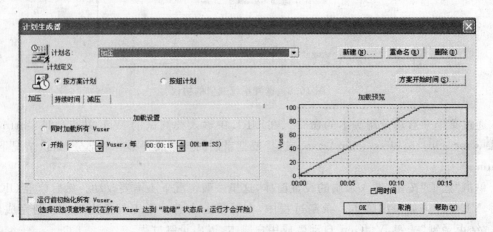

图 10.10　"编辑计划"细化方案

单击"加压"标签设置加压方法,单击"持续时间"标签选择完成时间,单击"减压"标签选择退出方法,单击"方案开始时间"可以在定义时间后自动到点执行,并在一个限定的时间范围内结束,所有设置完毕后,单击 OK 按钮返回上一级对话框。

③ 运行脚本。

选择导航栏中"方案"选项,单击"开始方案",脚本开始测试执行。

④ 分析结果。

脚本执行完毕后,LoadRunner 会自动分析结果,生成分析结果图或表。单击导航栏中的"结果"选项,在弹出对话框中选择"分析结果"。

10.5 手工测试与自动化测试的应用比较

10.5.1 自动化测试优缺点

1. 自动化测试的优势

(1) 对新版本运行回归测试,提高测试覆盖度,缩短测试时间。

(2) 可运行更多更频繁的测试。可以在较少时间内运行更多的测试;在多个平台上的测试能够同时进行。

(3) 可执行一些手工测试困难和不可能做到的测试。例如,同时模拟 200 个用户登录网管系统,手工测试不可能模拟出来。

(4) 更好地利用资源。利用自动化测试无人值守的功能,可以有效利用现有资源完成更多的测试,也是对测试成本的一种有效降低。

(5) 提高测试的复用性。

(6) 可以更快速地将产品发布到市场。

(7) 增加软件的信任度。一旦得知软件通过强有力的自动化测试后,用户会很容易提升对产品的信任度。

2. 自动化测试的缺点

(1) 自动化测试不会比手工测试发现更多的缺陷。工具做什么,是预先定义好的,自动化测试不会类似智能化地帮助人发现更多的潜在问题,如果想发现更多产品的缺陷,必须手工测试检查。

(2) 自动化测试在产品频繁变更的条件下的维护代价会很高。通常需要评估在这种情况下是否还有必要和值得从事自动化测试。

(3) 通过自动化没有发现缺陷并不代表系统没有缺陷。自动化测试的效率和质量依赖于手工测试用例的质量,没有发现任何问题,并不表示没有问题,自动化测试本身不会改进产品质量。

(4) 自动化测试对环境的依赖性要远远大于手工测试。在一个时时变更的环境下是很难有效地实现自动化测试的。

(5) 自动化测试对于流程的要求也要远远大于手工测试。在一个不规范的或经常变更的管理模式下,要对自动化的测试结果保持足够高的警惕性。

(6) 自动化测试对测试工程师的技能要求要比手工测试更高。需要测试工程师不仅要有敏锐的观察力,还要同时具有足够的脚本编程能力,在一定程度上加大了自动化测试的难度。

(7) 对工具的依赖性较高。自动化测试实施的效果在很大程度上依赖于所提供的工具的功能和灵活性,一套好的自动化测试工具和架构可以改善自动化测试结果,然而因为工具选择不当,最后自动化测试失败的例子也不少见。

10.5.2　手工测试与自动化测试的应用比较

通过对项目的自动化测试应用,可以看出自动化测试在许多方面要借鉴传统测试方法——手工测试,并且在自动化测试开发的具体实践中,也经常混合使用手工测试的开发方法。

通过对应用项目做手工测试和自动化测试,比较两种方法得出以下二者的区别,如表 10.2 所示,从中可看出自动化测试在这几个性能指标下要远远优于手工测试,这也是通常在实际项目中采用测试工具实现自动化测试来辅助测试工作的原因。

表 10.2　手工测试与自动化测试比较

分　类	手　工　测　试	自动化测试
测试时间	时间长、容易出错	时间短、显著降低重复时间
测试效率	效率低、严格性差	效率高、可靠、重复性高
有效性	反复测试有效性降低	不受重复测试影响
回归测试	受时间影响,不便于回归测试	便于回归测试
人为因素	影响大	不受影响
压力测试	手工操作困难	自动模拟并发人数,实现方便

总之,软件自动化测试只是对手工测试的一种补充,绝不能代替手工测试,在实际中根据不同的应用、不同性质的测试情况,应该合理地选取自动化测试,而不能一味地为了自动化而选择自动化测试。

10.6　常用的软件测试工具

测试工具一般可分为白盒测试工具、黑盒测试工具、性能测试工具,另外还有用于测试管理(测试流程管理、缺陷跟踪管理、测试用例管理)的工具,这些产品主要是 Mercury Interactive(MI)、Segue、IBM Rational、Compuware 和 Empirix 等公司的产品,而 MI 公司的产品占了主流。

10.6.1　白盒测试工具

白盒测试工具一般是针对代码进行测试,测试中发现的缺陷可以定位到代码级,根据测试工具原理的不同,又可以分为静态测试工具和动态测试工具。

1. 静态测试工具

直接对代码进行分析,不需要运行代码,也不需要对代码编译链接,生成可执行文件。静态测试工具一般是对代码进行语法扫描,找出不符合编码规范的地方,根据某种质量模型评价代码的质量,生成系统的调用关系图等。静态测试工具的代表有:Telelogic 公司的 Logiscope 软件;PR 公司的 PRQA 软件。

2. 动态测试工具

动态测试工具与静态测试工具不同,动态测试工具一般采用"插桩"的方式,向代码生成的可执行文件中插入一些监测代码,用来统计程序运行时的数据。其与静态测试工具最大的不同就是动态测试工具要求被测系统能实际运行。动态测试工具的代表有:Compuware 公司的 DevPartner 软件;Rational 公司的 Purify 系列等。

10.6.2 黑盒测试工具

黑盒测试工具包括功能测试工具和性能测试工具。黑盒测试工具的一般原理是利用脚本的录制(Record)/回放(Playback),模拟用户的操作,然后将被测系统的输出记录下来同预先给定的标准结果比较。黑盒测试工具可以大大减轻黑盒测试的工作量,在迭代开发的过程中,能够很好地进行回归测试。黑盒测试工具的代表有:Rational 公司的 TeamTest、Robot;Compuware 公司的 QACenter。

10.6.3 性能测试工具

专用于性能测试的工具包括:Radview 公司的 WebLoad;Microsoft 公司的 WebStress等;针对数据库测试的 TestBytes;对应用性能进行优化的 EcoScope 等。Mercury Interactive 的 LoadRunner 是一种适用于各种体系架构的自动负载测试工具,它能预测系统行为并优化系统性能。LoadRunner 的测试对象是整个企业的系统,它通过模拟实际用户的操作行为和实行实时性能监测,来帮助用户更快地查找和发现问题。

10.6.4 测试管理工具

测试管理工具用于对测试进行管理。一般而言,测试管理工具对测试计划、测试用例、测试实施进行管理,并且,测试管理工具还包括对缺陷的跟踪管理。测试管理工具的代表有:Rational 公司的 Test Manager;Compuware 公司的 TrackRecord;Mercury Interactive 公司的 TestDirector 等软件。

10.6.5 测试案例

下面以对一个基于 Web 的答疑系统的测试为例介绍软件测试方法。

1. 背景

电子图书的出现为学生的学习提供了很大方便,但遗憾的是现在的电子图书没有答疑功能。基于 Web 的答疑系统就是希望根据电子图书的内容对用户提出的问题给出比较准确答案的一个系统。对此系统测试的目的是帮助开发人员发现程序中的错误,缺陷和没有考虑到的细节,为完善系统提供依据。由系统开发人员自己提出的测试实例会受到自己开发思路的束缚:开发时没有想到的细节,测试实例也难以涉及。特别是即使知道对哪些输入进行测试,我们也难以确定期望的结果。另外我们只是测试少数方法对许多输入的反应。上面提到的测试方法就不适用了,这就需要根据实际问题构造测试框架。

2. 测试实例的获取

因为系统开发者难以提供合适的测试实例,可行的方法是通过截取使用者的请求来获取它。我们使用一个中间代理来完成这个工作。对用户端来讲,中间代理就像一个 Web 服务器,它接受用户的请求并把相关信息返回用户端。对服务器来讲,它又像一个用户,服务器实际接受的是中间代理的请求,中间代理负责记录并转发用户的请求。在用户端,我们让浏览器通过使用代理服务器把请求送给中间代理而不是 Web 服务器,其结构如图 10.11 所示:

图 10.11　Web 系统的请求应答结构图

图 10.11 所示的中间代理,用一个 ServerSocket 对象接受用户浏览器的连接请求,当有连接请求时启动一个线程通过一个 Socket 插件 Socketc 接受用户的请求信息,同时建立一个 Socket 插件 Sockets 建立与 Web 服务器的连接,当收到来自 Web 服务器的应答后,把请求信息和应答信息记录到数据库中,并把应答信息通过 Socketc 转发给浏览器。

3. 回归测试

当对系统修改完善后,需要对系统进行回归测试以检测修改后的效果,检测的方法是把记录在数据库中的请求通过 HTTP 逐条送给 Web 服务器并记录 Web 服务器的返回结果,然后和原来系统的返回结果比较。具体实现可以使用一个 Socket 对象建立和 Web 服务器的连接,通过此接口把记录在数据库中的信息逐条地送往 Web 服务器,返回的结果记录在数据库中。根据不同的分析目的,在数据库中筛选记录并把相关的信息写入一个文件中生成回归测试报告。

4. 结论

以上的测试任务可以采用相关工具去完成。Junit 和 Cactus 是测试 Java 程序的有效工具。当然,由于它建立在实际输出和期望输出比较的基础上,所以在实际使用中也是有局限的。由于每一个测试实例需要编写一个测试方法,使得测试实例的增加和修改都需要通过修改程序实现,这增加了测试的复杂性和管理难度。脚本化的方法在一定程度上简化了测试的过程,但也是针对测试实例编写脚本测试方法,也需要通过修改脚本增加和修改测试实例。在基于 Web 的答疑系统中,采用把测试实例记录在数据库中的方法,对特定的问题简化了测试过程。同时,针对要测试程序编写测试方法,而把测试实例记录在数据库中可以简化测试程序的编写和管理。有效地完成以上测试任务。

10.7 本章小结

本章首先介绍了几种最常用的软件测试方法和测试类型,包括黑盒测试,白盒测试,基于风险的测试和基于模型的测试,BVT 测试等。对每种测试方法和测试类型都做了概念上的阐述并且对各个测试方法的特点做了简洁的描述。并且对当前比较实用的软件测试技术进行了比较详细的介绍,最后列出了常用的一些软件测试工具和测试例子,以便读者更好地掌握本章内容。

习 题 10

1. 什么是黑盒测试和白盒测试? 其各自的主要测试目标是什么?

2. 黑盒测试和白盒测试的优缺点有哪些?

3. 基于风险的测试用在什么场合比较适合?

4. BVT 测试的主要目的和优缺点是什么?

5. 自动化测试的概念和优缺点是什么?

6. 手工测试的概念和优缺点,以及它与自动化测试之间的关系是什么?

7. 探索性测试的测试过程是怎么样的?

8. 数据库性能测试主要应该考虑什么问题? 可以利用哪些工具进行性能测试?

9. 软件的安全测试主要应该考虑哪些方面的测试,以及测试的主要任务是什么?

10. 简述白盒测试工具的分类,不同类的工具各自的测试目标以及不同类之间的区别有哪些?

11. 环境测试应该考虑哪些方面的问题?

12. 从网上下载免费测试工具,然后用该工具去测试具体工程实例。

第11章

软件项目管理

本章将从软件项目管理的主要任务：软件项目计划、软件风险管理、软件质量控制、资源配置管理、人员的组织与管理、软件过程能力评估 6 个方面对软件项目管理进行系统的介绍。软件项目计划主要包括工作量、成本、开发时间的估计，并根据估计值制定和调整项目组的工作；软件风险管理预测未来可能出现的各种危害到软件产品质量的潜在因素并由此采取措施进行预防；软件质量控制是保证产品和服务充分满足消费者要求的质量而进行的有计划、有组织的活动；资源配置管理针对开发过程中人员、工具的配置、使用提出管理策略；人员的组织与管理把注意力集中在项目组人员的构成、优化；软件过程能力评估是对软件开发能力的高低进行衡量；这几个方面都是贯穿、交织于整个软件开发过程中的。其中，软件过程能力评估将在第 12 章中详细介绍。

11.1 软件项目管理定义及特点

随着计算机产业的快速发展，软件产品规模的日益庞大，软件项目的实施情况已不容乐观。据 Standish 商业研究公司的一份报告显示，将近三分之一的信息系统项目在最终完成之前都被取消了。另外，在所有的项目中几乎有一半左右会超出其预算。国际项目管理大师詹姆斯·刘易斯说："美国每年花在软件项目上的钱是 2500 亿美元，但是在所有投资的项目中，最终实现了最初确立的目标只有 27%，另有 50% 的项目改变了最初确立的目标，还有 23% 的项目因为无法完成而被迫取消了。"早在 20 世纪 70 年代中期，美国国防部就组织力量研究软件项目失败的原因，发现 70% 的失败软件项目是由管理不善所造成的，因而认为软件项目管理影响全局，并掀起了研究软件管理技术的热潮。20 年后，美国三份经典的研究报告说明这种状况并未得到转变：软件开发仍然很难预测，大约只有 10% 的项目能够在预定的费用和进度下交付，得出符合需求的软件项目管理仍然是软件项目成败主要因素的结论。

软件项目管理是为了使软件项目能够按照预定的成本、进度、质量顺利完成，而对成本、人员、进度、质量、风险等进行分析和管理的活动。软件项目管理的对象是软件工程项目，它覆盖了整个软件工程过程，有利于将开发人员的个人开发能力转化成企业的开发能力。软件是一种逻辑实体，具有抽象性，融合了优化的思想、概念、流程、算法、组织（包括开发人员组织管理，软件结构流程规划组织）。软件项目具有以下三个重要的特点：

1. 独特性

软件项目的独特性是指软件项目所涉及的某些内容是以前没有做过的，这些内容是唯一的。由于需求不同,只能根据不同的需求对软件进行开发,以满足用户的不同需求。项目的独特性在软件项目管理中表现得尤为突出,开发团队不仅向用户提供产品,更重要的是根据其要求提供不同的解决方案,即使有现成的解决方案也需要根据用户的特殊要求进行一定的裁剪。因此,可以说每个软件项目都是有区别的,这种独特性对实际管理项目有非常重要的指导意义。

2. 时限性

软件项目的时限性是指每个软件项目都有明确的开端和结束。在项目执行的过程中,项目完成时间是关键,如何在规定的时间完成合同规定的任务将是项目成功失败与否的关键。因此,应关注整个项目时间进度是否按时完成项目组成员分配的任务,以及没有按时完成的原因和偏移的时间天数。

3. 不确定性

软件项目的不确定性是指软件项目不可能完全在规定的时间内按规定的预算由规定的人员完成。这是因为项目计划和预算本质上是基于对未来的估计和假设进行的预测,在执行过程中与实际情况难免有差异;另外,在执行过程中还会遇到各种始料未及的风险和意外,使得项目不能按计划运行。

软件项目管理就是要根据软件项目的自身特点,在不断的实践中建立并完善软件项目过程体系,用有效的项目管理手段对软件项目的关键活动进行监控,从而保证项目进度与项目质量。

11.2 软件项目计划

软件项目计划(Software Project Planning)是一个软件项目进入系统实施的启动阶段,主要进行的工作包括:确定详细的项目实施范围、定义递交的工作成果、评估实施过程中主要的风险、制定项目实施的时间计划、成本和预算计划、人力资源计划等。

在软件项目管理过程中一个关键的活动是制定项目计划,在软件开发过程中处于十分重要的地位,因为软件项目计划体现了对用户的理解,并为软件工程的管理和运作提供可行的计划,是有条不紊地开展软件项目管理活动的基础,也是跟踪、监督、评审计划执行情况的依据。项目计划的目标是为项目负责人提供一个框架,使之能合理地估算软件项目开发所需的资源、经费和开发进度,并控制软件项目开发过程按此计划进行。下面将就软件项目的规模、成本估算以及软件项目的开发进度计划进行介绍。

11.2.1 软件规模估算

为了估算软件项目的工作量和完成期限,首先需要估算软件规模。目前已经形成了一些比较系统化和理论化的软件规模估算方法,其中包括:Delphi 估算法,这是由几位项目领域的专家按照历史资料、经验和直觉得出意见并进行处理,以达成共识的一种方法;类比估算法,这是一种通过新项目与历史项目的比较得到规模估计的方法;代码行估算法(Line of

Code,LOC),这是一种比较有代表性的软件规模估算方法,是通过对源程序中的文本进行计数以得到软件项目规模的方法;计划评审技术估算法(Program Evaluation an Review Technique,PERT),可以估计整个项目在某个时间内完成的概率;功能点分析估算法(Function Point Analysis,FPA),由美国 IBM 公司的 Allan J Albrecht 在 20 世纪 70 年代提出,也是目前较为流行的,可以根据软件项目的特点选择适用的软件规模度量方法。

1. Delphi 估算法

Delphi 估算法是最流行的专家评估技术,在没有历史数据的情况下,这种方式适用于评定过去与将来、新技术与特定程序之间的差别,对项目的理解程度成为该方法中的重点和难点。尽管 Delphi 技术可以减轻这种偏差,专家评估技术在评定一个新软件实际成本时通常用得不多,但是这种方式对决定其他模型的输入时特别有用。Delphi 估算法鼓励参加者就问题相互讨论,要求有多种软件相关经验人的参与,互相说服对方。

Delphi 估算法的步骤是:

(1) 协调人向各专家提供项目规格和估计表格。

(2) 协调人召集小组会,各专家讨论与规模相关的因素。

(3) 各专家匿名填写迭代表格。

(4) 协调人整理出一个估计总结,以迭代表的形式返回给专家。

(5) 协调人召集小组会,讨论较大的估计差异。

(6) 专家复查估计总结并在迭代表上提交另一个匿名估计。

(7) 重复步骤(4)~步骤(6),直到最低和最高估计相一致。

采用 Delphi 技术,专家们不通过小组讨论,无法获得足够的交互信息,这不利于根据他人的估算值调整自己的估算值。鉴于此,将小组会议和 Delphi 技术结合起来,提出了 Wideband Delphi 技术。利用 Wideband Delphi 技术的步骤如下:

(1) 给每位专家发放软件规格说明书和估计表格。

(2) 专家开会讨论软件产品和任何与估算相关的问题。

(3) 专家以不记名的方式填写估计表格。

(4) 协调员汇总结果,并将结果以迭代表形式返回给各个专家。

(5) 专家召开小组会讨论上次估计结果,自愿修改个人估计。

(6) 如此反复进行,直到各个专家的估计逐渐接近,达到一个可以接受的范围。其估算过程如图 11.1 所示。

图 11.1　Wideband Delphi 估算过程

2. 类比估算法

类比估算法适合评估一些与历史项目在应用领域、环境和复杂度方面相似的项目,通过新项目与历史项目的比较得到规模估计。类比估算法估计结果的精确度取决于历史项目数据的完整性和准确度,因此,用好类比估算法的前提条件之一是组织建立起较好的项目后评估与分析机制。对历史项目的数据分析是可信赖的。

其基本步骤是：

（1）整理出在项目功能列表中实现每个功能的代码行。

（2）标识出每个功能列表与历史项目的相同点和不同点，特别要注意历史项目做得不足的地方。

（3）通过步骤（1）和步骤（2）得出各个功能的估计值。

（4）产生规模估计。

软件项目中用类比估算法，往往还要解决可重用代码的估算问题。估计可重用代码量的最好办法就是由程序员或系统分析员详细地考查已存在的代码，估算出新项目可重用的代码中需重新设计的代码百分比，需重新编码或修改的代码百分比以及需重新测试的代码百分比。根据这三个百分比，可用下面的计算公式等价新代码行：

等价代码行 ＝［（重新设计 ％＋重新编码 ％＋重新测试 ％）/3］×已有代码行

例如，有 10 000 行代码，假定 30％需要重新设计，50％需要重新编码，70％需要重新测试，那么其等价的代码行可以计算为：

$$[(30\% + 50\% + 70\%)/3] \times 10\ 000 = 5000$$

即重用这 10 000 行代码相当于编写 5000 行代码行的工作量。

3. 代码行估算法

代码行技术是比较简单的定量估算软件规模的方法。这种方法根据以往开发的类似产品的经验和历史数据，估算实现一个功能需求的源程序行数。当有以往开发类似项目的历史数据可供参考时，用此方法估算出的历史数据还是比较准确的，把实现每个功能需要的原代码行数累加起来，就得到实现整个软件需要的原代码行数。

为了使得对程序规模的估算值更接近实际值，它要求有多种软件相关经验人员参与，参加者就问题相互讨论，互相说服对方。用代码行技术可以得到比较准确的估算值。可采用以下步骤：

（1）组织者向各专家提供项目规格说明书和记录估算值的表格。

（2）专家要仔细研究软件规格说明书的内容，然后组织者召集小组会，各专家讨论与规模相关的因素。

（3）各专家匿名填写对该软件三个规模的估算值：即该软件可能的最小规模、最可能规模和最大规模。

（4）组织者对各专家的估算值进行综合，计算出各个专家期望值和期望中值，做出估算总结。

（5）组织者召集小组会，讨论较大的估计差异。

（6）专家复查估计总结并在迭代表上提交另一个匿名估算。

重复步骤（4）～步骤（6），最终获得一个得到多数专家共识的软件规模。

系统对各位专家的估算值计算三种规模，即最佳的（a）、可能的（m）和悲观的（b）的平均值，再用下式可计算出程序规模的估计值：$L = (\bar{a} + 4\bar{m} + \bar{b})/6$

在估算出代码行数之后，还可以进一步度量软件开发的生产率、每行代码的单元成本和每千行代码的错误个数等。

（1）生产率：

$$P = L/PM$$

其中，L 是软件的代码行数，其单位是每千行代码数 KLOC；PM 是软件开发的工作量，其单位是人月；P 是软件开发的生产率，其单位是每人月完成的代码行数。

（2）单位成本：

$$C = S/L$$

其中，S 是软件开发的总成本，其单位是人民币或美元等货币单位；C 是每行代码的平均成本。

（3）代码出错率：

$$EQR = N/L$$

其中，N 是软件的错误总数；EQR 是每千行代码的平均错误数。

用代码行技术度量软件规模时，常用单位是 LOC 或 KLOC。它的技术特点是：容易计算；同时许多估算模型都使用 LOC 和 KLOC 作为主要输入数据；现已有大量的基于代码行的数据存在，使用比较方便。但是程序代码只是软件组成的一部分，用它代表整个软件似乎不太合理，不同的语言实现同一个软件产品所需的代码行也不相同，此方法不适合于非过程化的语言。

4. 计划评审技术估算法

计划评审技术是 20 世纪 50 年代末美国海军部开发北极星潜艇系统时为协调 3000 个承包商和研究机构而开发的，其理论基础是假设项目持续时间以及整个项目完成时间是随机的，且服从某种概率分布。

一种简单的 PERT 规模估算技术是假设软件规模满足正态分布。在此假设下，只需估算两个量——软件可能的最低规模 a 与最大规模 b，然后计算该软件的期望规模：

$$E = (a + b)/2$$

该估算值的标准差为：

$$\sigma = (b - a)/6$$

以上公式基于如下条件：最低估计值 a 和最高估计值 b 在软件实际规模的概率分布上代表三个标准偏差 3σ 的范围，因为这里假设符合正态分布，所以软件的实际规模在 a、b 之间的概率为 0.997。

一种较好的 PERT 规模估计技术是基于 β 分布和软件各部分单独估算的技术。该技术对于每个软件部分要产生三个规模估算量，分别对应于各个项目活动的完成时间的三种不同情况估计。

a_i：软件第 i 部分的最低可能规模。

m_i：软件第 i 部分的期望规模。

b_i：软件第 i 部分的最高可能规模。

于是软件第 i 部分的期望规模 E_i 和标准偏差 σ_i 的 PERT 估计分别为：

$$E_i = (a_i + 4m_i + b_i)/6, \quad \sigma_i = (b_i - a_i)/6$$

总的软件规模（即代码行的期望值）E 和标准偏差 σ 为：

$$E = \sum_{i=1}^{n} E_i, \quad \sigma = \left(\sum_{i=1}^{n} \sigma_i^2 \right)^{\frac{1}{2}}$$

其中 n 为软件划分成的软件部分的个数。

实际上,大型项目的工期估算和进度控制非常复杂,往往需要将关键路径法(Critical Path Method,CPM)和 PERT 结合使用,用 CPM 求出关键路径,再对关键路径上的各个活动用 PERT 估算完成期望和方差,最后得出项目在某一时间内完成的概率。

CPM 和 PERT 是独立发展起来的计划方法。两者的主要区别在于:CPM 是以经验数据为基础来确定各项工作的时间,CPM 的直接目的是进行包括费用在内的资源最优化考虑,而 PERT 则把各项工作的时间作为随机变量来处理。因此,前者往往被称为肯定型网络设计技术,而后者往往被称为非肯定型网络计划技术。前者是以缩短时间、提高投资效益为目的,而后者则能指出缩短时间、节约费用的关键所在。因此,将两者有机结合,可以获得更显著的效果。

5. 功能点分析法

功能点分析法是在 20 世纪 70 年代中期由 IBM 委托 Allan Albrecht 工程师和他的同事为解决代码行度量法所产生的问题和局限性而研究发布,发表于 1979 年,随后被国际功能点用户协会继承。该方法基于应用软件的外部,内部特性以及软件性能进行一系列间接的规模测量。其特征是在外部式样确定的情况下度量从用户角度考虑的系统规模。这也是功能点分析法的最大特点——从用户的角度,以用户的观点来考虑和估算系统的规模。因为在系统初始阶段,用户功能需求是唯一真正可以得到的信息,任何程序大小或代码行数的猜想实际上都是从系统要提供的功能性推演而来。功能点的这种特性也就决定了其可以在软件项目开始前用于估算系统规模,因此得到众多企业的欢迎。

利用功能点分析法来确定一个软件系统规模的一般步骤如图 11.2 所示:

(1) 确定未调整的功能点数。

未调整的功能点(Unadjusted Function Points Count,UFPC)指系统包含的所有与外部交流的界面、系统中包含的所有处理文件(如数据库等),以及与外部的接口等。这些内容根据其性质的不同被划分为两大类: 数据处理功能和事物处理功能。

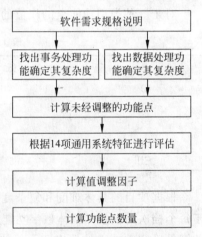

图 11.2　功能点方法示意图

① 数据处理功能。

数据处理功能类型代表提供给用户的功能性以满足内部和外部的数据需求。它又包括内部逻辑文件(Internal Logical File,ILF)和外部接口文件(External Interface File,EIF)两类。内部逻辑文件指系统内部存储并由系统维护的数据和文件,即外部输入更新的文件集合,这里的更新指通过一个基本操作来对它进行增、删、改的操作。ILF 的维护就意味着 ILF 的数据可以通过系统支持的外部输入进行修改;外部接口文件指由其他应用提供的,在本应用中只对其进行访问的文件,即没有更新等维护操作,只有查询操作的文件。ILF 和

EIF 的识别规则为：

- 同一系统的同一文件不能同时定义成 ILF 和 EIF,只能是其中之一。
- 一个系统的 EIF 必然是另一个系统的 ILF,由另一个系统维护。
- 多个系统的相同文件,如果由各自的系统维护,也可以定义成一个 ILF。
- 有一些文件,如索引文件、恢复日志等不能作为 ILF 或 EIF,因为它们不是用户可识别的文件。

② 事务处理功能。

事务处理功能类型是指用户通过应用程序处理数据的功能性,包括外部输入(External Input,EI)、外部输出(External Output,EO)、外部查询(External Query,EQ)。外部输入指一个处理来自本应用边界之外的一组数据或者控制信息的基本处理,计算每个用户的输入；外部输出指一个向应用边界之外或者用户提供经过加工处理的数据或者控制信息的基本处理,计算每个用户输出,通常,把报表算做外部输出；外部查询指一个向应用边界之外发送数据或者控制信息的基本处理,它是输入与输出之间唯一的结合,简单地说就是数据的检索。

③ 未调整功能点数基本算法。

$$UFPC = a_1 \times EI + a_2 \times EO + a_3 \times EQ + a_4 \times ILF + a_5 \times EIF$$

其中：a_i 是 5 种类型功能点权值的取值,其值是由相应特性的档次决定的。依据标准可以计算出系统中所包含的每种元素的数目,乘以各自的加权值,其合计数即为系统信息处理的规模,也即未调整的功能点数。

对于 5 种类型功能点的权值的取值如表 11.1 所示。

表 11.1 功能点加权值取值范围

类型	低	平均	高
EI	3	4	6
EO	4	5	7
EQ	3	4	6
ILF	7	10	15
EIF	5	7	10

根据项目的具体难度和复杂度情况,大致地将功能点加权值的取值分成这三个档次,对于每个档次的权值的具体数字功能点法有一般的规定。由表 11.1 可知,功能点权值选取的关键是确定功能点的档次。一般依据数据元素类型(Data Element Type,DET)、记录元素类型(Record Element Type,RET)和文件类型参考(File Type Referenced,FTR)的数量的多少来共同确定功能点的档次。关于如何确定功能点的档次,在此不做详细介绍。

(2) 确定值调整因子。

影响软件系统功能点数的因素是多方面的,即使相同的影响因素在不同的软件系统中的影响程度也是不同的。所以,未调整功能点数必须根据不同影响因素对系统的影响程度加以调整,一般通过为未调整功能点数乘以值调整因子来实现。值调整因子(Value Adjustment Factor,VAF)指应让用户了解的,系统实现的复杂程度。它按照系统的基本复杂程度被分为 14 个方面,分别为：数据通信、分布式数据处理、性能、大量使用的配置、事物频度、在线数据输入、界面复杂程度（最终用户效率）、在线升级、内部处理复杂程度、代码复用程度、安装难易程度、操作难易程度、多站点支持、易改变性。依据每个方面对系统的影响程度推导出 VAF，这些特征影响程度的估值都是 0～5。推导公式为：

$$VAF = 0.65 + 0.01 \times \sum_{i=1}^{14} F_i$$

其中，$\sum_{i=1}^{14} F_i$ 为 14 种系统特性对系统整体的影响程度。

（3）确定功能点数。

系统的总功能点数可以根据已经得出的 UFPC 和 VAF 值获得，从而就得出了一个软件项目的整体规模。总功能点数的计算公式为：

$$FP = UFPC \times VAF$$

功能点分析法与其他软件规模估算方法相比，优势体现在以下几个方面：

① 功能点的计算独立于技术（操作系统、编程语言和数据库）及开发者的生产率和所用的方法，通用性较强。

② 功能点分析法通俗易懂，比较容易为用户和其他非专业人士理解和使用。

③ 功能点易于计算，只需要花费极少的工作量和时间。

④ 功能点的计算方法使用的信息来自需求定义，比较方便。

功能点分析法的优点使得它受到广泛的欢迎，成为一种常用的估算方法。功能点分析法本身也存在着一些缺点：

① 功能点分析法的主观性较强。

虽然在国际功能点用户协会（International Function Point User Group，IFPUG）公布的标准版本中对功能点法的事务处理功能、数据处理功能以及值调整因子等都有明确的定义，并对其取值范围做了明确规定。但在其中一些细节上，尤其是在 DET 和值调整因子的估算上仍是比较主观的。由于这种主观性，使得对于相同的软件项目，由不同的估算人员得出的结果往往大相径庭。

② 功能点分析法对复杂性的重视不够。

功能点分析法只是简单地分解系统的功能，分别估算，然后用它们的和来反映整个系统。但是一个复杂的系统采用的分析方法应该比其各部分的和复杂得多；程序处理逻辑可能包含复杂的算法和计算，这可能耗费大量工作量而且隐含着复杂度，而用户接触不到的逻辑处理的复杂度和所需工作量都被低估了；复杂度被粗略地分成三种类型：简单、一般、复杂；区别三种类型的界限不是非常清晰，在一个类别的临界点，只要增加一个条目就能使整个系统的估算值发生很大的变化。

③ 功能点分析法在系统特性即调整系数上考虑不够准确。随着软件开发技术的不断发展，用户需求的不断改变，系统种类的不断更新，14 个系统特性的调整系数已经无法适应现在软件规模估算的需要，从而降低了利用系统特性调整功能点的作用。

11.2.2　软件工作量估算

1. 软件开发成本估算策略

对于一个大型的软件项目，要进行开发成本的估算并不是一件简单的事，需要进行一系

列的估算处理,主要靠分解和类推的手段进行。基本估算策略可分为三类:

(1) 自顶向下估算策略。

这种策略的思想是从项目的整体出发,进行类推。即估算人员根据以前已完成项目所耗费的总成本(或总工作量),推算出将要开发的软件的总成本(或总工作量),然后按此比例将它分配到各开发任务中去,再检验它是否能满足要求。

这种策略的优点是对系统级工作重视,不会遗漏系统级工作的成本估算。例如,集成、用户手册和配置管理等工作,估算工作量小,速度快;缺点是对项目中的特殊困难估计不足,估算出来的成本盲目性大,有时会遗漏被开发软件的某些部分。

(2) 自底向上估算策略。

这种策略的想法是把待开发的软件细分,直到每一个子任务都已经明确所需要的开发工作量,然后把它们加起来,得到软件开发的总工作量。它的优点是对各个部分的工作量估算准确性高,缺点是缺少各项子任务之间相互联系所需要的工作量,还缺少许多与软件开发有关的系统级工作量(配置管理、质量管理)。所以往往估算值偏低,必须用其他方法进行检验和校正。

(3) 差别估算策略。

这种策略综合了上述两种策略的优点,其想法是把待开发的软件项目与过去已完成的软件项目进行类比,从其开发的各个子任务中区分出类似的部分和不同的部分。类似的部分按实际量进行计算,不同的部分则采用相应的方法进行估算。这种方法的优点是可以提高估算的准确程度,缺点是不容易明确"类似"的界限。

2. 软件开发成本估算方法

软件成本估算不是精确的科学,因此应该使用几种不同的估计技术以便相互检验。例如在开发初期,对软件的源代码行数估计不正确,可以先用专家判定或类比得出初期工作量,随着开发的深入,再用模型算法估算。总体来说,模型算法更准确一些。

专家判定技术和类比技术在上节做了介绍,本节主要介绍成本算法模型。

成本算法模型往往都提供一个估算方程,通常采用经验公式来预测软件项目计划所需的成本、工作量。用以支持大多数模型的经验数据都是从有限的一些项目样本中得到的。因此,还没有一种估算模型能够使用于所有的软件类型和开发环境,从这些模型中得到的结果必须慎重使用。

成本算法模型提供了对工作量的直接估算,主要有两种类型。

数学模型:其核心是一个估算方程,该方程以影响开发成本的某些项目因素作为输入,输出是一个项目开发的估算工作量。COMOMO 模型是应用最为广泛的一个。

检索表:依据一定的规则对软件对象进行分类,然后为每一种类型提供工作量或工作进度的平均值用以参考。这种方法通常适用于软件项目分解的较低层次。

下面将详细介绍几种成本算法模型。

① IBM 模型。

1977 年,华斯顿(Walston)和菲利克斯(Felix)总结了 IBM 联合系统分布(FSD)负责的60 个项目的数据。其中各项目的源代码行数从 400 行到 467 000 行,开发工作量从 $12PM$ 到 $11\,758PM$,共使用 29 种不同语言和 66 种计算机。利用最小二乘法拟合,得到如下计算公式：

$$E = 5.2 \times L^{0.91} \quad D = 4.1 \times L^{0.36} = 13.47 \times E^{0.35}$$
$$S = 0.54 \times E^{0.6} \quad DOC = 24 \times L^{1.01}$$

其中，L 是源代码行数（以 KLOC 计），E 是工作量（以 PM 计），D 是项目持续时间（以月计），S 是人员需要量（以人计），DOC 是文档数量（以页计）。

IBM 模型是一个静态单变量模型，它利用已估算的特性，例如源代码行数，来估算各种资源的需要量。模型一般是在可收集到足够有效的历史数据的局部环境中推导出来的。在 IBM 模型中，一般一条机器指令为一行源代码。一个软件的源代码行数不包括程序注释、作业命令、调试程序在内。对于非机器指令编写的源程序，例如汇编语言或高级语言程序，应转换成机器指令源代码行数来考虑。这里定义机器指令条数与非机器语言执行步数之间的转换系数，如表 11.2 所示。

表 11.2 转换系数表

语言	简单汇编	宏汇编	FORTRAN	PL/1
转换系数	1	1.2～1.5	4～6	4～10

此外，定义一个人参加劳动时间的长短为劳动量，其度量单位为 PM（人月），PY（人年）或 PD（人日）。它不同于工作量。而定义完成一个软件项目（或软件任务）所需的劳动量为工作量，其度量单位是人月/项目（任务），记做 PM（人月）。进一步，定义单位劳动量所能完成的软件产品的数量为软件生产率，其度量单位为 LOC/PM。它表明一般指开发全过程的一个平均值。IBM 模型是一个静态单变量型，并不是一个通用公式。在应用中有时要根据具体实际情况，对公式中的参数进行修改。

② COCOMO 模型（Constructive Cost Model）。

这是由 TRW 公司开发，鲍姆（Boehm）提出的结构型成本估算模型，是一种精确、易于使用的成本估算方法。

COCOMO 模型的基本形式为：

$$\text{MM} = a \times (\text{KDSI})^b, \quad \text{TDEV} = 10.5 \times (\text{MM})^c$$

在该模型中使用的基本量分别如下：

MM（度量单位为人月）表示开发工作量。定义 1MM＝19 人月＝152 人时＝1/12 人年。TDEV（度量单位为月）表示开发进度，它由工作量决定。DSI（源指令条数）定义为代码或卡片形式的源程序行数。若一行有两个语句，则算做一条指令。它包括作业控制语句和格式语句，但不包括注释语句。1 KDSI＝1000。a, b, c 三个参数则是根据不同的软件开发 COMOMO 类型来确定的。

按照软件的应用领域和复杂程度，以及开发环境，软件开发项目的总体类型可分为三种：

- 组织型（Organic）：相对较小、较简单的软件项目。对此种软件，一般需求不那么苛刻。开发人员对软件产品开发目标理解充分，与软件系统相关的工作经验丰富，对软件的使用环境很熟悉，受硬件的约束较少，程序的规模不是很大（＜5 万行）。例如，多数软件及传统的操作系统和编译程序均属此种类型。对于这种开发类型，

COCOMO 模型的基本公式中 $a=10.4, b=1.05, c=0.38$。

- 嵌入型(Embedded)：此种软件要求在紧密联系的硬件、软件和操作的限制条件下运行,通常与某些硬设备紧密结合在一起。例如,大而复杂的事务处理系统。因此,对接口、数据结构、算法要求较高,软件规模任意。大型/超大型的操作系统、航天用控制系统、大型指挥系统等均属此种类型。对于这种开发类型,COCOMO 模型的基本公式中 $a=3.6, b=1.2, c=0.32$。

- 半独立型(Semidetached)：对此种软件的要求介于上述两种软件之间,但软件规模和复杂性都属于中等以上,最大可达 30 万行。例如,大多数事务操作系统、新的操作系统、新的数据库管理系统、大型的库存/生产控制系统、简单的指挥系统等均属此种类型。对于这种开发类型,COCOMO 模型的基本公式中 $a=3.0, b=1.12, c=0.35$。

COCOMO 模型按其详细程度分成三级：即基本 COCOMO 模型、中间 COCOMO 模型和详细 COCOMO 模型。基本 COCOMO 模型是一个静态单变量模型,它用一个已估算出来的源代码行数(LOC)为自变量的(经验)函数来计算软件开发工作量。中间 COCOMO 模型则在用 LOC 为自变量的函数计算软件开发工作量的基础上,再用涉及产品、硬件、人员、项目等方面属性的影响因素来调整工作量的估算。详细 COCOMO 模型包括中间 COCOMO 模型的所有特性,但用上述各种影响因素调整工作量估算时,还要考虑对软件工程过程中每一步骤(分析、设计等)的影响。

11.2.3　软件进度计划

项目进度管理确保在规定时间内完成项目。按时交付项目通常是经理们的最大挑战。

项目进度管理由工作定义、排序,具体工作持续时间估算、制定进度计划和进度控制组成。

1. 工作结构分解

(1) 工作的细分、排序。

细分是将项目工作分解为更小、更易管理的工作包(也叫活动或任务),这些工作包应该是能够保障完成交付产品的可实施的详细任务。在项目实施中,要将所有活动列成一个明确的活动清单,并且让项目团队的每一个成员能够清楚有多少工作需要处理。活动清单应该采取文档形式,以便于项目其他过程的使用和管理。

活动排序是在产品描述、活动清单的基础上,要找出项目活动之间的依赖关系和特殊领域的依赖关系、工作顺序。既要考虑团队内部希望的特殊顺序和优先逻辑关系,也要考虑内部与外部、外部与外部的各种依赖关系以及为完成项目所要做的一些相关工作。

设立项目里程碑是排序工作中很重要的一部分。里程碑是项目中关键的事件及关键的目标时间,是项目成功的重要因素。里程碑时间是确保完成项目需求的活动序列中不可或缺的一部分。例如在开发项目中可以将需求的最终确认、产品移交等更关键任务作为项目的里程碑。

(2) 工作的时间估算。

项目工期估算是根据项目范围、资源状况计划列出项目活动所需要的工期。估算的工期应该现实、有效并能保证质量。所以在估算工期时要充分考虑活动清单、合理的资源需求、人员的能力因素以及环境因素对项目工期的影响。在对每项活动的工期估算中应充分考虑风险因素对工期的影响。项目工期估算完成后,可以得到量化的工期估算数据,将其文档化,同时完善并更新活动清单。

一般说来,工期估算可采取以下几种方式:

- 专家评审形式。由有经验、有能力的人员进行分析和评估。
- 模拟估算。使用以前类似的活动作为未来活动工期的估算基础,计算评估工期。
- 定量型的基础工期。当产品可以用定量标准计算工期时,则采用计量单位为基础数据整体估算。
- 保留时间。工期估算中预留一定比例作为冗余时间以应付项目风险。随着项目进展,冗余时间可以逐步减少。

（3）工作结构分解。

工作分解结构（Work Breakdown Structures,WBS）是为了管理和控制的目的而将项目分解成易于管理的技术,它是按登记把项目分解成子项目,子项目再分解成更小的工作单元,直至最后分解成具体工作（工作包）的系统方法。工作分解结构是组织管理工作的主要依据,是软件项目管理工作的基础。同时,工作结构分解得越细,项目计划的可执行性就越好,制定计划的成本也会相应的增加。从实际的应用来看,对于熟悉的系统开发部分,可做较为粗略的计划,对于有技术难度的部分应做较为详细的计划,并预留充裕的缓冲时间。

2．制定项目进度计划

制定项目进度计划的最终目标,是建立一个现实的进度依据,为监控项目的时间进展情况提供参照。甘特图和关键路径分析法是常用的计划制定、控制的工具。

（1）甘特图。

甘特图（Gantt Chart）是亨利甘特在 1916 年发明的,使用水平线条表示计划进度和实际进度的图表,用于确定项目中各项活动的工期,可以直观地描述项目任务的活动分解以及活动之间的依赖关系、资源配置情况、各项活动的进展情况等。因此,甘特图对于依据计划描绘各项活动的进度和监督项目的进程,是一项很有用的工具。

甘特图适用于设计周期性和重复性项目的进度,因为工作的顺序是明确的,并且已经估算了每项活动所需要的时间。甘特图表使用条形图表示每项活动的开始、结束时间以及活动进展,通过链接的箭头线可以表达活动之间的依赖关系,还可以通过表格对每项活动进行详细的描述。

甘特图得到普遍应用是因为它具有明显的优点:既十分形象,又容易作图和掌握。然而,更重要的是,它们具有很强的计划性,为了作图,要求项目经理对活动进度和资源需求做认真思考。

尽管甘特图有明显的优点,但它不适用于大型复杂的项目,特别是不能清楚地表示活动之间的依赖性。它也很难估计改变项目执行的影响,这可能造成活动延迟或顺序变动。甘特图也不能表示个别活动在按时完成项目中的相对重要性（也就是说哪些活动若延期并不会延迟整个项目）。由于个别活动的相对重要性是分配资源和管理人员应重点关注的依据,所以甘特图不适于应用在大型而复杂的项目上。因而,特别研制了基于网络的技术来克服甘特图的不足,以下探讨基于网络技术的关键路径分析法。

(2) 关键路径分析法。

关键路径法是一项用于确定项目的起始时间和完工时间的方法。在 CPM 中,在考虑项目各种制约条件的同时,确定项目的关键路径。它是把完成任务需要进行的工作进行分解,估计每个任务的工期,然后在任务间建立相关性,形成一个"网络",通过网络计算,找到最长的路径,再进行优化。该方法的结果是指出一条关键路径,或指出从项目开始到结束由各项活动组成的不间断活动链。任何关键路径上的活动开始时间的延迟都会导致项目完工时间的延迟。正因为它们对项目完工的重要性,关键活动在资源分配的管理上享有最高的优先权。

表 11.3 给出了一系列活动,表中给出了各项活动、持续时间和活动之间的依赖关系。从表中可以看出,任务 T3 依赖于任务 T1,也就是说,T1 必须要在 T3 开始前完成。例如,T1 可能是一个组件设计的活动,而 T3 就是该设计的实现,要想开始实现该设计,应该首先完成这项设计。

表 11.3　任务的持续时间及其依赖关系

任务	持续时间(天数)	依 赖 关 系	任务	持续时间(天数)	依 赖 关 系
T1	8		T7	20	T1(M1)
T2	15		T8	25	T4(M5)
T3	15	T1(M1)	T9	15	T3,T6(M4)
T4	10		T10	15	T5,T7(M7)
T5	10	T2,T4(M2)	T11	7	T9(M6)
T6	5	T1,T2(M3)	T12	10	T11(M8)

图 11.3 是根据各项活动之间的依赖关系和每个活动持续时间的估算而产生的活动网络图。活动网络图可以说明哪些活动能够并行地进行,哪些活动因其与前一项活动有依赖关系必须顺序进行。在图中每项活动用矩形表示,项目里程碑和可交付的文档用圆边矩形表示。日期表示的是活动的开始时间。

在用项目管理工具制图的时候,所有的活动必须以项目里程碑作为结束。当一项活动的前一个里程碑(可能依赖于几个活动)已经到达,这项活动就可以启动了。因此,表 11.3 的第三列也给出了当该列的任务完成时应到达的相应的里程碑。

在从一个里程碑推进到另一个里程碑之前,所有达到它的路径必须完成。举例来说,图 11.3 中只有完成了任务 T3 和 T6,任务 T9 才能够开始。

完成项目所需的最少时间可以通过考察活动图中最长的路径(关键路径)来计算。在上述例子中,项目所需的最短时间是 11 周或 55 个工作日。在图 11.3 中,关键路径用顺序排列的加粗的线条表示。项目的总体进度安排是由关键路径决定的。任何关键活动与进度安排的偏离都会导致项目的延期交付。

然而,在非关键路径上的活动延迟,并不必然导致项目的总体进度偏离既定的安排。只要这种延迟没有使得全部时间超过完成关键路径所需的时间,项目进度就不会受影响。例如,T8 的延迟不会影响项目的最后的完成日期,因为 T8 不在关键路径上。绝大多数项目

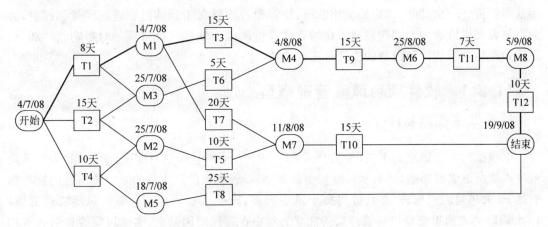

图 11.3 活动网络

管理工具可计算允许的延迟。

在分派项目工作的时候,管理者也使用活动网络图,这样可以使原本并不直观、明显的活动之间的依赖关系一下子变得清晰可见。还可以修改系统设计以缩短关键路径。这样整个项目进度就可以缩短,因为等待活动完成的时间缩短了。

初始的项目进度难免会不正确。在项目开发中,应该将实际花费的时间与估计值进行比较,比较的结果可以用于修正项目后期开发的进度。当确切的图已知时,应该评审活动图。然后可以重新组织后续的项目活动以缩短关键路径的长度。

3. 项目进度控制

项目进度控制首先需要一个现实的,可操作的项目进度计划,并且在计划中留有缓冲的余地,并且在实际计划的执行过程中,密切关注关键路径上的进展,了解各项活动为什么遵守或是没有遵守进度计划。出现了进度延误的情况,也可采取赶工和快速跟进的办法进行弥补。

赶工就是压缩关键路径上工作包的持续时间,也就是通过给这些工作更多的资源或是变更其范围,来实现关键路径的历时缩短。赶工缩短了项目完成的时间,但也常常会增加项目的总成本。

快速跟进,是指把原先应该按顺序进行的工作,变成并行处理或使其有部分重叠并行进行。快速跟进也能加快进度,但也会因为过早开始某些工作增加了风险,增大了返工的可能性,从而导致进度的拖延。

11.3 软件项目风险管理

软件项目风险是指项目实施过程中可能遇到的各类不确定性因素而造成的影响,从而导致项目进度延期、费用超支、质量缺陷等。这些不确定因素的存在及其造成的不良后果,直接影响软件项目成果的质量和软件项目开发的成功率。软件项目风险管理是为了将不确定性造成的损失减少到最低限度,而对项目过程中的风险进行识别、分析和控制的过程,从而获得经济、安全、高效、稳定的应用系统,使管理者能够对工程的过程进行度量和控制,并为参与者提供恰当的方式构建高质量的软件提供基础。软件风险管理是对影响软件项目、过程和产品进行估计和控制的实践过程。

11.3.1　软件项目风险管理模型

1. Barry Boehm 的模型

该模型的主要思想如下,首先用公式 $RE = P \times L$ 来对风险进行定义,其中 RE 表示风险或者风险所造成的影响,P 表示风险发生的概率,L 表示风险产生的后果。该模型的核心思想是 10 大风险因素列表,并且针对每个风险因素,Boehm 都提出了一系列风险管理措施。10 大风险列表的思想可以将管理层的注意力集中在高风险因素上,实施风险管理的成本相对较低,适用于规模比较小的项目。但是忽略了众多优先级低的细节问题,没有提出具体的风险识别的量化方法。作为软件项目风险管理的先行者,Boehm 的思想奠定了该领域的理论基础。

2. SEI 的 CRM 模型

SEI(Software Engineering Institute)是软件工程研究与应用的权威机构,提出了持续风险管理模型 CRM(Continuous Risk Management)。它的主要思想是将风险管理划分为 5 个步骤:风险识别、分析、计划、跟踪、控制,对每一个风险因素都要按照这 5 个步骤进行管理,强调风险管理是一个在项目开发过程中反复持续进行的活动序列。在项目生命期的所有阶段都关注风险管理,不断地评估引起风险事件发生的因素,确定最迫切需要处理的风险,确定实现控制风险的策略,并评测风险策略实施的有效性。并且强调沟通在风险管理中的作用。它是一种动态风险管理的理论,注重了与软件开发过程的紧密结合,可操作性强。

3. 螺旋模型

1986 年,Barry Boehm 提出了软件开发的螺旋模型。它是一种以风险管理为导向的生存模型。它是把早期 SEI 模型中反复进行风险管理的思想与软件项目的生命周期相结合提出的。该模型可以使风险管理者及早发现风险,相对来讲比在后期发现的成本较低。但它的过程显得比较复杂,对于复杂程度不是很高的小型软件项目采用此模型成本比较高。

4. Riskit 模型

Riskit 模型是由 Maryland 大学提出的,旨在对风险的起因、触发事件及其影响等进行完整的体现和管理,并使用合理的步骤评估风险。该方法使用图形化的方法,支持在定量分析前进行风险情形的定性分析,其评估方法可以基于历史数据或者对当前项目的预测。

5. Leavitt 模型

Leavitt 模型从系统的角度出发将软件项目管理看做一个系统,把该系统划分为 4 个部分:任务、结构、角色和技术。这 4 个部分和软件开发的各个风险因素能很好地对应起来,任何引起风险发生的因素都可归结到以上 4 个组成部分,然后可以分别采用不同的方法进行风险管理。该模型主要思路是：模型是一个有机的整体,各个组成部分联系密切,某一个组成部分的变化会影响其他的组成部分,任何一个组成部分的状态和其他的状态不一致,都会造成比较严重的后果,并可能降低整个系统的性能,甚至导致整个系统的崩溃瓦解。其特点是提供了多方面多层次的风险管理过程,为风险管理研究开辟了新的思路。

上述理论模型都具有各自的特点,适用于不同的范围和条件,但都考虑到软件项目的特点。Barry Boehm 的模型、SEI 的 CRM 模型、螺旋模型、Riskit 模型,都强调以过程为主体,持续的风险管理。而 Leavitt 模型则是从系统角度对风险管理进行了研究,它把软件项目作为一个大的系统,任务、结构、角色和技术作为其子系统来进行研究的。过程化的风险管理和系统角度的风险管理实际上是对风险管理研究的两个方向,即纵向和横向,并且 SEI 的 CRM 模型和螺旋模型都注重与软件开发过程的结合。

11.3.2　软件项目风险管理过程

软件风险管理过程会根据研究和应用的范围和领域而有所不同,但是软件风险管理的基本步骤大体相同,一般都分为风险识别、风险分析、风险计划、风险监控、风险应对,并且通过实践证明这些基本过程方法和步骤是实用且高效的。

1. 风险识别

风险识别就是确定风险来源和发生条件,对风险特征进行描述,并形成文档的过程。

(1) 风险识别依据。

收集历史信息和项目信息作为风险识别依据。包括风险管理计划：项目计划、章程、目标、合同、进度、费用、资源、质量、配置、团队等管理计划；项目约束条件；风险数据库信息。

(2) 风险识别过程。

以收集到的信息为基础,运用风险识别方法：头脑风暴、德尔非法、访谈、历史风险核对表等。但这些都是非结构化的,带有主观性,应该结合结构化的识别方法,如对任务的分解,对 WBS 中的每个分解任务进行风险识别,或者对项目中不同领域中可能存在的风险进行识别。综合应用多种风险识别手段,以便更全面、彻底地识别出潜在风险。

(3) 风险识别成果。

通过风险识别得到风险清单,风险的简要陈述,及风险环境描述。编写风险文档,对风险问题进行简要陈述,记录风险场景,并将风险信息记入数据库,丰富完善数据库信息,并使风险信息得到共享。把风险识别结果反馈到整个项目,把风险对号入座,使风险识别结果在整个项目组中共享,对存在风险的区域要特别重视。

2. 风险分析

风险分析是风险管理过程中最重要的环节。人们应用风险分析工具,加深对风险的认识与理解,使风险及风险背景明晰化,从而为有效地管理风险提供基础。它以风险管理计划为依据,以风险识别的结果为基础,通过建立风险评价体系,对项目风险因素进行综合分析,并估算出各个风险发生的概率及其可能导致的损失大小,从而找到该项目的关键风险,确定项目的整体风险水平,为如何处置这些风险提供科学依据,以保障项目的顺利进行。

（1）风险分析的依据。

前面风险管理环节的输出结果，包括风险管理计划、已识别的风险；相关项目信息，包括项目计划、章程、目标、特点、状态、约束；数据库中相关历史信息。

（2）风险分析过程。

风险分析过程是充分利用已有的风险数据，进行分析挖掘，为风险管理提供科学依据的过程。首先，整理已识别风险，对风险进行度量。定义风险度量准则，风险度量准则是对风险进行排序的最基本依据。风险度量包括对可能性的度量和对后果的度量，风险度量分为定性和定量两种方法。对可能性的定性度量使用的是描述性语言，包括：极低、低、中、高、极高，也可简单定义为：低、中、高。对可能性的定量度量是将可能性等级量化，多用概率来表示可能性，也可用相对数字来表示，例如极低、低、中、高、极高，分别对应 1、3、5、7、9。定量分析多用于模型分析和复杂项目的多风险分析。对后果的度量也有定性和定量两种方法。目前多采用定性与定量相结合的分析度量方法。

对风险进行分类，将类似风险归为一组。对风险的分析要从不同角度进行，这样才能全面了解风险形势。

按软件开发过程中所处的阶段，如需求分析阶段、设计阶段、编码测试阶段、运行维护阶段，分别对每个阶段进行风险排序，估算每个阶段的风险量，对各阶段的相对风险量进行比较。

按风险所处的风险领域、需求、团队、技术、配置等进行分类，对每个领域的风险排序，估算每个领域的风险量，比较每个风险领域的相对大小。

按对项目进度、成本、质量目标的影响，划分为进度风险、成本风险、质量风险。分别对影响每个目标的风险进行排序，估算每一类的风险量，找出受风险影响最大的目标。同时，还利用 WBS 把风险对号入座，得到风险分布图，找出风险集中的区域。此外，对于重复出现的风险，应记录其出现的次数，以及每次出现的时间和领域。

（3）风险分析结果。

通过分析比较确定风险最大的类、阶段、受风险影响最大的目标、哪类风险最频繁，哪些是局部风险、哪些是全局性风险，并整理出风险列表。对排序靠前的，作为风险管理的重点。运用因果分析图、网络图及 WBS 等，对风险来源、驱动因素和风险影响的区域和范围进行确定，找出风险的来龙去脉，发展变化的路径及风险间的关系及转化过程。找出主要风险驱动因素，并分析这些风险因素隶属于哪个管理领域，从源头降低风险发生的可能性。最后，将风险分析结果归档，并使相关人员共享。根据风险分析结果确定出风险的重点阶段和区域，作为风险管理及整个项目管理的重点。

3. 风险计划

风险计划是实施风险行动的依据与前提，是以风险管理计划为指导，根据项目目标、合同、资源、约束等，针对风险分析的结果，以降低风险发生概率和降低风险损失为目的而采取的行动及措施。因为风险行动包括风险监控和风险应对，所以风险计划应包括这两方面内容。

风险计划过程就是根据风险分析成果和风险管理计划及项目相关信息和资源对风险行动进行规划的过程。根据风险环境、风险管理目标和项目约束，确定风险应对策略。风险应对策略包括风险避免、转移、缓解、接受、储备以及退避等。根据风险管理成本/收益原则和风险分散原则选择最佳风险解决途径。风险可能发生也可能不发生,有些风险可能始终都不会发生,有些风险迹象也可能被忽视,直至出现无法补救的后果。因此,需要对风险做出预警。我们通过对风险指标的量化和风险阈值的设定建立风险触发机制。风险阈值为可接受的最低风险指标量化值。接下来以此为依据编写风险监控计划、风险应对计划并提交,使之共享,其他管理过程依照计划为之提供配合和支持。

4. 风险监控

风险监控包括动态监控风险状态,及时获取项目信息,根据衡量标准判断风险状态,掌握采取风险应对行动的时机。

风险监控过程是对处于潜伏期和活动期的所有风险的监控。对可能触发风险的各个指标因素进行监控,通过对各项风险指标的综合评价确定风险发生可能性的变化趋势。若表明风险发生可能性的迹象增加,则风险有正逐步演变为现实的可能。获取项目状态信息,并与计划中设置的风险值对比,若状态信息在可接受范围内,则项目进展正常,风险触发器处于未被激活状态;若超出可接受范围,则出现异常,风险状态由潜伏期转为活动期,风险触发器被激活报警,并按报警级别采取风险应对措施,并对风险状态继续跟踪监控;若各风险指标回落到可接受范围内,则触发器为风险解除状态。

5. 风险应对

风险应对就是处置风险的过程。风险无法被完全避免,对于某些风险也无须完全避免。重要的是把风险置于人们的控制之下。风险应对活动主要有三部分内容:事前、事中和事后。事前控制主要是降低风险发生的可能性,事后控制则主要是减小风险造成的损失。事中主要是对风险状态的监控,并随着风险状态的改变而做出不同的风险反应。风险应对过程就是要根据风险分析的结果和风险管理成本对制定的项目实施计划和方案进行风险评估,选择风险/收益比较小的方案,或按风险收益原则对原计划方案进行修改。从而达到对风险的事前控制。风险管理对于复杂的软件项目,还有一个重要的任务是,协调各管理过程间的关系。运用决策理论选择行动方案,对方案进行评估,使一方面的风险得到控制是否会引起其他风险。对不同方案的风险进行评估,选择风险较小的方案。为风险应对方案做出成本预算。对风险触发事件做出反应,执行风险行动计划,报告风险行动计划的执行情况,结合风险应对的效果和风险管理成本对风险行动计划进行修正,从而使得风险得到有效的防范、风险指标回落到可接受范围内、校正风险行动计划、积累风险经验。

11.3.3 软件项目风险管理实施

软件风险管理的实施是指一个特定的项目如何实施风险管理。包括风险管理计划实施因素和方法论。风险管理计划将资源分配给风险管理活动以满足项目要求。方法论是一套针对某一类知识的基本原则和方法,包括机制、技术和支持风险管理实施的工具。

风险管理的实施取决于项目中有责任和权力的人如何执行风险管理计划。成功始于高质量的计划,对于一个项目实施风险管理的过程可能包含在一个文档化的风险管理计划中,描述风险管理的途径。最好的途径是主动的、与项目紧密结合的、系统的和有原则的。

主动的风险管理意味着采取必要的行动去估计和控制风险,以防止软件项目出现问题,获得估计和控制风险也是一种主动的行为。在软件项目实施过程中进行风险管理必须与项目紧密结合,风险是实施过程中不可缺少的部分。风险管理要分配到日常的项目活动中去。实施风险管理仅靠识别风险是不够的,必须采取相当的应对措施。否则,风险就会成为问题。强调风险评估却没有相应的控制措施,项目就会失去平衡。要系统地实施风险管理,需要将 20% 的时间用于风险评估,将 80% 的时间用于风险控制。一个完整的风险应对决策需要遵循一定的原则,通过学习和时间逐步提高。

方法论指实施风险管理过程的方式和手段,包括具体的准则、方法和工具。准则指在一定约束下进行工作的人们所采用的基础规则。方法是一种技术或其他系统的过程的机制。工具包括用于有效执行风险管理的自动机制。方法反映了项目的特性,因为它们是项目选择实施过程的方式。

11.4　软件质量管理

在软件的项目管理中,软件的质量管理占据重要地位,因为不管是软件成本估算还是软件风险管理等,最终目的之一都是为了提高软件的质量。测试是软件质量保证的重要手段,通过软件质量的分析,初步给出判断,然后制定出具体的测试方案,切实地测试软件各方面的功能,发现缺陷并加以改进,有效提高软件质量。软件项目质量管理不是简单的结果检查,它是一套建立在质量管理思想基础上的一整套体系,贯穿于软件项目实施的整个过程。

11.4.1　软件质量评价体系

美国的 B. W. Boehm 和 R. Brown 先后提出了三层次的评价度量模型:软件质量要素、准则、度量。随后 G. Mruine 提出了自己的软件质量度量 SQM(Software Quality Metrics)技术,波音公司在软件开发过程中采用了 SQM 技术,日本的 NEC 公司也提出了自己的 SQM 工具,即 SQWAT,并且在成本控制和进度安排方面取得了良好的效果。

第一层是软件质量要素。软件质量可分解成 6 个要素,这 6 个要素是软件的基本特征:

(1) 功能性:软件所实现的功能满足用户需求的程度,功能性反映了所开发的软件满足用户称述的或蕴涵的需求的程度,即用户要求的功能是否全部实现了。

(2) 可靠性:在规定的时间和条件下,软件所能维持其性能水平的程度。可靠性对某些软件是重要的质量要求,它除了反映软件满足用户需求正常运行的程度外,也反映了在故障发生时能继续运行的程度。

(3) 易使用性:对于一个软件,用户学习、操作、准备输入和理解输出时,所做努力的程度。易使用性反映了与用户的友善性,即用户在使用本软件时是否方便。

(4) 效率性:在指定的条件下,用软件实现某种功能所需的计算机资源(包括时间)的有效程度。效率反映了在完成功能要求时,有没有浪费资源。

(5) 可维修性:在一个可运行软件中,为了满足用户需求、环境改变或软件错误发生时,进行相应修改所做的努力程度。可维修性反映了在用户需求改变或软件环境发生变更时,对软件系统进行相应修改的难易程度。一个易于维护的软件系统也是一个易理解、易测试和易修改的软件,以便纠正或增加新的功能,或允许在不同软件环境上进行操作。

(6)可移植性:从一个计算机系统或环境转移到另一个计算机系统或环境的容易程度。

第二层是评价准则,可分成 22 点。包括精确性(在计算和输出时所需精度的软件属性)、健壮性(在发生意外时,能继续执行和恢复系统的软件属性)、安全性(防止软件受到意外或蓄意的存取、使用、修改、毁坏或泄密的软件属性),以及通信有效性、处理有效性、设备有效性、可操作性、培训性、完备性、一致性、可追踪性、可见性、硬件系统无关性、软件系统无关性、可扩充性、公用性、模块性、清晰性、自描述性、简单性、结构性、产品文件完备性。

第三层是度量。根据软件的需求分析、概要设计、详细设计、实现、组装测试、确认测试和维护与使用 7 个阶段,制定了针对每一个阶段的问卷表,以此实现软件开发过程的质量控制。对于企业来说,不管是定制,还是外购软件后的二次开发,了解和监控软件开发过程每一个环节的进展情况、产品水平都是至关重要的,因为软件质量的高低,在很大程度上取决于用户的参与程度。

11.4.2 软件质量管理的基础活动

1. 制定质量方针

质量方针主要描述组织的质量宗旨和方向,有助于组织名誉和质量象征的创造,也为制定质量目标提供了框架。

2. 制定质量计划

制定质量计划是确保项目质量的第一步。

在项目的质量计划制定中,描述能够直接促成满足用户需求的关键因素是重要的。关于质量的组织政策、特定的项目范围说明书和产品描述,以及相关标准和准则都是质量计划编制过程的重要输入。质量计划制定的重要输出是,质量管理计划和为确保整个项目生命周期质量的各种检查表。以下是软件质量计划制定必须考虑的范围:

(1)目的和指标。

指出该软件质量保证计划所针对的软件项目(及其所属的各个子项目)的名称和用途,指出制定该计划的具体目的,还必须提出项目要完成的质量指标,包括功能指标、性能指标、综合测试错误率等。

(2)机构组织。

明确软件质量保证有关机构的组成。在本软件系统整个开发期间,需成立软件质量保证小组或指定保证人员负责质量保证工作。软件质量保证小组或软件质量保证人员必须检查和督促本计划的实施。

(3)任务。

描述计划所涉及的软件开发周期中有关阶段的任务,重点描述这些阶段为完成各项质量指标所应进行的软件质量保证措施。例如,必要的业务培训和技术培训、制定项目组的开发规范、各阶段应完成的各类文档及其管理、内部代码审核、内部版本的管理、单元测试及集成测试。

（4）职责。

指明软件质量保证计划中规定的每一个任务的负责单位或成员的责任。例如，质量保证小组中，组长全面负责有关软件质量保证的各项工作；项目的专职质量保证人员协助组长开展各项软件质量保证活动，负责审查所采用的质量保证工具、技术和方法，并负责汇总、维护和保存有关软件质量保证活动的各项记录。

（5）评审和检查。

规定开发周期中所必须要进行的技术和管理两方面的评审和检查工作。阶段评审（总体设计）、日常检查（周报、质量抽查）、软件验收（代码审核、综合测试）。

（6）工具、技术和方法。

若在开发周期中使用了支持该软件项目质量保证工作的工具、技术和方法，必须指出它们的目的，描述它们的用途。

项目范围的这些方面仅仅是几个与质量计划制定有关的需求问题。项目组在确定项目的质量目标和编制计划时，需要考虑所有这些项目范围问题。项目的主要用户也必须意识到他们在定义项目质量中的关键作用，并经常把他们的需要和期望与项目团队进行沟通。

3. 制定质量目标

质量目标给出了项目质量活动和项目产品在质量方面要达到的目的，质量目标的制定对完成的目标给出了产生的时机的限制，如阶段性的目标，过程目标等。质量目标的制定可以基于公司的历史质量数据或研究机构给出的参考数据，一般来说，公司都应建立自己的质量数据库，以便基于自己公司的质量数据制定计划和目标，这样的计划和目标才是现实的。一个好的质量目标应当是：可以达到的、明确的，最好是可以量化的，具有一定的挑战性，能给组织的持续改进带来动力的。

4. 质量保证

质量保证（Software Quality Assurance，SQA）是在质量体系中实施的有计划、有系统的活动，以提供满足项目相关标准的信心。质量保证一般以预防为导向，为质量持续改进收集质量数据并进行质量审核等。质量保证涉及软件开发过程的各个方面，综合测试与软件版本管理是尤为关键的两个环节。

综合测试分为项目集成测试和项目综合测试两个阶段。集成测试主要是在项目开发阶段完成了内部单元测试后，项目组内部将系统连接成为一个整体后的测试。它的主要目的是发现系统各个单元的连接问题及系统功能性问题。综合测试主要由业务人员按系统需求来完成整体应完成业务功能性的测试。

软件版本管理对于软件开发、系统上线、系统运行维护及系统的更新升级都至关重要。进行软件开发的人员，或许都经历过由于软件管理无序给项目开发带来的不良影响，甚至是灾难性的后果。例如，不同人对同一程序进行修改，由于没有进行版本管理，会造成后修改的程序将开始修改的程序进行覆盖的情况；或者是系统上线的程序并非最新的程序等问题。版本管理可包含程序、开发文档、开发规范及与项目相关的各类文档，可采用有关软件工具来进行管理。

5. 质量控制

质量控制是监控具体项目结果,以决定它们是否符合相关的质量标准及确定排除不满意结果原因的方法。质量控制活动不断监控过程,识别和消除产生问题的原因,利用统计过程控制来减小可变性和增加这些过程的效率。质量控制一般通过对所选定的控制对象进行测量,将测量结果与预先设定的标准进行比较,根据结果对产品做出必要的修正以保证产品符合质量标准。质量控制既包括系统实现时的质量控制,也包括系统分析、系统设计时的质量控制,还包括对文档、开发人员和用户培训的质量控制。

(1)制定并执行保证质量的规范。

制定并执行保证质量的规范开发小组在每个开发阶段之初,由质量/生产经理领导制定开发标准,如设计标准、编码规范、测试计划,以及开发文档规范等。标准建立后,质量/生产经理负责标准的实施情况审查,及时发现质量问题,督促小组其他成员严格按照标准来操作。

(2)制作规范的软件开发文档。

软件开发文档是对整个开发过程的记录和说明。除了程序代码以外,开发文档也是软件中必不可少的重要组成部分。它对于软件投入使用后的维护、重用和升级都有着非常重要的意义。越来越多的人把是否有完整规范的软件开发文档作为衡量软件过程质量的一个重要标准。

6. 质量审查

质量审查是一个独立的评价过程,用来保证项目是否符合项目质量管理要求和遵照已建立的质量程序和方针,质量审查会确定改进机会。

软件生命周期一般可以分为:需求分析、软件设计、软件实现、软件测试、安装维护等阶段。软件评审并不是在软件开发完毕后进行评审,而是在软件生命周期的各个阶段都要进行评审。因为在软件开发的各个阶段都可能产生错误,如果这些错误不及时发现并纠正,会不断地扩大,最后可能导致开发的失败。评审的目标主要在于:发现任何形式表现的软件功能、逻辑或实现方面的错误;通过评审验证软件的需求;确认已获得的产出是以统一的方式开发的。评审方法可以是:

(1)评审组由问题域和软件领域专家组成。

(2)在进行某阶段评审之前,开发小组首先提交一份内容涵盖技术和管理两个层面内容的评审报告至评审组。

(3)评审组成员在评审会之前熟悉报告内容。

(4)评审会当天由开发小组对提交的评审报告进行讲解。

(5)评审组可以对开发小组进行提问;提出建议和要求;也可以与开发小组展开讨论。

(6)评审组做出决策,接受该产品,不需做修改;或由于错误严重,拒绝接受;或暂时接受该产品,但需要对某一部分进行修改。开发小组还要将修改后的结果反馈至评审组。

11.5 软件配置管理（Software Configuration Management, SCM）

软件项目各阶段的成果包括各种版本的文档、程序、数据等。有效地维护项目成果的一致性、完整性、可跟踪性、安全性等主要通过配置管理来完成。项目成果的每一个元素称为软件配置中的一个配置项，是配置管理的最小单位。配置管理的目的是通过执行版本控制、变更控制等规程，以及使用配置管理软件，来保证所有配置项的完整性和可跟踪性。配置管理是对工作成果的一种有效保护形式，是反映公司项目、产品的过去与现在、动态的现实的资料和数据集中管理体现，是最终形成公司财富的重要资料和数据的重要来源。

11.5.1 配置管理活动

在质量体系的诸多支持活动中，配置管理处在支持活动的中心位置，它有机地把其他支持活动结合起来，形成一个整体，相互促进，相互影响，有力地保证了质量体系的实施。配置管理主要包括配置管理计划、版本控制、变更控制、配置项出库管理、配置库管理、配置管理报告。

1. 配置管理计划

配置管理人员依据《项目计划》，制定《配置管理计划》，软件控制配置委员会（SCCB）审批该计划。配置计划的主要内容有：①人员与职责；②软件硬件资源；③配置项计划；④基线计划；⑤配置库备份计划；⑥版本控制规则；⑦变更控制规则；⑧项目经理审批。

配置管理计划首要任务是制订配置项计划。项目开发管理活动过程中输出的文档、模型、源代码、测试脚本和数据等，称为工件。需要保存的工件都必须标识为配置项进行管理。配置项及其历史记录反映了软件的演化过程。配置项的主要属性有：名称、标识符、文件状态、版本、作者、日期等。

2. 版本控制

版本是确定在明确定义的时间点上某个配置项的状态。版本是一个系统的具体实例，它记录了软件配置项的演化过程。软件的新版本可能有不同的功能和性能，或者修改了软件错误；有些版本可能在功能上没有任何区别，而是专门针对不同的硬件环境或软件环境而设置。版本控制的目的是按照一定的规则保存配置项的所有版本，避免发生版本丢失或混淆等现象，并且可以快速准确地查找到配置项的任何版本。所有项目成员都必须遵照版本控制规程操作配置库。

（1）版本状态控制。

配置项的状态有三种："草稿"、"正式发布"和"正在修改"。配置项刚建立时其状态为"草稿"；配置项通过评审（或审批）后，其状态变为"正式发布"；此后若更改配置项，必须依照"变更控制规程"执行，其状态变为"正在修改"；当配置项修改完毕并重新通过评审（或审批）时，其状态又变为"正式发布"，如此循环。

（2）版本号管理。

① 处于"草稿"状态的配置项版本号格式为：0. Y. Z

Y、Z 数字范围为 1～9，随着草稿的不断完善，Y、Z 的取值应该递增。

② 处于"正式发布"状态的配置项的版本号格式为：X. Y. 0

X 为主版本号，取值范围为 1～99。Y 为次版本号，取值范围为 1～9。配置项第一次"正式发布"时，版本号为 1. 0. 0。如果配置项的版本升级幅度比较小时，一般只增大 Y 值，X 值保持不变。只有当配置项的版本升级幅度比较大时，才允许增大 X 值。

③ 处于"正式修改"状态的配置项的版本号格式为：X. Y. Z

配置项正在修改时，一般只增大 Z 值，X. Y 值保持不变。当配置项修改完毕，状态重新成为"正式发布"时，将 Z 值设置为 0，增加 X. Y 值。

（3）产品发布管理。

产品在发布之前，配置管理人员要确定待发布的产品是从软件基线库中提取出来的；在软件发布给最终用户之前，要准备发布记录，为软件产品分配发布版本号，同时要对它进行发布评审并确认其得到批准。一般来说，SCCB 所有成员都应该参加发布评审。

3. 变更控制

当配置项的状态成为"正式发布"，或者被"冻结"后，任何人都不能随意修改，必须依据"申请—审批—执行变更—（再评审）—结束"的变更流程执行。

为了提高效率，对于处于"草稿状态"的配置项，不必进行变更控制，因为它们本来就是草稿，本来就是要被不断修改的。当配置项状态为"正式发布"，或者该配置项已经成为某个基线的一部分（即被"冻结"）时，如果要修改配置项的话，那么按照变更控制规则执行。配置项变更流程如下：

（1）变更申请。变更申请人向 CCB（变更控制委员会）提交变更申请，重点说明"变更内容"和"变更原因"。

（2）审批变更申请。CCB 负责人（或项目经理）审批该申请，分析此变更对项目造成的影响。如果同意变更的话，则转向第③步，否则终止。

（3）安排变更任务。CCB 指定变更执行人，安排他们的任务。CCB 需要和变更执行人就变更内容达成共识。

（4）执行变更任务。变更执行人根据 CCB 安排的任务，修改配置项。CCB 监督变更任务的执行，如检查变更内容是否正确、是否按时完成工作等。

（5）对更改后的配置项重新进行技术评审（或审批）。

（6）结束变更。当所有变更后的配置项都通过了技术评审或领导审批后，这些配置项的状态从"正在修改"变迁为"正式发布"，本次变更结束。

一般来说，控制变更可以建立单项控制、管理控制及正式控制三种不同的类型。其中以正式控制最正规，管理控制次之。

实行配置管理意味着对配置的每一种变动都要有复查及批准手续。变动控制越正规，复查及批准手续就越麻烦。

变更控制包括建立控制点和建立报告与审查制度。对于一个大型软件来说，不加控制地变更很快就会引起混乱。因此变更控制是一项最重要的软件配置管理任务。

变更控制过程有两个重要的控制因素：存取控制和同步控制。

（1）存取控制管理各个用户具有存取和修改一个特定软件配置对象的权限。

（2）同步控制可用来确保由不同用户所执行的并发变更不会互相覆盖。

4. 配置项出库管理

为加强项目成果的保密性，配置管理针对配置项的出库制订了严格的审批流程。各小组的配置库只对本小组成员开放。小组之间需要传递配置项，需求者必须向配置管理员提出申请，填写《出库申请单》，具体描述需获取的配置项名称和用途。配置管理员根据申请内容确认该配置项是否可以出库，确认配置项可以出库后交付配置项给申请者，并将配置项交付记录记录到配置管理周报中。

考虑到开发过程中，项目组内部信息共享的普遍性和高效性，一般配置项不需向 SCCB 提交申请。但项目组与外部组织或个人的配置项交互要严格按照管理流程执行。

5. 配置库管理

配置项按一定的关系组织成配置库存储在物理介质上，将相应的操作权限分配给项目人员进行维护管理，通过定时备份机制保证配置库的安全。

（1）开发库。

开发库设置管理区（提交项目组项目管理相关文档）、工作区（提交开发过程中各组产生的工件版本）、共享区（提交项目组可共享的文档或资料）三个目录。

（2）受控库。

受控库分为需求基线（提交经项目组正式发布的配置项，按版本归档）、设计基线（提交经项目组正式发布的配置项，按版本归档）、开发基线（提交经项目组正式发布的配置项，按版本归档）。

基线（Baseline）按 IEEE 1990 定义为：已经通过正式技术评审和批准的规格说明或软件产品，它可以作为进一步开发的基础，并只能通过正式修改控制规程才能实现修改。基线可以作为一个检查点，特别是在开发过程中，当采用的基线发生错误时，总可以返回到最近和最恰当的基线上，至少可以知道处于什么位置；它可以作为区分两个或多个交叉的开发路径的起始点，这比从各支路最初的交汇点开始要好；对于开发组和用户内部一致的基线是理想的正式评审目标；包含测试系统的基线可以正式发行，用于评价和培训，或用于其他相关系统的辅助测试。基线通常对应于开发过程中的里程碑，一个产品可以有多个基线。

（3）产品库。

产品库设置文档区、代码区两个目录。用来管理向用户提交的 Release 版本基线产品。

6. 配置管理报告

配置管理人员定期发布配置管理方面的报告，通报给项目相关管理人员。主要提供《项目配置管理周报》、《基线审计报告》等。

（1）项目配置管理周报。

配置管理周报主要内容包括：

① 配置项审计：总体计划、周任务需要提交的配置项完成情况等。

② 配置库审计：配置项出库交付情况等。

③ 不合格配置项情况。

④ 上周遗留问题。

（2）基线审计报告。

基线审计的目的是保证基线软件工作产品的完整性和一致性，并且满足其功能要求。基线审计报告主要内容如下：

① 基线库是否包括所有计划纳入的配置项，版本迭代情况是否清楚。

② 基线库中配置项自身的内容是否完整，文档中所提到的参考或引用是否存在。

③ 各基线产品之间的可追踪性、一致性及具体对应关系。尤其在有变更发生时，要检查所有受影响的部分是否都做了相应的变更。审核发现的不符合项要进行记录，并跟踪直到解决。对于代码，要根据代码清单检查是否所有源文件都已存在于基线库。同时，还要编译所有的源文件，检查是否可产生最终产品。

11.5.2 软件配置管理工具

软件配置管理（Software Configuration Management，SCM）过程通常是一个标准化的过程，完全按照一个预定义的规程去做。配置管理过程需要对大量的数据进行认真的管理，对细节的关注十分重要。在从组件版本构建系统时，一个配置管理错误就能让软件不能正常工作。因此，利用计算机辅助软件工程（Computer Aided Software Engineering，CASE）工具支持配置管理是至关重要的，自 20 世纪 70 年代以后，配置管理的各个方面的工具就开始大量涌现。

这些工具可以结合起来形成配置管理工作台来支持所有的 SCM 活动。有两种类型 SCM 工作台：

1. 开放式工作平台

SCM 过程中每个阶段所用的工具往往会与标准的机构规程组合在一起。对于专门的，有许多商业应用的和开源的 SCM 工具也可在 SCM 中采用。变更管理可使用缺陷追踪工具如 Bugzilla，版本管理可使用修订控制系统（Revision Control System，RCS）或并行版本控制系统（Concurrent Version System，CVS）等工具，系统构建则使用 make 或 imake 等工具，这些都是开源免费使用的工具。

2. 集成工作平台

这些工作平台为版本管理、系统构建及变更追踪提供集成的设施。例如，Rational 的统一变更管理过程依赖于一个集成的 SCM 工作平台，它有面向系统构建和版本管理的 ClearCase 以及面向变更追踪的 ClearQuest。集成 SCM 工作平台的优点是数据转换简单，且工作平台内集成一个 SCM 数据库。集成的 SCM 工作平台源于早期的系统，例如，用于变更管理的 Lifespan 和用于版本管理和系统构建的 DSEE（Data Stage Enterprise Edition）。然而，集成 SCM 工作平台很复杂也很昂贵，所以许多机构更愿意使用便宜的、简单的单个支持工具。

许多大型系统是在不同地点开发的，这就需要 SCM 工具支持多点多个配置项的数据存储的工作方式。例如 CVS,就具有多点工作的设施。然而,大多数 SCM 工具是设计成为单点工作服务的。

CVS 适于中小型软件企业使用,也经常应用在开放源码软件的开发工作中,Linux 操作系统就是在分布式 CVS 上开发成功的一个典型案例。

CVS 将源代码文件放在软件配置库中,开发人员修改文件时首先将配置库中的文件复制到自己的工作空间,然后在独立的工作空间中实施修改。

CVS 允许多个开发人员同时获取同一个文件的同版本源文件。开发人员提取一个文件时,将在自己的工作空间中建立一个与其他开发人员相互独立的复制,此文件的版本号与文件"头"版本相同,除非使用 commit 命令完成版本的永久性升级。同时,其他人员可以使用 update 命令使自己的版本号与"最新的头版本号"相一致。如果开发人员在 checkout 后发现头版本改变了,可以用 RCS 的 rcsmerge 命令形成一个新文件,它既包括原来的内容也包括修改的内容。如果开发人员与同时修改同一个文件的其他人员发生冲突,可以通知他们进行手工修改。

CVS 采用的是一种"复制-修改-合并"的方法进行版本控制。这种方法的好处在于,开发人员可以得到一份源文件的复制,并不会对软件配置库中的文件加锁,从而为并行开发提供了可能。开发人员可以在自己的开发环境下实施修改,提交自己修改的文件,并与原有版本进行合并形成一个新的版本。

11.6　人员的组织与管理

软件项目成功的关键是有高素质的软件开发人员。然而大多数软件的规模都很大,单个软件开发人员无法在给定期限内完成开发工作,因此,必须把多名软件开发人员合理地组织起来,使他们有效地分工协作共同完成开发工作。

为了成功地完成软件开发工作,项目组成员必须以一种有意义且有效的方式彼此交互和通信。如果组织项目组是一个重要的管理问题,管理者应该合理地组织项目组,使项目组有较高生产率,能够按预定的进度计划完成所承担的工作。经验表明,项目组组织得越好,其生产率越高,而且产品质量也越好。

除了追求更好的组织方式之外,每个管理者的目标都是建立有凝聚力的项目组。一个有高度凝聚力的小组,由一批团结得非常紧密的成员组成,他们的整体力量大于个体力量的总和。一旦项目组具有了凝聚力,成功的可能性就大大增加了。

本节介绍几种常见的项目组织形式。管理人员应该了解这些常用的组织形式,根据项目的具体情况决定具体的项目组织形式。此外,也不要局限于这几种组织形式,在实践中还要不断地探索新的组织形式,完善已有的组织形式,这也是能力成熟度模型(Capability Maturity Model for Software,CMM)最高级对一个组织的要求。

11.6.1　民主制程序员组

民主制程序员组的指导思想是民主决策、民主监督,它要求改变评价程序员价值的标准,使得每个程序员都鼓励该组织中的其他成员找出自己编写的代码中的错误。

民主制程序员组的一个重要特点是,小组成员完全平等,享有充分民主,通过协商做出技术决策,这也有可能导致责任不明确,可能出现表面上人人负责,实际上人人都不负责的局面。小组成员之间的通信是平行的,如果小组内有 n 个单元,则可能的通信信道共有 $n(n-1)/2$ 条。因此,程序设计小组的人数不能太多,否则组员间彼此通信的时间将多于程序设计时间。此外,通常不能把一个软件系统划分成大量独立的单元,因此,如果程序设计小组人数太多,则每个组员负责开发的程序单元与系统其他部分的界面将是复杂的,不仅出现接口错误的可能性增加,而且软件测试将既困难又费时间。

一般说来,程序设计小组的规模应该比较小,以 2～8 名成员为宜。如果项目规模很大,用一个小组不能在预定时间完成开发任务,则应该使用多个程序设计小组,每个小组承担工程项目的一部分任务,在一定程度上独立自主地完成各自的任务。系统的总体设计应该能够保证由各个小组负责开发的各部分之间的接口具有良好的定义,并且尽可能简单。

小组规模小,不仅可以减少通信问题,而且还有其他好处。例如,容易确定小组的质量标准,而且用民主方式确定的标准更容易被大家遵守;组员间关系密切,能够互相学习等。

民主制程序员组通常采用非正式的组织方式,也就是说,虽然名义上有一个组长但是他和组内其他成员完成同样的任务。在这样的小组中,由全体讨论协商决定应该完成的工作,并且根据每个人的能力和经验分配适当的任务。

民主制程序员组的主要优点是,组员们对发现程序错误持积极的态度,这种态度有助于更快速地发现错误,从而编写出高质量的代码。

民主制程序员组的另一个优点是,组员们享有充分民主,小组有高度凝聚力,组内学术空气浓厚,有理论与攻克技术难关。因此,当有难题需要解决时,或当所要开发的软件的技术难度较高时,采用民主制程序员组是适宜的。

如果组内多数成员是经验丰富技术熟练的程序员,那么采用民主制程序员的组织方式可能会非常成功。在这样的小组内组员享有充分民主,通过协商,在自愿的基础上做出决定,因此能够增强团结、提高工作效率。但是,如果组内多数成员技术水平不高,或是缺乏经验的新手,那么这种组织方式也有严重缺点:由于没有明确的权威指导开发工程的进行,组员间将缺乏必要的协调,最终可能导致工程失败。

为了使少数经验丰富、技术高超的程序员在软件开发中能够发挥更大作用,程序设计小组也可以采用下面介绍的主程序员组织形式。

11.6.2　主程序员组

美国 IBM 公司在 20 世纪 70 年代初期开始采用主程序员的组织方式。采用这种组织方式主要出于下述几点考虑:

(1) 软件开发人员多数比较缺乏经验。

(2) 程序设计过程中有很多事务性的工作,例如,大量信息的存储和更新。

(3) 多渠道通信很费时间,将降低程序员的生产率。

主程序员组用经验丰富、技术好、能力强的程序员作为主程序员,同时,利用任何计算机在事务性工作方面给主程序员提供充分支持,而且所有通信都通过一两个人进行。

该组由主程序员、后备程序员、编程秘书以及 1～3 名程序员组成。在必要的时候,该组还有其他领域的专家协助。

主程序员组核心人员的分工如下：

（1）主程序员既是成功的管理人员又是经验丰富、技术好、能力强的高级程序员，负责体系结构设计和关键部分的详细设计，并且负责指导其他程序员完成详细设计和编码工作。程序员之间没有通信渠道，所有接口问题都由主程序员处理。主程序员对每行代码的质量负责，因此，他还要对组内其他成员的工作成果进行复查。

（2）后备程序员也应该技术熟练而且富于经验，他协助主程序员工作并且在必要时接替主程序员的工作。因此，后备程序员必须在各个方面都和主程序员一样优秀，并且对本项目的了解也应该和主程序员一样深入。平时，后备程序员的工作主要是，设计测试用例、分析测试结构及独立于设计过程的其他工作。

（3）编程秘书负责完成与项目有关的全部事务性工作，例如，维护项目资料库和项目文档，编译、链接、执行源程序和测试用例。

注意，上面介绍的是 20 世纪 70 年代初期的主程序员组组织结构，现在的情况已经和当时大不相同了，程序员已经有了自己的终端或工作站，他们自己完成代码的输入、编辑、编译、链接和测试等工作，无须由编程秘书统一做这些工作。典型的主程序员组的现代形式将在 11.6.3 节介绍。

虽然主程序员组的组织方式说起来有不少优点，但是它在许多方面却是不切实际的。

首先，如前所述，主程序员应该是高级程序员和优秀管理者的结合体。承担主程序员工作需要同时具备这两方面的才能，但是，在现实社会中这样的人才并不多见。通常，既缺乏成功的管理者也缺乏技术熟练的程序员。

其次，后备程序员更难找。人们期望后备程序员像主程序员一样优秀，但是他们必须坐在"替补席"上，拿着较低的工资等待随时接替主程序员的工作。几乎没有一个高级程序员或高级管理人员愿意接受这样的工作。

第三，编程秘书也很难找到。专业的软件技术人员一般都厌烦日常的事务性工作，但是，人们却期望编程秘书整天只干这类工作。

我们需要一种更合理、更现实的组织程序员组的方法，这种方法应该能充分结合民主制程序员组和主程序员组的优点，并且能用于实现更大规模的软件产品。

11.6.3   现代程序员组

民主制程序员组的一个主要优点是小组成员都对发现程序错误持积极主动的态度。但是，在采用主程序员组的组织方式时，主程序员对每行代码的质量负责，因此，他必须参与所有代码审查工作。由于主程序员同时又是负责对小组成员进行评价的管理员，他参与代码审查工作就会把所有发现的程序错误与小组成员的工作业绩联系起来，从而造成小组成员出现不愿意发现错误的心理。

解决上述问题的方法是，取消主程序员的大部分行政管理工作。前面已经指出，很难找到既是高度熟练的程序员又是成功的管理员的人，取消主程序员的行政管理工作，不仅解决了小组成员不愿意发现程序错误的心理问题，也使得寻找主程序员的任选不再那么困难。于是，实际的"主程序员"应该由两个人共同担任：一个技术负责人，负责小组的技术活动；一个行政负责人，负责所有非技术性事务的管理决策。技术组长自然要参与全部代码审查工作，因为他要对代码的各方面质量负责；相反，行政组长不参与代码审查工作，因为他的职责是对程序员的业绩进行评价。行政组长应该在常规调度会议上了解每名组员的技术能力和工作业绩。

在开始工作之前明确划分技术组长和行政组长的管理权限是很重要的。但是,即使已经做了明确分工,也会出现职责不清的矛盾。例如,考虑年度休假问题,行政组长有权批准某个程序员休年假的申请,因为这是一个非技术性问题,但是技术组长可能马上否决了这个申请,因为项目接近预定的项目结束日期,可能人手非常紧张。解决这类问题的办法是求助于更高层的管理人员,对行政组长和技术组长都认为是属于自己职责范围内的事务,制定一个处理方案。

由于程序员组成员人数不宜过多,当软件项目规模较大时,应该把程序员分成若干个小组。产品开发作为一个整体是在项目经理的指导下进行的,程序员向他们的组长汇报工作,而组长则向项目经理汇报工作。当产品规模更大时,可以适当增加中间管理层次。

把民主制程序员组和主程序员组的优点结合起来的另一种方法,是在合适的地方采用分散做决定的方法。这样做有利于形成畅通的通信渠道,以便充分发挥每个程序员的积极性和主动性,集思广益攻克技术难关。这种组织方式对于适合采用民主方法的一类问题非常有效。尽管这种组织方式适当地发扬了民主,但是上下级之间的箭头仍然是向下的,也就是说,是在集中指导下发扬民主。显然,如果程序员可以指挥项目经理,则只会引起混乱。

11.6.4 软件项目组

程序员组的组织方式主要用于实现阶段,当然也适用于软件生命周期的其他阶段。Mantei 提出了三种通用的项目组织方式:民主分权式、控制分权式和控制集权式。

(1) 民主分权式。这种软件工程小组没有固定的负责人,任务协调人是临时指定的,随后将由新的协调人取代。用全体组员协商一致的方法对问题及解决问题的方法做出决策。小组成员间的通信是平行的。

(2) 控制分权式。这种软件工程小组有一个固定的负责人,协调特定任务的完成并指导负责子任务的下级领导人的工作。解决问题仍然是一项群体活动,但是,通过小组负责人在子组之间划分任务来实现解决方案。子组和个人之间的通信是平行的,但是也有沿着控制层的上下级之间的通信。

(3) 控制集权式。小组负责人管理顶层问题的解决过程并负责组内协调。负责人和小组成员之间的通信是上下级式的。

在选择软件工程小组的结构时,应该考虑以下 7 个项目因素:

(1) 待解决问题的困难程度。

(2) 要开发的程序的规模。

(3) 小组成员在一起工作的时间。

(4) 问题能够被模块化的程度。

(5) 待开发系统的质量和可靠性的要求。

(6) 交付日期的严格程度。

(7) 项目的通信程度。

集权式结构能够更快地完成任务,它最适合处理简单问题。分权式的小组比起个人来,能够产生更多、更好的解决方案,这种小组在解决复杂问题时成功的可能性更大。因此,控制分权式或者控制集权式小组能够成功地解决简单的问题,而民主分权式结构则适合于解决难度较大的问题。

小组的性能与必须进行的通信量成反比,所以开发规模很大的项目最好采用控制分权式或者控制集权式结构的小组。

小组生命周期长短影响小组的士气。经验表明,民主分权式结构能够带来较高的士气和较高的工作满意度,因此适合于生命周期长的小组。

民主分权式结构最适合于解决模块化程度较低的问题,因为解决这类问题需要更大的通信量。如果能够达到较高的模块化程度,则控制分权式或者控制集权式小组结构更为适宜。经研究发现,控制分权式或者控制集权式小组结构产生的缺陷比民主分权式结构小组少,但这些数据在很大程度上取决于小组采用的质量保证的问题。完成一个项目,分权式结构通常比集权式结构需要更多的时间;不过当需要高通信量时,分权式结构是最适宜的。

11.7   本章小结

软件项目管理和软件工程之间是相辅相成的,是软件开发中的两个方面。软件项目管理是一种更全面、更通用的管理方法、技术和工具的集合,一个项目或产品的进度计划就属于项目管理的范畴。软件工程是软件项目开发过程中的具体技术和工具,只定义了各个阶段的基本任务和结束标准,并没有从宏观上把握整个项目或产品的开发。所以,两者必须相互结合才能更好地在软件开发项目中更好地实施项目管理。

在软件项目管理过程中,一个关键的活动是制定项目计划,它也是软件开发工作的第一步,主要包括:软件规模估算、软件进度计划、软件成本估算三个内容。项目计划的目标是为项目负责人提供一个框架,使之能合理地估算软件项目开发所需的资源、经费和开发进度,并控制软件项目开发过程按此计划进行。在做计划时,必须就需要的人力、项目持续时间及成本做出估算。这种估算大多是参考以前的花费做出的。软件项目计划包括两个任务:研究和估算,即通过研究确定该软件项目的主要功能、性能和系统界面。

软件项目风险是指在软件开发过程中遇到的预算和进度等方面的问题以及这些问题对软件项目的影响。软件项目风险会影响项目计划的实现,如果项目风险变成现实,就有可能影响项目的进度,增加项目的成本,甚至使软件项目不能实现。如果对项目进行风险管理,就可以最大限度地减少风险的发生,提高项目的成功率;可以增加团队的健壮性,与团队成员一起进行风险分析可以让大家对困难有充分估计,对各种意外有心理准备,大大提高组员的信心,从而稳定队伍;可以帮助项目经理抓住工作重点,将主要精力集中于重大风险,将工作方式从被动救火转变为主动防范。

软件质量管理贯穿于软件项目开发的各个阶段,首先是从项目立项时就要提出项目的质量指标,并据此拟定开发计划;在需求分析时应按照有利于提高软件质量的方法进行设计;进入项目设计阶段时,需要对本阶段产生的总体设计进行评审,同时产生下一阶段(程序设计)的开发编码规范;程序设计完成后,应该按照此编码规范进行程序代码的审查;综合测试后产生质量评价表,对项目做出综合评价;版本管理是对程序代码进行的管理。

软件配置管理是一种标识、组织和控制修改的技术。软件配置管理应用于整个软件工程过程,目标就是为了标识变更、控制变更、确保变更正确实现并向其他有关人员报告变更。

从某种角度讲,软件配置管理的目的是使错误降为最小并最有效地提高生产效率。

软件开发中的开发人员是最大的资源。对人员的配置、调度安排贯穿整个软件过程,人员的组织管理是否得当,是影响软件项目质量的决定性因素。比较典型的组织结构有民主制程序员组、主程序员组和现代程序员组三种,这三种组织方式的适用场合并不相同,要根据项目规模、工期、预算、开发环境等因素进行合适的选择。

习 题 11

1. 请简述软件项目管理的特点。

2. 什么是基线? 简述基线在现代软件管理中的作用。

3. 某个软件项目需要 30 名开发人员,现有两种人员组织方案:

(1) 将 30 人划为一个开发组统一管理。

(2) 按每个小组 6 人的方式,将 30 人分为 5 个小组。

请分析比较上述两种方案的优缺点。

4. 如图 11.4 所示是某软件项目的活动网络图,圆框中的数字代表活动所需的周数,要求:

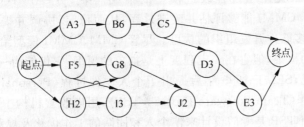

图 11.4 活动网络图

(1) 找出关键路径和完成项目的最短时间。

(2) 标出每项活动的最早起止时间和最迟起止时间。

(3) 假设活动 G 的持续时间因故延长至 10 周,试问完成该项目的最短时间有何变化,关键路径有何变化,说明了什么?

5. 请简述甘特图和关键路径分析法的特点。

6. 假设你是一个软件项目的负责人,该项目要求开发一个安全性要求极高的医疗控制系统,用于控制医院病人的放射性治疗。该系统是嵌入式系统,内存限定在 16MB,病人的放射治疗信息将记录到数据库中。

(1) 请使用简单 COCOMO 模型估算系统开发的工作量。

(2) 请考虑产品、计算机、人员和项目等影响因素,使用中间 COCOMO 模型估算系统开发的工作量,并说明考虑这些因素的理由及其取值。

7. 软件风险管理的主要步骤是什么? 请简述各个步骤的主要内容。

8. 软件配置管理活动包括哪些方面? 请简述各个方面的主要内容。

9. 软件规模估算方法有哪些? 请对这些方法进行比较。

10. 请利用功能点分析法来确定一个软件实例的系统规模。

第 12 章

软件成熟度模型与软件过程

多年来,软件危机一直困扰着许多软件开发机构。不少人试图通过采用新的软件开发技术来解决在软件生产率和软件质量等方面存在的问题,但效果并不令人十分满意。

美国卡内基·梅隆大学软件工程研究所 SEI(Software Engineering Institute)二十多年来一直致力于创建并推广一系列方法来帮助企业有效地开发高质量软件。20 世纪 80 年代末,SEI 建立了一种用于评价软件机构的软件过程能力成熟度的模型——CMM(Capability Maturity Model)。CMM 的提出在一定程度上解决了企业所面临的软件危机,受到众多企业的一致好评。SEI 又提出了过程改进模型的集成框架——CMMI(Capability Maturity Model Integration)。CMMI 能够评估并改进过程,从而稳定、协调并提高这些组织绩效的根本能力,得到了许多软件开发组织的认可。尽管 CMM、CMMI 模型给软件开发提供了一个有力的和可改进的框架,但它在一定程度上是抽象的模型,它仅能为一般的软件机构提供指导。针对这种情况,SEI 于 1995 年后提出了个人软件过程(Personal Software Process,PSP)和团队软件过程(Team Software Process,TSP),用以改善机构中小组过程能力和个体软件能力。PSP 和 TSP 是专门设计来使个人和团队的工作优化及规范化的,通过让个人和团队使用一些预定义的标准流程来建立可测量的目标,跟踪目标的完成情况,从而提高质量,与 CMM/CMMI 相结合,构建高绩效的团队,优化整个组织的流程。

12.1 能力成熟度模型

CMM 是对于软件组织在定义、实施、度量、控制和改善其软件过程的实践中各个发展阶段的描述。CMM 的核心是把软件开发视为一个过程,并根据这一原则对软件开发和维护进行过程监控和研究,以使其更加科学化、标准化,使企业能够更好地实现商业目标。

CMM 目前通用流行的版本是 1.1(Version 1.1)。按照软件工程研究所 SEI 原来的计划,CMM 的改进版本 2.0(V2.0)是要在 1997 年 12 月完成的。但是,美国国防部办公室要求软件工程研究所(SEI)延迟发放公布 CMM 版本 2.0,直至他们完成另一个更为紧迫的项目——CMMI。CMMI 将在后续章节中详细介绍。

能力成熟度模型集成 CMMI,是美国国防部的一个设想。他们希望把所有现存的与即将开发出来的各种能力成熟度模型,集成到一个框架中去。这个框架用于解决两个问题:第一,软件获取办法的改革;第二,从集成产品与过程发展的角度出发,建立一种包含健全的系统开发原则的过程改进。

CMM 为软件企业的过程能力提供了一个阶梯式的改进框架,它基于过去所有软件工程过程改进的成果,吸取了以往软件工程的经验教训,提供了一个基于过程改进的框架;它指明了一个软件组织在软件开发方面需要管理哪些主要工作、这些工作之间的关系,以及以怎样的先后次序,一步一步地做好这些工作而使软件组织走向成熟。

12.1.1 CMM 的诞生

软件管理工程引起广泛注意源于 20 世纪 70 年代中期。当时美国国防部曾立题专门研究软件项目没有成功的原因,发现 70% 的项目是因为管理不善而引起,而并不是因为技术实力不够,进而得出一个结论,即管理是影响软件研发项目全局的因素,而技术只影响局部。到了 20 世纪 90 年代中期,软件管理工程不善的问题仍然存在,大约只有 10% 的项目能够在预定的费用和进度下交付。软件项目失败的主要原因有:需求定义不明确;缺乏一个好的软件开发过程;没有一个统一领导的产品研发小组;子合同管理不严格;没有经常注意改善软件过程;对软件构架不重视;软件界面定义不完善且缺乏合适的控制;软件升级暴露了硬件的缺点;关心创新而不关心费用和风险等。在关系到软件项目成功与否的众多因素中,软件度量、工作量估计、项目规划、进展控制、需求变化和风险管理等都是与工程管理直接相关的因素。由此可见,软件管理工程的意义至关重要。

软件管理工程和其他工程管理相比有其特殊性。首先,软件是知识产品,进度和质量都难以度量,生产效率也难以保证。其次,软件系统的复杂程度也是超乎想象的。因为软件复杂和难以度量,软件管理工程的发展还很不成熟。

软件管理工程的发展,在经历了从 20 世纪 70 年代开始以结构化分析与设计、结构化评审、结构化程序设计以及结构化测试为特征的结构化生产时代;到 20 世纪 90 年代中期,能力成熟模型 CMM、个体软件过程 PSP 和团队软件过程 TSP 为标志的以过程为中心的时代;软件发展第三个时代,即软件工业化生产时代,从 20 世纪 90 年代中期软件过程技术的成熟,面向对象技术、构件技术也得到迅速发展。

软件过程的改善是当前软件管理工程的核心问题。五十多年来计算事业的发展使人们认识到想要高效率、高质量和低成本地开发软件,必须改善软件生产过程。软件生产转向以改善软件过程为中心,是世界各国软件产业或迟或早都要走的道路。软件工业已经或正在经历着"软件过程的成熟化",并向"软件的工业化"渐进过渡。规范的软件过程是软件工业化的必要条件。

12.1.2 CMM 的发展

1987 年,美国 Carnegie Mellon 大学软件工程研究所(CMU/SEI)以 Watts. Humphrey 为首的研究组发表了 CMM/PSP/TSP 技术,为软件管理工程开辟了一条新的途径。

CMM 框架用 5 个不断进化的层次来评定软件生产的历史与现状:其中初始层是混沌的过程,可重复层是经过训练的软件过程,定义层是标准一致的软件过程,管理层是可预测的软件过程,优化层是能持续改善的软件过程。任何单位所实施的软件过程,都可能在某一方面比较成熟,在另一方面不够成熟,但总体上必然属于这 5 个层次中的某一个层次。而在某个层次内部,也有成熟程度的区别。在 CMM 框架的不同层次中,需要解决带有不同层次特征的软件过程问题。任何软件开发单位在致力于软件过程改善时，只能由所处的层次向紧邻的上一层次进化。而且在由某一成熟层次向上一更成熟层次进化时，在原有层次中的那些已经具备的能力还必须得到保持与发扬。CMM 描述的这个框架正是刻画出从无定规的混沌过程向训练有素的成熟过程演进的途径。

CMM 包括两部分："软件能力成熟度模型"和"能力成熟度模型的关键惯例"。"软件能力成熟度模型"主要是描述此模型的结构，并且给出该模型的基本构件的定义。"能力成熟度模型的关键惯例"详细描述了每个"关键过程方面"涉及的"关键惯例"。这里"关键过程方面"是指一组相关联的活动；每个软件能力成熟度等级包含若干个对该成熟度等级至关重要的过程方面，它们的实施对达到该成熟度等级的目标起到保证作用。这些过程域就称为该成熟度等级的关键过程域（Key Process Area，KPA）。反之，非关键过程域（对达到相应软件成熟度等级的目标）不起关键作用。归纳为：互相关联的若干软件实践活动和有关基础设施的一个集合。而"关键惯例"是指使关键过程方面得以有效实现和制度化的作用最大的基础设施和活动，对关键过程的实践起关键作用的方针、规程、措施、活动以及相关基础设施的建立。关键实践一般只描述"做什么"而不强制规定"如何做"。各个关键惯例按每个关键过程方面的 5 个"公共特性"（对执行该过程的承诺，执行该过程的能力，该过程中要执行的活动，对该过程执行情况的度量和分析，以及证实所执行的活动符合该过程）归类，逐一详细描述。当做到了某个关键过程的全部关键惯例就认为实现了该关键过程，实现了某成熟度级及其以低级所含的全部关键过程就认为达到了该级。

12.1.3　CMM 体系结构

一个企业软件能力类似于一个人在一个特定领域的能力，是逐步获得和增长的。如果一个人在其领域的发展过程中能得到一个很好的指南，那么他或她就会不断达到一个个设定的目标，并变得成熟起来，否则可能会盲目发展，离自己的目标越来越远。一个企业的软件能力发展也同样需要一个良好的指南，SW-CMM 正是这样一个指南，它以几十年产品质量概念和软件工业的经验及教训为基础，为企业软件能力不断走向成熟提供了有效的步骤和框架。

1. 框架

SW-CMM 为软件企业的过程能力提供了一个阶梯式的进化框架，阶梯共有 5 级。第一级实际上是一个起点，任何准备按 CMM 体系进化的企业都自然处于这个起点上，并通过这个起点向第二级迈进。除第一级外，每一级都设定了一组目标，如果达到了这组目标，则表明达到了这个成熟级别，可以向下一个级别迈进。CMM 体系不主张跨越级别的进化，因为从第二级起，每一个低的级别实现均是高的级别实现的基础。

2. 结构

CMM 把软件开发组织的能力成熟度分为 5 个等级，如下：

（1）第一级：基本级。

基本级（或初始级）的软件过程是未加定义的随意过程，项目的执行是随意甚至是混乱的。也许，有些企业制定了一些软件工程规范，但若这些规范未能覆盖基本的关键过程要求,且执行没有政策、资源等方面的保证时,那么它仍然被视为初始级。

处于这个最低成熟度等级的软件机构,基本上没有健全的软件工程管理制度,其软件过程完全取决于项目组的人员配备,所以具有不可预测性,过程随着人员的改变而改变。如果一个项目碰巧由一个杰出的管理者和一支有经验、有能力的开发队伍承担,则这个项目可能是成功的。但是,更常见的情况是,由于缺乏健全的管理和周密的计划,延期交付和费用超支的情况经常发生,结果,大多数行动只是应付危机,而不是完成事先计划好的任务。

特征:

① 软件过程的特点是杂乱无章,有时甚至混乱。几乎没有定义过程的规则或步骤。

② 过分的承诺。常做出良好的承诺:如"按照软件工程方式,有序的工程过程来工作";或达到高目标的许诺。但实际上却出现一系列危机。

③ 遇到危机就放弃原计划过程,反复编码和测试。

④ 成功完全依赖个人努力和杰出的专业人才,取决于超常的管理人员和杰出有效的软件开发人员。具体的表现和成果都源于或者说是决定于个人的能力和他们先前的经验、知识以及他们的进取心和积极程度。

⑤ 能力只是个人的特性,而不是开发组织的特性。依靠着个人的品质或承受着巨大压力,或找窍门取得成果。但此类人一旦离去,对组织的稳定作用也将消失。

⑥ 软件过程是不可确定的和不可预见的。软件成熟性程度处于第一级的软件组织的软件过程在实际的工作过程中被经常地改变。这类组织也在开发产品,但其成果是不稳定的,不可预见的,不可重复的。也就是说,软件的计划、预算、功能和产品的质量都是不可确定和不可预见的。

过程:

① 极少存在或使用稳定的过程。

② 所谓"过程",往往是"就这么干"而言。

③ 各种条例、规章制度互不协调,甚至互相矛盾。

人员:

① 依赖个人努力和杰出人物。一旦优秀人物离去,项目就无法继续。

② 人们的工作方式如同"救火"。就是在开发过程中不断地出现危机,以及不断地"救火"。

技术:

引进新技术是极大风险。

度量:

不收集数据或分析数据。

改进方向:

① 建立项目管理过程。实施规范化管理。保障项目的承诺。

② 首要任务是进行需求管理,建立用户与软件项目之间的共同理解,使项目真正反映用户的要求。

③ 建立各种软件项目计划。如软件开发计划、软件质量保证计划、软件配置管理计划、软件测试计划、风险管理计划及过程改进计划。

④ 开展软件质量保证活动(Software Quality Assurance,SQA)。

处于一级成熟度的软件机构,其过程能力是不可预测的,其软件过程是不稳定的,产品质量只能根据相关人员的个人工作能力而不是软件机构的过程能力来预测。

(2) 第二级:可重复级。

根据多年的经验和教训,人们总结出软件开发的首要问题不是技术问题而是管理问题。因此,第二级的焦点集中在软件管理过程上。一个可管理的过程则是一个可重复的过程,一个可重复的过程则能逐渐进化和成熟。第二级的管理过程包括需求管理、项目管理、质量管理、配置管理和子合同管理5个方面。其中,项目管理分为计划过程和跟踪与监控过程两个过程。通过实施这些过程,从管理角度可以看到一个按计划执行的且阶段可控的软件开发过程。

处于二级成熟度的软件机构,针对所承担的软件项目已建立了基本的软件管理控制制度。通过对以前项目的观察和分析,可以提出针对现行项目的约束条件。项目负责人跟踪软件产品开发的成本和进度以及产品的功能和质量,并且识别出为满足约束条件所应解决的问题。已经做到软件需求条理化,而且其完整性是受控制的。已经制定了项目标准,并且软件机构能确保严格执行这些标准。项目组与用户及承包商已经建立起一个稳定的、可管理的工作环境。

特征:

① 进行较为现实的承诺,可按以前在同类项目上的成功经验建立的必要过程准则来确保再一次的成功。

② 主要是逐个项目地建立基本过程管理条例来加强过程能力。

③ 建立了基本的项目管理过程来跟踪成本、进度和功能。

④ 管理工作主要跟踪软件经费支出、进度及功能。识别在承诺方面出现的问题。

⑤ 采用基线(Baseline)来标志进展、控制完整性。

⑥ 定义了软件项目的标准,并相信它,遵循它。

⑦ 通过合同建立有效的供求关系。

过程:

① 软件开发和维护的过程是相对稳定的,但过程建立在项目一级。

② 有规则的软件过程是在一个有效的工程管理系统的控制之下,之前的成功经验可以被重复。

③ 问题出现时,有能力识别及纠正。其承诺是可实现的。

人员:

① 项目的成功依赖于个人的能力以及管理层的支持。

② 理解管理的必要性及对管理的承诺。

③ 注意人员的培训问题。

技术:

建立技术支持活动,并有稳定的计划。

度量:

每个项目建立资源计划。主要是关心成本、产品和进度,有相应的管理数据。

改进方向:

① 不再按项目制定软件过程,而是总结各种项目的成功经验,使之规则化,把具体经验

归纳为全组织的标准软件过程。把改进组织的整体软件过程能力的软件过程活动,作为软件开发组织的责任。

② 确定全组织的标准软件过程,把软件工程及管理活动集成到一个稳固确定的软件过程中。从而可以跨项目改进软件过程效果,也可作为软件过程剪裁的基础。

③ 建立软件工程过程小组(Software Engineering Process Group,SEPG)长期承担评估与调控软件过程的任务,以适应未来软件项目的要求。

④ 积累数据:建立组织的软件过程库及软件过程相关的文档库。

⑤ 加强培训。

处于二级成熟度的软件机构的过程能力可以概括为,软件项目的策划和跟踪是稳定的,已经为一个有纪律的管理过程提供了可重复以前成功实践的项目环境。软件项目工程活动处于项目管理体系的有效控制之下,执行着基于以前项目的准则且合乎现实的计划。

(3) 第三级:定义级。

在第二级仅定义了管理的基本过程,而没有定义执行的步骤标准。在第三级则要求制定企业范围的工程化标准,而且无论是管理还是工程开发都需要一套文档化的标准,并将这些标准集成到企业软件开发标准过程中去。所有开发的项目需根据这个标准过程,剪裁出与项目适宜的过程,并执行这些过程。过程的剪裁不是随意的,在使用前需经过企业有关人员的批准。

在第三级成熟度的软件机构中,有一个固定的过程小组从事软件过程工程活动。当需要时,过程小组可以利用过程模型进行过程例化活动,从而获得一个针对某个特定的软件项目的过程实例,并投入过程运作而开展有效的软件项目工程实践。同时,过程小组还可以推进软件机构的过程改进活动。在该软件机构内实施了培训计划,能够保证全体项目负责人和项目开发人员具有完成承担的任务所要求的知识和技能。

特征:

① 无论管理方面或工程方面的软件过程都已文件化、标准化,并综合成软件开发组织的标准软件过程。

② 软件过程标准被应用到所有的工程中,用于编制和维护软件。有的项目也可根据实际情况,对软件开发组织的标准软件过程进行剪裁。

③ 从事一项工程时,产品的生产过程、花费、计划以及功能都是可以完全控制的,从而软件质量也可以控制。

④ 软件工程过程组(SEPG)负责软件过程活动。

⑤ 在全组织范围内安排培训计划。·

过程:

① 整个组织全面采用综合性的管理及工程过程来管理。软件工程和管理活动是稳定的和可重复的,具有连续性。

② 软件过程起到了预见及防范问题的作用,能使风险的影响最小化。

人员:

① 以项目组的方式进行工作。如同综合产品团队。

② 在整个组织内部的所有人对于所定义的软件过程的活动、任务有深入理解。大大加

强了过程能力。

③ 有计划地按人员的角色进行培训。

技术：

在定性基础上建立新的评估技术。

度量：

① 在全过程中收集使用数据。

② 在全项目中系统性地共享数据。

改进方向：

① 开始着手软件过程的定量分析，以达到定量地控制软件项目过程的效果。

② 通过软件的质量管理达到软件的质量目标。

处于三级成熟度的软件机构的过程能力可以概括为：无论是管理活动还是工程活动都是稳定的。软件开发的成本和进度以及产品的功能和质量都受到控制，而且软件产品的质量具有可追溯性。这种能力是基于在软件机构中对已定义的过程模型的活动、人员和职责都有共同的理解。

（4）第四级：管理级。

第四级的管理是量化的管理。所有过程需建立相应的度量方式，所有产品的质量（包括工作产品和提交给用户的产品）需有明确的度量指标。这些度量应是详尽的，且可用于理解和控制软件过程和产品。量化控制将使软件开发真正变成为一种工业生产活动。

特征：

① 制定了软件过程和产品质量的详细而具体的度量标准。软件过程和产品的质量都可以被理解和控制。

② 软件组织的能力是可预见的。原因是软件过程是采用明确的度量标准来度量和操作。不言而喻，软件产品的质量就可以预见和得以控制。

③ 组织的度量工程保证所有项目对生产率和质量进行度量，并作为重要的软件过程活动。

④ 具有良好定义及一致的度量标准来指导软件过程，并作为评价软件过程及产品的定量基础。

⑤ 在开发组织内已建立软件过程数据库，保存收集到的数据，可用于各项目的软件过程。

过程：

① 开始定量地认识软件过程。

② 软件过程的变化小，一般在可接受的范围内。

③ 可以预见软件过程中和产品质量方面的一些趋势。一旦质量经度量后超出这些标准或是有所违反，可以采用一些方法去改正，以达到良好的目标。

人员：

每个项目中存在强烈的群体工作意识，因为每人都了解个人的作用与组织的关系，因此能够产生这种群体意识。

技术：

不断地在定量基础上评估新技术。

度量：

① 在全组织内进行数据收集与确定。

② 度量标准化。

③ 数据用于定量地理解软件过程及稳定软件过程。

改进方向：

① 缺陷防范。不仅仅在发现了问题时能及时改进，而且应采取特定行动防止将来出现这类缺陷。

② 主动进行技术变动管理、标识、选择和评价新技术，使有效的新技术能在开发组织中施行。

③ 进行过程变动管理。定义过程改进的目的，经常不断地进行过程改进。

处于四级成熟度的软件机构的过程能力可以概括为：软件过程是可度量的，软件过程在可度量的范围内运行。这一级的过程能力允许软件机构在定量的范围内预测过程和产品质量趋势，在发生偏离时可以及时采取措施予以纠正，并且可以预期软件产品是高质量的。

（5）第五级：优化级。

第五级的目标是达到一个持续改善的境界。所谓持续改善是指可根据过程执行的反馈信息来改善下一步的执行过程，即优化执行步骤。如果一个企业达到了这一级，那么表明该企业能够根据实际的项目性质、技术等因素，不断调整软件生产过程以求达到最佳。

这一级的软件机构可以通过对过程实例性能的分析和确定产生某一缺陷的原因，来防止再次出现这种类型的缺陷；通过对任何一个过程实例的分析所获得的经验教训都可以成为该软件机构优化其过程模型的有效依据，从而使其他项目的过程实施得到优化。这样的软件机构可以通过从过程实施中获得的定量的反馈信息，在采用新思想和新技术的同时测试它们，以不断地改进和优化软件过程。

特征：

① 整个组织特别关注软件过程改进的持续性、预见及增强自身能力。防止缺陷及问题的发生，不断地提高他们的过程能力。

② 加强定量分析，通过来自过程的质量反馈和吸收新观念、新方法，使软件过程能不断地得到改进。

③ 根据软件过程的效果，进行成本/利润分析，从成功的软件过程实践中吸取经验，加以总结。把最好的创新成绩迅速向全组织转移。对失败的案例，由软件过程小组进行分析以找出原因。

④ 组织能找出过程的不足并预先改进。把失败的教训告知全体组织以防止重复以前的错误。

过程：

① 不断地、系统地改进软件过程。

② 理解并消除产生问题的公共根源。在任何一个系统中都可找到：由于随机变化造成重复工作，进而导致时间浪费。为了防止浪费人力可能导致的系统变化。要消除"公共"的无效根源，防止浪费发生。尽管所有级别都存在这些问题，但这是第五级的焦点。

人员：

① 整个组织都存在自觉的强烈的团队意识。

②　每个人都致力于过程改进。人们不再以达到里程碑的成就而满足,而要力求减少错误率。

技术:

基于定量的控制和管理,事先主动考虑新技术,追求新技术,利用新技术。可以实现软件开发中的方法和新技术的革新,以防止出现错误,不断提高产品的质量和生产率。

度量:

利用数据来评估、选择过程改进。

改进方向:

保持持续不断的软件过程改进。

处于五级成熟度的软件机构的过程能力可以概括为:软件过程是可优化的。这一级的软件机构能够持续不断地改进其过程能力,既对现行的过程实例不断地改进和优化,又借助于所采用的新技术和新方法来实现未来的过程改进。

除了第一级外,其他每一级由几个关键过程方面组成。每一个关键过程方面都由上述5种公共特性予以表征。CMM给每个关键过程提出了一些具体目标。按每个公共特性归类的关键惯例是按该关键过程的具体目标选择和确定的。如果恰当地处理了某个关键过程涉及的全部关键惯例,这个关键过程的各项目标就达到了,也就表明该关键过程实现了。这种成熟度分级的优点在于,这些级别明确而清楚地反映了过程改进活动的轻重缓急和先后顺序。表12.1列出了关键过程与成熟度级别之间的联系。

CMM有两个方面的作用:科学地评价软件开发单位的软件能力成熟等级;帮助软件开发单位进行自检,了解自己的强项和弱项,从而不断完善和改进机构的软件开发过程,确保软件质量,提高软件开发效率。

表 12.1　成熟度模型与关键过程

能力等级	特　点	关键过程
第一级 基本级	软件过程是混乱无序的,对过程几乎没有定义,成功依靠的是个人的才能和经验,管理方式属于反应式	
第二级 可重复级	建立了基本的项目管理来跟踪进度、费用和功能特征,制定了必要的项目管理,能够利用以前类似的项目应用取得成功	需求管理,项目计划,项目跟踪和监控,软件子合同管理,软件配置管理,软件质量保障
第三级 确定级	已经将软件管理和过程文档化、标准化,同时综合成该组织的标准软件过程,所有的软件开发都使用该标准软件过程	组织过程定义,组织过程焦点,培训大纲,软件集成管理,软件产品工程,组织协调,专家审评
第四级 管理级	收集软件过程和产品质量的详细度量,对软件过程和产品质量有定量的理解和控制	定量的软件过程管理和产品质量管理
第五级 优化级	软件过程的量化反馈和新的思想和技术促进过程的不断改进	缺陷预防,过程变更管理和技术变更管理

除第一级外,SW-CMM的每一级都是按完全相同的结构构成的。每一级包含实现这一级目标的若干 KPA(Key Process Area),每个 KPA 进一步包含若干关键实施活动(Key Practices,KP),无论哪个 KPA,它们的实施活动都统一按 5 个公共属性进行组织,即每一个

KPA 都包含 5 类 KP。

1．目标

每一个 KPA 都确定了一组目标。若这组目标在每一个项目都能实现,则说明企业满足了该 KPA 的要求。若满足了一个级别的所有 KPA 要求,则表明达到了这个级别所要求的能力。

2．实施保证

实施保证是企业为了建立和实施相应 KPA 所必须采取的活动,这些活动主要包括制定企业范围的政策和高层管理的责任。

3．实施能力

实施能力是企业实施 KPA 的前提条件。企业必须采取措施,在满足了这些条件后,才有可能执行 KPA 的执行活动。实施能力一般包括资源保证、人员培训等内容。

4．执行活动

执行过程描述了执行 KPA 所需求的必要角色和步骤。在 5 个公共属性中,执行活动是唯一与项目执行相关的属性,其余 4 个属性则涉及企业 CMM 能力基础设施的建立。执行活动一般包括计划、执行的任务、任务执行的跟踪等。

5．度量分析

度量分析描述了过程的度量和度量分析要求。典型的度量和度量分析的要求是确定执行活动的状态和执行活动的有效性。

6．实施验证

实施验证是验证执行活动是否与所建立的过程一致。实施验证涉及管理方面的评审和审计以及质量保证活动。

在实施 CMM 时,可以根据企业软件过程存在问题的不同程度确定实现 KPA 的次序,然后按所确定次序逐步建立、实施相应过程。在执行某一个 KPA 时,对其目标组也可采用逐步满足的方式。过程进化和逐步走向成熟是 CMM 体系的宗旨。

12.1.4　实施 CMM 的必要性

软件开发的风险之所以大,是由于软件过程能力低,其中最关键的问题在于软件开发组织不能很好地管理其软件过程,从而使一些好的开发方法和技术起不到预期的作用。而且项目的成功也是通过工作组的杰出努力,所以仅仅建立在可得到特定人员上的成功不能为全组织的生产和质量的长期提高打下基础,必须在建立有效的管理工程实践和管理实践的基础设施等方面,坚持不懈地努力,才能不断改进,才能持续地成功。

软件质量是一个模糊的、捉摸不定的概念。我们常常听说:某某软件好用,某某软件不好用;某某软件功能全、结构合理,某某软件功能单一、操作困难……这些模模糊糊的语言不能算做是软件质量评价,更不能算做是软件质量科学的定量的评价。软件质量,乃至任何产品质量,都是一个很复杂的事物性质和行为。产品质量,包括软件质量,是人们实践产物的属性和行为,是可以认识,可以科学地描述的。可以通过一些方法和人类活动,来改进质量。

实施 CMM 是改进软件质量的有效方法。控制软件生产过程、提高软件生产者组织性和软件生产者个人能力的有效合理的方法与软件工程和很多研究领域及实际问题有关,主要相关领域和因素包括需求工程、软件复用、软件检查、软件计量、软件可靠性、软件可维修性,软件工具评估和选择等。理论上,需求工程是应用已被证明的原理、技术和工具,帮助系统分析人员理解问题或描述产品的外在行为。软件复用定义为利用工程知识或方法,由一个已存在的系统,来建造一个新系统。这种技术可改进软件产品质量和生产率。

12.1.5　CMM 在中国的现状

近年来,CMM 在我国获得了各界越来越多的关注,业界有过多次关于 CMM 的讨论,2000 年 6 月,国务院颁发的《鼓励软件产业和集成电路产业发展的若干政策》对中国软件企业申请 CMM 认证给予了积极的支持和推动作用,第 17 条规定对软件出口型企业 CMM 认证费用予以适当支持。2000 年中关村电脑节上还有 CMM 专题论坛,吸引了众多业内人士。目前国内已有多家软件企业通过了 CMM5 级验证。

总体上讲,国内对软件过程理论的讨论与实践正在展开,目标是使软件的质量管理和控制达到国际先进水平,中国的软件产业获得可持续发展的能力。专家分析,在未来几年内,国内软件业势必将出现实施 CMM 的高潮。从这一趋势看,中国的软件企业已经开始走上标准化、规范化、国际化的发展道路,中国软件业已经面临一个整体突破的时代。

但是我们应该看到目前国内对软件管理工程存在的最大问题是认识不足。管理实际上是一把手工程,需要高层管理人员的足够重视。而且软件过程的重大修改也必须由高层管理部门启动,这是软件过程改善能否进行到底的关键。此外,软件过程的改善还有待于全体有关人员的积极参与。

除了要认识到过程改善工作是一把手工程这个关键因素外,还应认识到软件过程成熟度的升级本身就是一个过程,且有一个生命周期。过程改善工作需要循序渐进,不能一蹴而就,需要持续改善,不能停滞不前;需要联系实际,不能照本宣科;需要适应变革,不能凝固不变。一个有效的途径是自顶向下的课程培训,即从高层主管依次普及下面的工程师。

12.1.6　CMM 实施的思考

我们要认识到,并不是实施了 CMM,软件项目的质量就能有所保障。CMM 是一种资质认证,它可以证明一个软件企业对整个软件开发过程的控制能力。按照 CMM 的思想进行管理与通过 CMM 认证并不能画等号。CMM 认证并不仅仅是在评估软件企业的生产能力,整个评估过程同时还在帮助企业完善已经按照 CMM 建立的科学工作流程,发现企业在软件质量、生产进度以及成本控制等方面可能存在的问题,并且及时予以纠正。认证的过程是纠正企业偏差的过程,一定不能把 CMM 认证当做一种考试、一种文凭,而是要看成一项有利于企业今后发展的投资,借此来改变中国软件业长久以来形成的弊端。

实施 CMM 对软件企业的发展起着至关重要的作用,CMM 过程本身就是对软件企业发展历程的一个完整而准确的描述,企业通过实施 CMM,可以更好地规范软件生产和管理流程,使企业组织规范化。企业通过 CMM 不是为了满足其他公司的要求,而是为了让企业更好地发展,为企业进一步扩大规模打下坚实的基础。如果企业只是为了获得一纸证书而通过 CMM,那么就已经本末倒置了,对企业的长久发展反而有害。试想如果企业的态度不够端正,即使通过 CMM 认证,企业又怎么能够保证它在以后的操作过程当中继续坚持 CMM 规范呢? CMM 只是一个让企业更好发展的规范,企业需要的是优化自己的管理、提高产品的质量,而非一张 CMM 证书。

CMM 不是万能的,它的成功与否,与一个组织内部有关人员的积极参与和创造性活动是密不可分的,而且 CMM 并未提供实现有关子过程域所需要的具体知识和技能。要想取得软件过程改进的成功,必须做好以下几点:软件过程改进必须有高级主管的支持与委托,并积极地管理过程改进的进展;中层管理的积极支持;责任分明,过程改进小组的威望高;基层的支持与参与极端重要;利用定量的可观察数据,尽快使过程改进成果可见,从而激励参与者的兴趣;将实施 CMM 与实施 PSP 和 TSP 有机地结合起来;为企业的商业利益服务,并要求同时相符的企业文化变革。

应该看到,过程改善工作必然具有一切过程所具有的固有特征,即需要循序渐进,持续改善,不能停滞不前;需要联系实际,适时变革。将 CMM/PSP/TSP 引入软件企业最有效的途径是首先要对单位主管和主要开发人员进行系统的培训。培训包括最基本的软件工程和 CMM 培训知识;专业领域知识等方面的培训;软件过程方面的培训。不过强调一点,必须根据自身的实际,制定可行的方案。不深入研究就照搬别的企业的模式是很难起到提高软件产品质量水平的真正目的的。

CMM 模型划分为 5 个级别,共计 18 个关键过程域,52 个目标,300 多个关键实践。每一个 CMM 等级的评估周期(从准备到完成)需 12～30 个月。此期间应抽调企业中有管理能力、组织能力和软件开发能力的骨干人员,成立专门的 CMM 实施领导小组或专门的机构。同时设立软件工程过程组、软件工程组、系统工程组、系统测试组、需求管理组、软件项目计划组、软件项目跟踪与监督、软件配置管理组、软件质量保证组、培训组。各个小组完成自己的任务同时协调其他小组的工作。然后制定和完善软件过程,按照 CMM 规范评估这个过程。CMM 正式评估由 CMU/SEI 授权的主任评估师领导一个评审小组进行,评估过程包括员工培训、问卷调查和统计、文档审查、数据分析、与企业的高层领导讨论和撰写评估报告等,评估结束时由主任评估师签字生效。此后最关键的就是根据评估结果改进软件过程,使 CMM 评估对于软件过程改进所应具有的作用得到最好的发挥。

12.2　能力成熟度模型集成

CMMI(Capability Maturity Model Integration)能力成熟度集成模型是美国国防部的一个设想,他们想把现在所有的以及将被发展出来的各种能力成熟度模型,集成到一个框架中去。这个框架有两个功能:第一,软件采购方法的改革;第二,建立一种从集成产品与过程发展的角度出发,包含健全的系统开发原则及其过程的改进。就软件而言,CMMI 是 SW-CMM 的修订本。它兼有 SW-CMM 2.0 版 C 稿草案和软件过程评估(Software

Process Assessment,SPA)中更合理、更科学和更周密的优点。SEI 在发表 CMMI-SE/SW 1.0 版时,宣布大约用两年的时间完成从 CMM 到 CMMI 的过渡。

CMMI 项目为工业界和政府部门提供了一个集成的产品集,其主要目的是消除不同模型之间的不一致和重复,降低基于模型改善的成本。CMMI 将以更加系统和一致的框架来指导组织改善软件过程,提高产品和服务的开发、获取和维护能力。

由业界、美国政府和卡内基·梅隆大学软件工程研究所率先倡导的能力成熟度模型集成(CMMI)项目致力于帮助企业缓解这种困境。CMMI 为改进一个组织的各种过程提供了一个单一的集成化框架,新的集成模型框架消除了各个模型的不一致性,减少了模型间的重复,增加了透明度和理解,建立了一个自动的、可扩展的框架。因而能够从总体上改进组织的质量和效率。CMMI 的主要关注点就是成本效益、明确重点、过程集中和灵活性 4 个方面。

12.2.1 CMMI 的背景

CMM 的成功促使其他学科也相继开发类似的过程改进模型,例如系统工程、需求工程、人力资源、集成产品开发、软件采购等,从 CMM 衍生出了一些改善模型,例如:

(1) SW-CMM (Software CMM,软件 CMM)。

(2) SE-CMM (System Engineering CMM,系统工程 CMM)。

(3) SA-CMM (Software Acquisition CMM,软件采购 CMM)。

(4) IPT-CMM (Integrated Product Team CMM,集成产品群组 CMM)。

(5) P-CMM (People CMM,人力资源能力成熟度模型)。

为了以示区别,国内外很多资料把 CMM 叫做 SW-CMM。按照 SEI 原来的计划,CMM 的改进版本 2.0 应该在 1997 年 12 月完成,然后在取得版本 2.0 的实践反馈意见之后,在 1999 年完成准 CMM 2.0 版本。但是,美国国防部办公室要求 SEI 推迟发布 CMM 2.0 版本,而要先完成一个更为紧迫的项目 CMMI,原因是在同一个组织中多个过程改进模型的存在可能会引起冲突和混淆,CMMI 就是为了解决怎么保持这些模式之间的协调。

与原有的能力成熟度模型类似,CMMI 也包括在不同领域建立有效过程的必要元素,反映了业界普遍认可的"最佳"实践;专业领域覆盖软件工程、系统工程、集成产品开发和系统采购。在此前提下,CMMI 为企业的过程构建和改进提供了指导和框架作用;同时为企业评审自己的过程提供了可参照的行业基准。

12.2.2 CMMI 内容

CMMI 提供了阶段式和连续式两种表示方法,但是这两种表示法在逻辑上是等价的。人们熟悉的 SW-CMM 软件能力成熟模型就是阶段式的模型,SE-CMM 系统工程模型是连续式模型,而 IPD-CMM 集成产品开发模型结合了阶段式和连续式两者的特点。

阶段式方法将模型表示为一系列"成熟度等级"阶段,每个阶段都有一组 KPA 指出一个组织应集中于何处以改善其组织过程,每个 KPA 用满足其目标的方法来描述,过程改进是通过在一个特定的成熟度等级中满足所有 KPA 的目标而实现的。

连续式模型没有像阶段式那样分为不同阶段,连续式模型的 KPA 中的方法是当做 KPA 的外部形式,并可应用于所有的 KPA 中,通过实现公用方法来改进过程。它不专门指出目标,而是强调方法。组织可以根据自身情况适当裁剪连续模型并以确定的 KPA 为改进目标。

两种表示法的差异反映了为每个能力和成熟度等级描述过程而使用的方法,虽然它们描述的机制可能不同,但是两种表示方法通过采用公用的目标和方法作为需要的和期望的模型元素,从而达到相同的改善目的。

CMMI 内容分为 Required(要求的)、Expected(期望的)、Informative(提供信息的)三个级别,来衡量模型包括的质量重要性和作用。最重要的是"要求"级别,是模型和过程改进的基础。第二级别"期望"在过程改进中起到主要作用,但是某些情况不是要求的可能不会出现在成功的组织模型中。"提供的信息"构成了模型的主要部分,为过程改进提供有用的指导,在许多情况下它们对要求和期望的构件做了进一步说明。

"要求"的模型构件是目标,代表了过程改进想要达到的最终状态,它的实现表示了项目和过程控制已经达到了某种水平。当一个目标对应一个关键过程域,就称为"特定目标";对应整个关键过程域就称为"公用目标"。整个 CMMI 模型包括了 54 个特定目标,每个关键过程域都对应了 1~4 个特定目标。每个目标的描述都是非常简洁的,为了充分理解要求的目标就要扩展"期望"的构件。

"期望"的构件是方法,代表了达到目标的实践手段和补充认识。每个方法都能映射到一个目标上,当一个方法对一个目标是唯一时,该方法就是"特定方法";而能适用于所有目标时就是"公用方法"。CMMI 模型包括了 186 个特定方法,每个目标有 2~7 个方法对应。

CMMI 包括了 10 种"提供的信息":①目的,概括和总结了关键过程域的特定目标;②介绍说明,介绍关键过程域的范围、性质和实际方法和影响等特征;③引用,关键过程域之间的指向是通过引用;④名字,表示了关键过程域的构件;⑤方法和目标关系,关键过程域中方法映射到目标的关系表;⑥注释,注释关键过程域的其他模型构件的信息来源;⑦典型工作产品集,定义关键过程域中执行方法时产生的工作产品;⑧子方法,通过方法活动的分解和详细描述;⑨学科扩充,CMMI 对应学科是独立的,这里提供了对应特定学科的扩展;⑩公用方法的详细描述,关键过程域中公用方法应用实践的详细描述。

现在 CMMI 面临的一个挑战就是创建一个单一的模型,可以从连续和阶段两个角度进行观察,包含相同的过程改进基本信息;处理相同范围的一个 CMMI 过程能够产生相同的结论。统一的 CMMI(U-CMMI)是指产生一个只有公用方法和支持它们的 KPA 组成的模型。当按一种概念性的可伸展的方式编写,并产生用于定义组织的特定目标过程模板,定义的模板构件将定义一个模型以适用于任何工程或其他方面。

12.2.3　CMMI 的实施

CMMI 实施的主要宗旨就是以每个项目为采集数据的源头,达到企业整体效益提升和资源重用。真正有价值的东西,是需要一线人员在实际工作中遇到问题,解决问题,并总结问题。而不是一个一线工作的流水账,就像一份研发人员的日报。写了上午做什么,下午做什么。这对企业的积累毫无用处。在工作过程中,遇到什么问题,是怎么解决的,走过什么弯路,实验过几种方法,失败了,失败的原因是什么,最后选择了什么方法,可能不是最好的,但完成了任务,达到了效率和资源分配的平衡。这些东西才可能是在未来类似项目中,遇到类似问题时,有参考价值的内容。

实现 CMMI 的实施宗旨,必须依照以下原则:

(1) 强调高层管理者的支持。过程改进往往也是由高层管理者认识和提出的,大力度的、一致的支持是过程改进的关键。

(2) 仔细确定改进目标,首先应该对给定时间内所能完成的改进目标进行正确的估计和定义并制定计划。选择能够达到的目标和能够看到对组织的效益。

(3) 选择最佳实践,应该基于组织现有的软件活动和过程的经验,参考其他标准模型,取其精华去其糟粕,得到新的实践活动模型。

(4) 过程改进要与组织的商务目标一致,与发展战略紧密结合。

12.2.4 CMMI 与 CMM 差别

CMM 的基于活动的度量方法和瀑布过程的有次序的、基于活动的管理规范有非常密切的联系,更适合瀑布型的开发过程。而 CMMI 相对 CMM 更一步支持迭代开发过程和经济动机推动组织采用基于结果的方法:开发业务案例、构想和原型方案;细化后纳入基线结构、可用发布,最后定为现场版本的发布。虽然 CMMI 保留了基于活动的方法,它的确集成了软件产业内很多现代的最好的实践,因此它在很大程度上淡化了和瀑布思想的联系。

在 CMMI 模型中在保留了 CMM 阶段式模式的基础上,出现了连续式模型,这样可以帮助一个组织以及这个组织的用户更加客观和全面地了解它的过程成熟度。同时,连续模型的采用可以给一个组织在进行过程改进的时候带来更大的自主性,不用再像 CMM 一样,受到等级的严格限制。这种改进的好处是灵活性和客观性强,弱点在于如果缺乏指导,一个组织可能缺乏对关键过程域之间依赖关系的正确理解而片面地强调实施过程,造成一些过程成为空中楼阁,缺少其他过程的支撑。两种表现方式,连续的和阶段的,从它们所涵盖的过程区域上来说并没有不同,不同的是过程区域的组织方式以及对成熟度(能力)级别的判断方式。

CMMI 模型中比 CMM 进一步强化了对需求的重视。在 CMM 中,关于需求只有需求管理这一个关键过程域,也就是说,强调对有质量的需求进行管理,而如何获取需求则没有提出明确的要求。在 CMMI 的阶段模型中,三级有一个独立的关键过程域叫做需求开发,提出了对如何获取需求的要求和方法。CMMI 模型对工程活动进行了一定的强化。在 CMM 中,只有三级中的软件产品工程和同行评审两个关键过程域是与工程过程密切相关的,而在 CMMI 中,则将需求开发、验证、确认、技术解决方案、产品集成这些工程过程活动都作为单独的关键过程域进行了要求,从而在实践上提出了对工程的更高要求和更具体的指导。CMMI 中还强调了风险管理。不像在 CMM 中把风险的管理分散在项目计划和项目跟踪与监控中进行要求,在 CMMI 三级中单独提出了一个独立的关键过程域叫做风险管理。

12.3 个人软件过程

能力成熟度模型 CMM 为软件开发总结了组织级的最佳实践,是一个可以被用来评估企业能力成熟度的过程框架。CMM 的重点在于软件过程的改进,它告诉了人们应该去做什么,但是并没有提供如何去做,即并未提供有关实现 CMM 关键过程域所需要的具体知识和技能,然而在企业进行软件开发时,人员成本占了软件开发成本的70%,软件工程师的知识、技能与工作习惯很大程度上决定了软件开发的过程。针对这种情况,SEI特别会员Watts Humphrey决定将CMM的基本原理应用于单个开发人员的软件开发实践中。1995年,SEI开发了个人软件过程PSP框架,是为单个软件开发人员设计的CMM五级过程。使用PSP的工程师有一个规范的和结构化的方法来开发软件。这些受训的工程师的习惯是真正能被用到新的不断变化的技术上的。PSP指导工程师如何在工作一开始就管理好质量,分析每项工作的结果,如何改善下一个项目的流程。当工程师知道如何运用跨领域和方法论的方式来度量并管理他们自己的工作时,他们就能够成功地沟通、学习新技能、获取新技术以及参与到高绩效的团队中。

12.3.1 PSP概述

PSP是一个自我改进的过程,它帮助控制、管理和改进个人的工作方式。它是一个结构化的框架,提供了由CMM支持的软件过程改进的个人规范,包括软件开发中使用的表格、准则和规程。除此之外,PSP还为基于个体和小型团队软件过程TSP的优化提供了具体而有效的途径,例如,如何制订计划,如何控制质量,如何与其他人相互协作等。

PSP唯一的目的是帮助个人提高其软件工程水平。它是一个在很多方面可以使用的强有力的工具。相对于对每项工作都使用同一种方法来说,个人更需要的是一组工具和方法以及一些实践技巧来正确地使用它们。PSP提供了所需要的数据和分析技术来帮助个人确定哪项技术和方法是最适合的。另外,PSP也提供了一个框架来帮助理解为什么会犯错误并且帮个人找到发现、修复和预防这些错误的最佳方法,同时也能帮助确定评审的质量、所遗漏的缺陷类型以及对个人最有效的质量方法。

自PSP框架提出以来,在国外学术界和工业界有着广泛的应用。越来越多的企业引进了PSP,在PSP培训后,根据对参加培训的104位软件人员的统计数据,在应用了PSP后,软件中总的差错减少了58.0%,在测试阶段发现的差错减少了71.0%,生产效率提高了20.0%。早期的应用结果显示,PSP不仅适用于小型软件项目的开发,而且可应用于需求定义、文档编写、系统测试、大型软件系统的维护等多个方面。

12.3.2 PSP的基本原理

一个软件工程师的任务就是要在预定的时间和进度下交付高质量的软件产品。换句话说,软件工程师要完成自己的任务,必须开发出高质量的软件产品,必须在预期的费用内进行工作,而且这些任务还必须在预定的进度下完成。那么怎样提高完成这些任务的效率呢?

实践证明,要想使所做的工作富有成效,必须做好工作计划并保证软件的高质量。PSP正是基于计划(时间进度计划、缺陷日志总结汇总计划等)和质量(软件设计和编码质量等)这两方面进行设计的,它为软件工程师们提供了一套严格的个人工作规范,对软件工程师在设计、开发软件的各个阶段都有着严格的要求,其基本原理如下:

(1) 每一个工程师都是不同的,要追求最大效率,工程师必须根据自己的实际数据(如自己的实际生产率,每月生产LOC数等)来计划工作并严格按照计划执行。按照预先制订的计划进行工作会有两点好处:①了解计划中还存在哪些错误,有助于更好地计划下一个项目；②按照计划好的方式完成工作可以避免由于考虑不周、粗心大意或是不注意细节而造成的错误和缺陷。

（2）工程师必须采用经过良好定义和度量的过程。按照过程一步一步往下做，而不必浪费时间去考虑下一步该干什么，这样就提高了工作效率；另外，按照 PSP 框架一步一步改进软件过程，保证了软件开发的稳定性。

（3）要生产高质量的产品，工程师必须对其产品的质量有其个人的责任。作为软件工程师，所生产的软件质量对雇主和用户都至关重要，都应该认识到，好的产品是不能产生错误的，必须为他们的工作质量而奋斗。

（4）发现并修复缺陷的时间越早，其成本越低。多年来的软件工程统计数据表明，如果在设计阶段注入一个差错，则这个差错在编码阶段会引发 $3\sim5$ 个新的缺陷，要修复这些缺陷所花的费用要比修复这个设计缺陷所花的费用多一个数量级，因此，应该时刻预防缺陷的产生，及时纠正和修复发现的缺陷。

（5）防止缺陷的产生比发现它们更有效。缺陷是人为产生的错误，是可以减少和避免的，软件工程师通过使用好的规范来防止缺陷的产生比纠正和修复缺陷更有效，成本消费更低，软件质量会更有保证。

（6）正确的方式通常也是最快和最廉价的方式。很多人认为规范是一种枷锁，学习规范更是一种浪费时间的表现，但实际上规范是一个学习与自我提高的框架，它将会加速个人的学习过程。

总而言之，软件工程师必须要以正确的方式工作，必须在开始以前对他们的工作进行计划，用一个定义的过程进行计划。为了了解他们个人的表现，他们必须度量其每一个工作步骤的花费时间，产生和消除缺陷的数量以及他们所制造产品的规模。为了稳定地生产高质量的产品，软件工程师必须计划、度量和跟踪产品的质量，而且必须从工作的开始就关注产品的质量。最后他们必须分析每一个工作的结果用以改善其个人的过程。按照 PSP 改进软件过程的步骤大致如图 12.1 所示：

从图 12.1 可以看出，使用 PSP 改进时首先明确定义质量目标，然后评估产品质量并度量当前的个人过程级别（根据 PSP 的相关标准确定自己目前属于哪一个 PSP 级别，这有助于了解自己的能力），其后的一系列改进活动（如调整软件过程，应用调整后的软件过程等）则是一个不断改进的迭代过程，直至自己的个人过程达到满意的级别为止。在各个项目之中，依据这些过程不断地进行改进、实践，可以帮助专业人员形成良好的习惯，从而提高其软件工程水平。

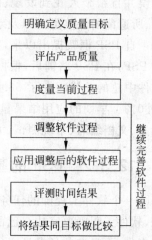

图 12.1　PSP 工作改进过程

12.3.3　PSP 的结构

就像 CMM 为软件企业的能力提供一个阶梯式的进化框架一样，PSP 为个体的能力也提供了一个阶梯式的进化框架，以循序渐进的方法介绍过程的概念，每一级都包含低一级中的所有元素,并增加一两个新元素。这个进化框架是学习过程基本概念的好方法,它让软件人员更有效地度量和分析工具,使其更清楚地认识到自己的表现和能力,从而提高自己的技能。

PSP 的进化框架共有 4 级:个体度量过程(PSP0 级)、个体规划过程(PSP1 级)、个体质量管理过程(PSP2 级)、个体循环过程(PSP3 级)。各级及其增强版的元素如图 12.2 所示:

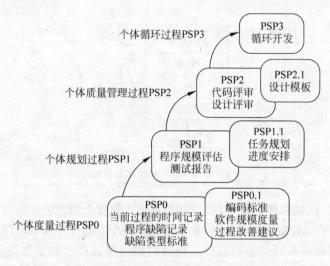

图 12.2　PSP 改进结构框架

每个软件设计师通常都有自己的技术和方法。没有一个规范的框架,也没有可认同的标准集,没有训练系统,也没有指导性的练习。在这种情况下软件工程师只好使用自己的工作方法和标准,这样不能达到团队合作的最佳效率。在 PSP0 级中,PSP 框架引进了过程规范和度量,给每个软件设计师提供了一个标准用于度量其方法的好坏,以便进行进一步的改进。另外,PSP 框架在 PSP1 级中引进了估算评估和计划,在 PSP2 级中引进了质量管理和设计,帮助评估、完善和改进个人的软件能力。到了 PSP3 级之后,该软件设计师就具备了组成高效团队软件过程的能力了,可以进入团体软件过程 TSP 的学习并构建高效的团队了。关于 PSP 的各级的详细讲解请参见 12.3.4 节。

12.3.4　PSP 的过程

一个完整的过程称为已定义的过程,它由许多脚本、表格、模板和标准组成。其中,过程脚本是指用户在使用过程时应遵守的一系列步骤。

PSP 的 4 级进化框架中的每一级都定义了软件工程师的工作流程和具体步骤,而且每一级都在低一级的基础上有所改动和增加,但是不管怎样变动,它们都有一个共同的基本工作流程,如图 12.3 所示:

由图 12.3 可知,在需求分析过后,PSP 工作过程的第一步是制定计划,计划程序的规模、资源,从而确定进度计划,并将进度计划存入计划书和总结报告中,以便与实际的进行对比。从计划到后置处理的过程中有一个脚本在指导这项工作,并且有一个计划总结记录相关的计划数据。当软件工程师按照脚本要求工作时,将所需的时间数据和缺陷(程序中存在的错误)数据分别记入时间日志和缺陷日志,到工作结尾的后置处理时期,根据日志总结时

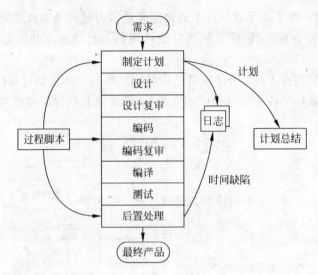

图 12.3 PSP 工作的基本流程

间数据和缺陷数据,测量程序规模,并把这些数据记入项目总结之中。最后,将完成的产品和完整的汇总计划表单一起交付。其中,计划总结可以为今后的开发和下阶段的计划提供依据。

以上的基本工作流程可以指导软件工程师们如何保证自己的工作质量,估计和规划自身的工作,度量和追踪个人的表现,使个人更清楚地认识到自我表现和潜力,从而达到管理自身的软件过程和产品质量,提高自我技能的目的。在了解了 PSP 工作的基本流程之后,下面将介绍四级进化框架中各个级别对软件工程师的工作的具体要求。

1. 个体度量过程 PSP0

PSP0 是 PSP 过程的起始阶段,这一阶段主要是提高个人评测能力。工程师在这一阶段要通过衡量开发时间和所犯错误学会如何将 PSP 提供的表格及获得的统计数据应用到工作中。通过这些工作,他们收集到真实而实用的数据,在学习和实践 PSP 过程中对这些数据进行对比,评估自己的进步。

PSP0.1 是 PSP0 的增强版,在 PSP0 的基础上增加了编码标准、程序规模度量和过程改善建议三个关键过程域,其中,过程改善建议表格(简称 PIP 表)用于随时记录过程中存在的问题、解决问题的措施以及改进过程的方法,以提高软件开发人员的质量意识和过程意识。

这一级过程包括三个阶段:计划、开发和后置处理。其中,开发阶段又分为设计、编码、编译和测试等几个步骤,后置处理则包括填表、总结等操作。这一级工作的具体任务和实施步骤由 PSP0 的过程脚本来定义,如表 12.2 所示:

表 12.2 PSP0 过程脚本

阶段序号	目的	指导开发模块级程序
	需求输入	task1:问题的描述
		task2:PSP0 项目计划总结报表
		task3:时间和缺陷记录日志
		task4:缺陷类型标准
		task5:断点监视(可选项)

续表

阶段序号	目的	指导开发模块级程序
1	制定计划	task1：产生或取得需求说明
		task2：估算需要的开发时间
		task3：填写项目计划总结报表
		task4：完成时间记录日志(计划)
2	开发	task1：设计程序
		task2：实施计划
		task3：编写程序、改正和记录所有发现的缺陷
		task4：测试程序、改正和记录所有发现的缺陷
		task5：完成时间记录日志(实践)
3	验证	task：用实际的时间、缺陷和规模数据完成项目计划总结报表的填写
输出结果		task1：完整测试过的程序
		task2：完整的有计划和实际数据的项目计划总结报表
		task3：完整的缺陷和时间记录日志

总而言之,通过这一步,软件工程师们要学会使用 PSP 的各种表格和采集过程的有关数据,充分认识自己的工作能力,为下一阶段的计划做好准备。

2. 个体规划过程 PSP1

PSP1 的重点是个体计划,即用自己的历史数据来预测新程序的大小和需要的开发时间,并且引入了基于估计的计划方法 PROBE,用线性回归方法计算估计参数和确定置信区间以评价预测的可信程度。

PSP1.1 是 PSP1 的增强版,它在 PSP1 的基础上增加了对任务和进度的规划。在这一阶段,软件工程师要学会编制项目开发计划。这是建立在长期做计划总结、了解自身能力的前提之上的,只有这样,制定的计划才会准确,才能按时执行。

PSP1 的过程脚本定义软件工程师在这一级工作的具体任务和实施的具体步骤,如表 12.3 所示:

表 12.3 PSP1 过程脚本

阶段序号	目的	指导开发模块级程序
	需求输入	task1：问题的描述
		task2：PSP1 项目计划汇总表
		task3：规模评估模板
		task4：历史评估与实际规模数据
		task5：时间和缺陷记录日志
		task6：缺陷类型标准
		task7：断点监视(可选项)

阶段序号	目的	指导开发模块级程序
1	制定计划	task1：产生或取得需求说明
		task2：用 PROBE(基于代理的评估方法)估算需要新增和修改的 LOC 总数
		task3：完成评估模板
		task4：估算需要的开发时间
		task5：在项目计划汇总表中加入计划数据
		task6：完成时间记录日志(计划)
2	开发	task1：设计程序
		task2：实施计划
		task3：编写程序、改正和记录所有发现的缺陷
		task4：测试程序、改正和记录所有发现的缺陷
		task5：完成时间记录日志(实践)
3	验证	task：用实际的时间、缺陷和规模数据填写项目计划汇总表
	输出结果	task1：完整的测试过的程序
		task2：用实际的评估数据填写的完整的项目计划汇总表
		task3：完整的规模评估模板
		task4：完整的测试报告模板
		task5：完整的 PIP 表
		task6：完整的缺陷和时间记录日志

　　PSP1 在 PSP0 的基础上增加了做计划这一步,PSP1.1 又添加了进度计划和任务计划,具体情况可以对比表 12.2 和表 12.3。由此可见,相比较 PSP0 而言,PSP1 对软件工程师们有了更高的要求,需要软件工程师在掌握 PSP0 级的前提下,还要加强使用自己的个人历史数据和制定计划的能力。以后每一级的要求都在前一级的基础上有所修改和增加,请注意比较,下面将不再赘述。

3. 个体质量管理过程 PSP2

　　PSP2 的重点是根据程序的缺陷数建立检测表,按照检测表进行设计复查和代码复查,以便及早发现缺陷,使修复缺陷的代价最小。在这个阶段软件工程师要学会怎样改进检测以适应自己的要求。

　　PSP2.1 引入了设计规范和分析技术,介绍设计方法,提供设计模板等。所有这些并不是告诉工程师怎样设计,而是提出了设计完成的标准,具体地说,就是当他们完成设计时,什么是必须具有的。由此可见,PSP 并不强调选用什么设计方法,而强调设计完备性准则和设计验证技术。

　　PSP2 的过程脚本定义软件工程师在这一级工作的具体任务和实施的具体步骤,如表 12.4 所示:

表 12.4　PSP2 过程脚本

阶段序号	目的	指导开发模块级程序
	需求输入	task1：问题的描述
		task2：PSP2 项目计划汇总表
		task3：规模评估模板
		task4：历史评估与实际规模、时间数据
		task5：时间和缺陷记录日志
		task6：缺陷类型标准
		task7：断点监视(可选项)
1	制定计划	task1：产生或取得需求说明
		task2：用 PROBE(基于代理的评估方法)估算需要新增和修改的 LOC 总数
		task3：完成评估模板
		task4：利用 PROBE 方法估算需要的开发时间和范围
		task5：完善任务计划模板
		task6：完善进度计划模板
		task7：在项目计划汇总表中加入计划数据
		task8：完成时间记录日志
2	开发	task1：设计程序
		task2：设计复审,纠正和记录发现的所有缺陷
		task3：设计实施
		task4：编码复审、改正和记录所有发现的缺陷
		task5：编译程序、改正和记录所有发现的缺陷
		task6：测试程序、改正和记录所有发现的缺陷
3	验证	task：用实际的时间、缺陷和规模数据填写项目计划汇总表
	输出结果	task1：完整的测试过的程序
		task2：用实际的评估数据填写的完整的项目计划汇总表
		task3：完整的设计复审和编码复审列表
		task4：完整的测试报告模板
		task5：完整的 PIP 表
		task6：完整的缺陷和时间记录日志

通过这一步,软件工程师要学会如何管理错误(缺陷),具体地说,就是对软件的全过程进行分析,记录下自己在各阶段所犯的不同类型的错误,并进行必要的统计,得到一些重要的数据供以后参考。

4．个体循环过程 PSP3

PSP3 的目标是把个体开发小程序能达到的生产效率和生产质量,延伸到大型程序中。其方法是采用螺旋式上升过程,即迭代增量式开发方法,首先把大型程序分解成小的模块,然后对每个模块按照 PSP2.1 所描述的过程进行开发,最后把这些模块逐步集成为完整的软件产品。

PSP3 的过程脚本定义软件工程师在这一级工作的具体任务和实施的具体步骤,如表 12.5 所示：

表 12.5　PSP3 过程脚本

阶段序号	目的	指导开发模块级程序
	需求输入	task1：问题的描述或组件说明
		task2：过程报表和标准
		task3：历史评估与实际规模、时间数据
		task4：断点监视（可选项）
1	需求和计划	task1：制定需求和开发计划；需求文档；概念设计；规模、质量、资源和进度计划
		task2：设计重要问题跟踪日志
2	高级设计	task1：制定设计和实施策略
		task2：功能说明
		task3：状态说明
		task4：操作场景（使用环境）
		task5：开发策略
		task6：测试策略
3	高级设计复审	task1：复审高级设计
		task2：复审开发和测试策略
		task3：纠正和记录发现的错误
		task4：在事件跟踪日志中说明重要事件
		task5：在缺陷记录日志中记录所有发现的缺陷
4	开发	task1：设计程序，可使用设计模板
		task2：复审设计，纠正和记录发现的所有缺陷
		task3：实施设计（编码）
		task4：编码复审、改正和记录所有发现的缺陷
		task5：编译程序、改正和记录所有发现的缺陷
		task6：测试程序、改正和记录所有发现的缺陷
		task7：填写时间记录日志
		task8：需要时重新评定和再循环
5	验证	task1：用实际的时间、缺陷和规模数据填写项目计划汇总表
		task2：用实际的循环数据完成循环汇总表的填写
	输出结果	task1：完整的测试过的程序
		task2：用估算和实际数据填写的项目计划汇总表
		task3：完善的估算和计划模板
		task4：完善的设计模板
		task5：完整的设计复审清单和编码复审清单
		task6：完整的测试报告模板
		task7：完整的事件跟踪日志
		task8：完整的 PIP 报表
		task9：完整的缺陷和时间记录日志

12.3.5　PSP 的现状和发展趋势

自 PSP 问世以来，美国、欧洲、澳大利亚等地已先后有二十多所大学开设了讲授 PSP 的课程，经实践证明，PSP 在中小型企业之中的应用效果显著，受到很多中小型软件开发企业的重视。现在,PSP 不仅是 SEI 等国际知名大学或软件学院中学生的必修课程,同时在各行业中也有广泛的应用。全世界有越来越多的企业实施了 PSP/TSP 来增强企业的竞争力,如 Microsoft、Quarksoft、BAAN、Intuit、Advanced Information Services、Teradyne 等,还有诸如集成电路、系统集成等行业的公司,如 ABB,Honeywell、Motorola、Allied Signal、Boeing、XEROX 等。在我国,在 90 年代末,有些大学开设了 PSP 课程,并组织了 PSP 应用实验。此后,众多 PSP 培训机构也相继诞生,PSP 逐渐在我国诸多中小型企业中得到应用。

　　PSP 使软件工程师的工作变得规范化,提高了软件工程师的知识和技能,从而可以改进软件开发的质量。除此之外,PSP 技能是团队软件过程 TSP 进行的前提和基础,如果软件工程师没有经过 PSP 培训,那么 TSP 小组便无法建立和正常工作。因此,今后 PSP 会受到越来越多的企业机构、教育机构以及众多软件工程师的重视,会在越来越多的企事业单位中得到应用和推广。

12.4　团队软件过程

　　自 1995 年个人软件过程 PSP 推出后不久,大家就发现,虽然使用 PSP 可以取得优异的结果,但是如果周围的环境不能鼓励并且要求遵守 PSP 实践,这些必要的规范性是几乎不可能得到维持的。因此,美国卡内基·梅隆大学软件工程研究所 SEI 经研究后认为,为 PSP 实施的环境提出一种规范指南是很有必要的。于是在 PSP 提出后不久,Watts Humphrey 又为大多数组织中最小的运作单位——项目组,开发了团队软件过程 TSP。

12.4.1　TSP 概述

　　TSP 是为项目组设计的 CMM5 级过程,它为受过 PSP 训练的软件工程师们提供指导,让他们知道作为工作小组成员应该如何有效地去工作,共同形成高水平的工作小组,开发有质量保证的软件产品,生产安全的软件产品,改进组织中的过程管理。通过 TSP,一个组织能够建立起自我管理的团队来计划追踪他们的工作、建立目标,并拥有自己的过程和计划。

　　同 PSP 类似,TSP 也是由一系列可定义、可测量的脚本过程来定义的,这些脚本描述了项目规划和产品开发的各个方面。此外,工作小组的历史数据、企业的规划和质量规定,以及所有可利用的工具均可用来规划工作、执行计划,提高软件开发过程。同时,为了避免和预防上述几点因素对软件质量造成不良的影响,TSP 要解决的主要问题有:

- 如何规划和管理一个软件开发团队。
- 如何制订团队工作所需要的策略。
- 如何定义和确定团队中每个角色的职责。
- 如何为团队中每个成员分配不同的角色。
- 团队及其不同角色在整个开发过程的不同阶段应该做些什么,如何更好地发挥作用。
- 如何协调团队成员之间的任务,并跟踪报告团队整体的任务进度。
- 采用哪些方法提高团队的协作能力。

12.4.2　TSP 团队创建

TSP 是在团队中进行实施的,在创建 TSP 团队之前,首先了解一下什么是团队? 团队是如何定义的?

团队是拥有共同目标的一组人。他们必须全部承诺达到此目标,还必须有一个公共架构来指引他们达到目标。团队的定义有很多,综合而言,描述团队的最好的定义如下:

- 一个团队至少由两个人组成。
- 团队成员朝着一个共同目标努力。没有这种目标,人们就会觉得没有努力的必要,就不会有共同的团队意识。如果是这样,那也就不会有团队存在。树立共同目标的另一个目的是,约束所有的成员都必须遵守相同的规则。
- 每一个人都被指派了特定的角色。角色提供了一种所有权和归属感,引导成员工作。角色保证了团队中每个人都分配了任务。角色也保证了关键性问题会立即受到关注。
- 完成任务需要组员之间有一定形式的依赖。也就是说,每名团队成员在某种程度上都会依赖于其他成员的绩效。如果团队成员有了共同的目标以及相当强的互相依赖性,团队就能建立起必要的信任感和凝聚力。

团队拥有巨大的力量,其力量来自其成员协同工作、全力达成目标的态度。虽然团队个体成员也要训练有素、能力高超,但团队真正的实力还是来自组合产生的绩效。这并不是说个体的能力和技能不重要,而是说如果团队成员都能以合作的态度发挥才智,团队所取得的效率就会最高。那么如何创建一组高效的软件开发团队呢?

组建团队的第一步就是招募小组人员。如果一开始就已经有了一支完全成形的团队,或许不需要招募新的成员,但是必须和这些人在一起工作,必须了解他们的技能,以便做出相应的改变。团队并不是什么人都要,在招募过程开始之前,必须先定义好需求,以便组建合适的团队。如图 12.4 所示,小组成员必须是经过 PSP 培训的专业软件工程师,具备 PSP 相关技术和能力,如个人的测量、定义个人的过程、评估与计划、个人质量管理等。

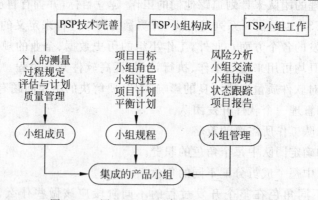

图 12.4　用 PSP、TSP 建立有效的工作小组

领导者在接手项目的时候,人员往往已经大部分或全部选好了,这时候应该根据具体的项目制定小组的规程,如确定目标、确定角色任务、制订计划,并保持小组成员间的交流,如图 12.4 所示。小组成为一个整体时,首先要确定一系列共同的目标,然后就要明确责任分

工,一个小组角色可以包括组长、开发经理、计划经理、质量经理/生产经理和技术支持经理,他们的基本工作应这样安排:

组长:负责组建并且主持一个有效的小组并成为小组会议的召集者,应能激发小组成员的干劲,并解决小组成员的冲突。

开发经理:应能充分发挥小组成员的能力和才干,生产出一个出色的产品。

计划经理:能为小组制定一个完整的、正确的、精确的计划,并随时掌握小组的状况。

质量经理:让所有的小组成员都正确地使用过程控制数据,其所有的检查都应是适当的,做到小组会议都有会议报告并记录,保证开发软件的一致性(符合标准或协定的程度)。

技术支持经理:保障小组有合适的工具和方法来工作,将小组所有的风险和问题都记录到风险跟踪系统。

在分配好角色后,要确定一个达到目标的战略,即小组成员共同制订小组和个人的目标,确立一个共同的工作计划。这样小组有一种和谐的关系,能提供一种有意义的、良好的工作环境,这有利于激发软件开发人员的积极性与创造性,开发出高质量的软件。

在整个 TSP 团队工作中,小组管理是保证团队高效工作的关键点。对小组的管理包括:风险分析,保持小组成员的交流以及小组工作的协调,状态跟踪,项目报告等。在实施团队软件过程 TSP 的过程中,应该自始至终贯彻集体管理与自我管理相结合的原则,具体地说,应该实施以下 6 项管理原则:

(1) 计划工作的原则:在每一阶段开始时要制订工作计划,规定明确的目标。

(2) 实事求是的原则:目标不应过高也不应过低而应实事求是,在检查计划时如果发现未能完成或者已经超越规定的目标,应分析原因,并根据实际情况对原有计划做必要的修改。

(3) 动态监控的原则:一方面应定期追踪项目进展状态并向有关人员汇报;另一方面应经常评审自己是否按 PSP 原理进行工作。

(4) 自我管理的原则:开发小组成员如发现过程不合适,应主动、及时地进行改进,以保证始终用高质量的过程来生产高质量的软件,任何消极埋怨或坐视等待的态度都是不对的。

(5) 集体管理的原则:项目开发小组的全体成员都要积极参加和关心小组的工作规划、进展追踪和决策制订等项工作。

(6) 独立负责的原则:按 TSP 原理进行管理,每个成员都要担任一个角色。在 TSP 的实践过程中,TSP 的创始人 Humphrey 建议在一个软件开发小组内把管理的角色分成用户界面、设计方案、实现技术、工作规划、软件过程、产品质量、工程支持以及产品测试 8 类。如果小组成员的数目较少,则可将其中的某些角色合并,如果小组成员的数目较多,则可将其中的某些角色拆分。总之,每个成员都要独立担当一个角色。

12.4.3　TSP 团队启动

在创建好了 TSP 小组之后,还需要启动 PSP 小组,使小组能够高效地按既定方式运行起来,TSP 小组的启动流程如图 12.5 所示:

整个启动流程共包含 9 个启动会议,一般要在 4 天内举行。启动过程的第一步是管理层会议,该会议的目标主要是确定商业目标,即建立产品和业务的目标。会议中一名或多名

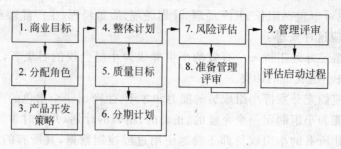

图 12.5   TSP 小组启动流程

高级管理人员要和开发团队碰面,描述他们想要开发的产品和期望时限。

在首次管理层会议之后,开发团队要与培训师碰面,一起制定详细的工作计划。启动过程的这个阶段要花几天的时间,不允许出现拜访者和观察者。在第二次到第八次会议中,培训师会引导开发团队经历下面这些步骤:

- 第二次会议:评审团队目标,并达成一致,选择团队成员的角色。
- 第三次会议:定义团队完成工作的策略和过程。具体描述如下:生成系统概念设计,如有需要,生成修改清单;确定开发策略和将要生产的产品;定义将要使用的开发过程;生成过程和支持计划。
- 第四次会议:制订工作计划。如果计划不能满足管理层的需求,至少要制订一份可以满足管理层的进度要求的备选方案,以及一份可以使用分配的资源完成任务的方案。
- 第五次会议:制订团队的质量计划。
- 第六次会议:为团队的每个成员制订详细的近期计划,然后平衡这些计划。
- 第七次会议:评估项目风险,为最重要的几种风险设计缓解计划。
- 第八次会议:准备一个报告,向管理层描述团队的计划,让他们相信这是一份合理的工作计划。
- 第九次会议又要与管理层碰面,与他们一起评审计划。

在第九次会议结束的时候,TSP 启动过程就结束了,小组创建了详细的工作计划,并形成了一个团结一致的、高效的团队。

12.4.4   TSP 的基本原理

TSP 逻辑是以 PSP 逻辑为基础的,这种逻辑如下:

- 当团队成员互相协作、互相支持的时候,团队会处于最佳工作状态。
- 只有当团队成员全都使用一致的和定义良好的过程的时候,才可以最好地协作和相互支持。
- 只有参与了过程定义的时候,团队才会理解并一致地遵循过程。
- 只有使用可以一致创造高质量结果的定义好的过程时,团队才能够以预期成本和进度生产高质量的产品。
- 只有成员知道了如何完成高质量工作的时候,团队才会定义这种过程。
- 只有被同事、领导和管理人员激励的时候,团队才会遵循这种过程。

软件专家必须同意个体、团队过程的工作是智力工作,它涉及高超的技能和独创性。要完成创造性的智力工作,成员就必须自主,必须对工作承诺,他们不能被那些感到在被迫使用的某些过程或方法所束缚。如果软件人员并不同意一项过程的话,他们也不会使用它,更别说组成团队并使用它了。TSP 团队的领导者必须在充分理解了 TSP 的这种逻辑之后,才能领导团队高效地工作。

12.4.5 TSP 框架结构与流程

TSP 的过程模型采用了增量模型,使用多个循环开发周期制造最终产品,它为开发软件产品的开发小组/团队提供指导。在成员参加 TSP 团队以前,必须进行个人软件过程的培训,掌握使用 TSP 所必需的知识技能,包括详细计划编制,采集和使用过程数据,用获得的数据跟踪项目,度量和管理产品质量以及定义和使用可操作的过程等,以使他们知道如何进行规范的工作。TSP 用于小组的协调与组织,并指导项目组成员规划和管理项目。实施集体管理与个人管理相结合的原则,其最终的目的在于指导所涉及的一切人员如何能在最少的时间内,以预定的费用生产出高质量的产品,它所采用的方法是对小组软件开发过程的定义、度量和改进。

TSP 的过程流程图如图 12.6 所示:

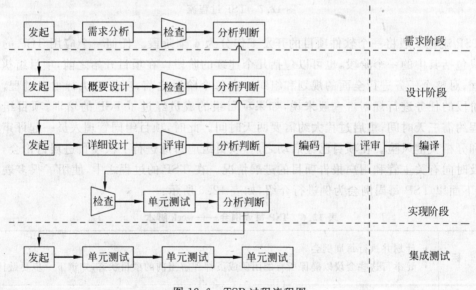

图 12.6 TSP 过程流程图

如图 12.6 所示,TSP 由一系列阶段和活动组成。各阶段均由计划会议发起。在首次计划中,TSP 组将制定项目整体规划和下阶段详细计划。TSP 组员在详细计划的指导下跟踪计划中各种活动的执行情况。首次计划后,原定的下阶段计划会在周期性的计划制定中不断得到更新。通常无法制定超过 3~4 个月的详细计划。所以,TSP 根据项目情况,以每三四个月为一阶段,并在各阶段进行重建。无论何时,只要计划不再适应工作,就必须进行更新。当工作中发生重大变故或成员关系调整时,计划也将得到更新。

在计划的制定和修正中,小组将定义项目的生命周期和开发策略。这有助于更好地把握整个项目开发的阶段、活动及产品情况。每项活动都用一系列明确的步骤、精确的测量方法及开始、结束标志加以定义。在设计时,制定完成活动所需的计划、估计产品的规模、各项活动的耗时、可能的缺陷率及去除率,并通过活动的完成情况重新修正进度数据。开发策略用于确保 TSP 的规则得到自始至终的维护。图 12.6 中描述的只是 TSP 阶段活动的标准集合。实际的 TSP 更像是分成阶段的众多循环构成的。TSP 遵循交互性原则,以便每一阶段和循环都能在上一循环所获信息的基础上得以重新规划,如图 12.7 所示:

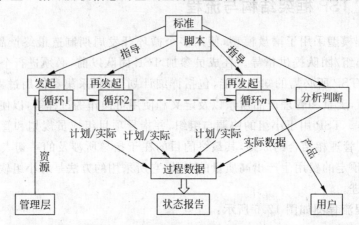

图 12.7　TSP 过程流

TSP 流程一般将一个软件项目的开发工作分为 4 个阶段。任何一个应用 TSP 的项目可以只包括其中的一个阶段,也可以包括几个连续的阶段。在项目开始之前,项目组执行启动过程,对整个任务进行全面的规划和组织。在每个阶段之前,项目组执行重启过程,对下一个阶段的任务进行规划。一般来说,如果项目组的成员经过了 PSP 的培训,项目组的启动过程约需三天时间,重启过程大约需要两天时间。此时,项目组同管理人员一起评审项目计划和分析关键风险。在项目已经启动之后,项目组应每周进行一次项目进展讨论会,另外还应及时向有关主管和用户报告项目的进展情况。在 TSP 的过程之中,使用了很多表格和脚本,下面以 TSP 每周例会为例进行介绍,如表 12.6 所示:

表 12.6　TSP 每周例会——week 脚本

目　标	• 计划并执行每周例会 • 要举行这些会议以确保所有的团队成员都理解当前的项目状态,知道下一步要做什么
进入标准	• 所有的团队成员都要向计划管理人员提供 —更新后的任务和进度电子报表 —开发、角色和风险状态以及计划 • 计划管理人员为团队生成带有状态和预测的进度表 • 表单:MTG、WEEK • 规范:备忘录、角色、状态
综　合	• 会议要安排在每周一个标准时间内召开 • 所有团队成员都应该定期参加

续表

步　骤	活　动	描　述
1	会议角色	• 一般由团队领导者来主持会议（MTG 脚本） • 计时员和记录员角色可以由团队成员轮换担任，或者由同一名成员定期担任
2	会议日程	• 评审会议目标和议程并选择角色 • 检查目标和议程上的所有变化
3	管理者报告	团队领导者宣布会议开始，首先简要介绍所有最新的开发工作或问题
4	角色报告	团队成员评审分配好的角色职责以及每个人的状态（ROLE 规范）
5	目标报告	每名工程师都要报告距离团队目标的状态
6	风险报告	• 团队成员评审自上次报告后所分配任务当中的状态和变化，着重强调紧急的标志性日期和必要的行动
7	项目状态	• 每名团队成员都评审自己的进度及状态 —在前一周内完成的实际任务与计划任务 —实际值与计划获取值以及花费的小时数 • 计划管理人员总结团队进度和状态 —实际值与计划获取值以及花费的小时数 —待完成的当前实获值预测
8	下一周计划	• 每名团队成员都要总结下一周的计划任务以及所有特殊的依赖关系 • 团队领导者评审预计问题或行动 • 团队设定下一周的任务、时数和 EV（Earned Value）目标
9	会议综合报告	团队领导者检查是否包含所有必备的项目 • 所有的工程师都要汇报他们的项目状态 • 所有的风险和角色都要报告 • 任何最新确定的风险都要评估和分配 • 任何其他的议程主题都要涵盖在内
10	会议结束	团队领导者询问是否还有更多的评论 • 确定会议决策和计划行动 • 就管理层和用户会议上的主题达成一致（STATUS 规范） • 征求会议过程当中的任何改进提议
11	会议报告	记录员和会议领导者要生成会议报告（MTG 表单） • 计划小时与实际小时以及实获值 • 需要管理层注意的风险及其原因 • 任何决策、计划行动以及其他关键性信息
退出标准	在项目备忘录中归档完整的 WEEK 以及 MTG 表单	

表 12.6 中列出了每周例会中详细的指标和步骤，在实际的 TSP 过程中，应根据项目的实际情况和进度情况进行一定的调整。另外，每个人也有对应于自己的脚本和表格（详见《TSP 领导开发团队》和《PSP 软件工程师的自我改进过程》相关内容）。

当前版本的 TSP 使用 23 个过程指南、14 个数据表格和 3 个标准。在这些过程指南中定义了 173 个启动和开发步骤。每一个步骤都不复杂，但它们的描述都非常详细，以便开发人员能够清楚地知道下一步应该做什么，应该怎样去做。这些过程指南可用来指导项目组来完成启动过程和一步步地完成整个项目。

12.4.6　TSP度量元素

TSP提供了在开发过程、产品和小组协同工作之间平衡的重点,并且在规划和管理软件工程中利用了广泛的工业经验基础。为了更好地实现CMM中的级别跃迁,TSP实际上是实现CMM框架的活动指南,它提供了一系列为特定目标而设计的活动和步骤。换句话说,CMM是战略目标,关注组织级,而TSP是战术策略,关注项目级。针对不同背景的机构,TSP有一套完整的规范和程序去设计和实施,它提供一个在PSP基础上的框架,并主要进行以下几项活动:把产品开发划分为数个周期;建立标准的质量和效益评估机制;为小组和成员提供明确的评估标准;进行角色和小组评估;建立必要的开发纪律;提供协同工作的指导。

TSP包含七十余种过程元素,用以指导TSP团队。过程脚本定义了由项目计划过程到项目后置处理的全过程,表格用于各种过程和流程数据的收集和分析。检查列表、说明书以及标准用于支持项目过程和流程。如季度项目同行检查列表用于检查管理项目状态报告的执行情况。

TSP对开发小组的基本度量要素有:所编文档的页数;所编代码的行数;花费在各开发阶段或各开发任务上的时间(以分为单位);在各个开发阶段中引入和改正的错误数目;在各个阶段对最终产品增加的价值。

度量TSP实施质量的过程质量元素有:软件设计时间应大于软件实现时间;设计评审时间至少应占一半以上的设计时间;代码评审时间至少应占一半以上的代码编制时间;在编译阶段发现的差错不超过10个/KLOC;在测试阶段发现的差错不超过5个/KLOC。

12.4.7　实施TSP的条件

TSP虽然是团体软件开发过程,但是并不是仅仅适合软件开发团体,在其他很多团体之中也是适用的。但是,这并不是说,在所有的团队和企业之中,TSP都能为企业带来高效益,TSP的实施是有条件限制的,具体介绍如下:

首先需要有高层主管和各级管理人员的支持,以取得必要的资源,这是实施TSP必须具备的物质基础;软件过程的改善需要全体有关人员的积极参与,他们不仅需要有改革的热情和明确的目标,而且需要对当前过程有很好的了解;任何过程改革都有一定的风险,都有一个实践、改革、评审直至完善的循环往复、持续改善的过程;项目组的开发人员需要经过PSP的培训,使之具备自我改善的能力;整个开发单位的能力成熟度在总体上应处于CMM二级(可重复层)以上。

在实施TSP的过程中,首先要有明确的目标,开发人员要努力完成已经接受的委托任务。在每一阶段开始,要做好工作计划。如果发现未能按期按质完成计划,应立即分析原因,以判定问题是由于工作内容不合适或工作计划不实际所引起,还是由于资源不足或主观努力不够所引起。开发小组一方面应随时追踪项目进展状态并进行定期汇报,另一方面应经常评审自己是否按PSP的原理工作。开发小组成员应按自己管理自己的原则管理软件过程,如发现过程不合适,应及时改进,以保证用高质量的过程来产生高质量的软件。项目开发小组则按集体管理的原则进行管理,全体成员都要参加和关心小组的规划、进展的追踪和决策的制定等项工作。

12.5　能力成熟度模型与软件过程之间的关系

软件成熟度模型 CMM、软件成熟度集成模型 CMMI、团队软件过程 TSP 和个人软件过程 PSP 均是 SEI 为解决软件开发过程中的问题而开发的模型和框架。其中，CMM 和 CMMI 注重于组织能力和高质量的产品，它提供了评价组织的能力、识别优先改善需求和追踪改善进展的管理方式；PSP 注重于个人的技能，能够指导软件工程师如何保证自己的工作质量，估计和规划自身的工作，度量和追踪个人的表现，管理自身的软件过程和产品质量。经过 PSP 学习和实践的正规训练，软件工程师们能够在他们参与的项目工作之中充分利用 PSP，从而保证了项目整体的进度和质量；TSP 注重团队的高效工作和产品交付能力，结合 PSP 的工程技能，通过告诉软件工程师如何将个体过程结合到小组软件过程，通过告诉管理层如何支持和授权项目小组，坚持高质量的工作，并且依据数据进行项目的管理，展示了如何生产高质量的产品。虽然它们的侧重点大不相同，但是它们的关系是相辅相成，密不可分的。

12.5.1　TSP、PSP 对 CMM 的支持

PSP 为软件工程师提供了发展个人技能的结构化框架和必须掌握的方法，为 CMM 的实施提供了具体的方案，是对 CMM 的补充和继承。TSP 为受过 PSP 训练的软件工程师怎样高效率地为小组工作提供了详细指南，它是 CMM 在团队等级上的应用。

在 CMM 1.1 版本的 18 个关键过程域中有 12 个与 PSP 有关，有 16 个与 TSP 有关，如表 12.7 所示：

表 12.7　CMM 的 18 个关键过程

级　别	CMM 的 18 个关键过程域	提　供　者
第 5 级	过程变更管理	PSP、TSP
	技术变更管理	PSP、TSP
	缺陷预防	PSP、TSP
第 4 级	软件质量管理	PSP、TSP
	定量的过程管理	PSP、TSP
第 3 级	同行专家评审	PSP、TSP
	组织协调	TSP
	软件产品工程	PSP、TSP
	集成软件管理	PSP、TSP
	培训大纲	无
	组织过程定义	PSP、TSP
	组织过程焦点	PSP、TSP
第 2 级	软件配置管理	TSP
	软件质量保证	TSP
	软件子合同管理	无
	软件项目跟踪和监督	PSP、TSP
	软件项目策划	PSP、TSP
	需求管理	TSP

由表 12.7 可知,TSP、PSP 对 CMM 有很好的支持。如果一个组织正在按照 CMM 改进过程,则 PSP 和 TSP 是和 CMM 完全相容的。如果一个组织还没有按照 CMM 来改进过程,则有关 PSP 和 TSP 的训练,可以为未来的 CMM 实践奠定坚实的基础。总之,单纯实施 CMM 并不能完全做到软件能力成熟度的升级,SW-CMM 的实施与 TSP 和 PSP 是密不可分的。PSP/TSP 的实施能促进过程改进,同时也能加速企业通过 CMM 的各级评估,更重要的是,PSP/TSP 还能将改进的结果持续保持下去。

12.5.2　CMM、TSP、PSP 的有机结合

TSP 是一系列方法的集合,能有效支持和开发一个复杂的软件系统。CMM 为 TSP 组提供了改进其过程管理所需的框架性工作。PSP 训练则包括:制定详细计划、收集和使用过程数据、进行项目跟踪等。三者相结合将产生一个有效的开发组。从本质上讲,CMM 和 PSP 是为建立一个高效工程提供内容和技能,TSP 则在此基础上对实际工作进行具体的指导。TSP、PSP 对 CMM 有很好的支持和补充,因此,大多数企业机构都将三者有机结合起来用来构建企业或开发机构的组织能力,如图 12.8 所示:

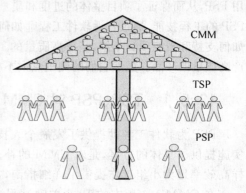

在企业中,CMM、TSP、PSP 三者的结合有着重大的意义和作用,除了指导企业构建组织能力之外,还对软件的过程及目标起着指导和督促的作用,具体如图 12.9 所示:

图 12.8　使用 PSP、TSP 构建组织能力图

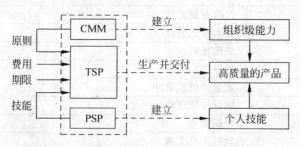

图 12.9　软件过程目标框架

CMM/CMMI/TSP/PSP 代表了目前国际上软件过程工程研究方面最先进的成果,它们对促进软件生产的科学化管理,提高软件生产能力意义重大。软件的生产过程及其他的许多子过程、软件的开发者和用户,以及系统的使用中存在着巨大的变化和不同,要使一个软件过程对软件生产的改善真正有所帮助,其框架应是由 CMM/CMMI、TSP 和 PSP 组成的一个完整体系,即从组织、群组和个人三个层次进行良好的软件工程和管理实践的指导和支持。在此应着重指出,单纯实施能力成熟度模型 CMM/CMMI,永远不能真正做到能力成熟度的升级,而需要将实施 CMM/CMMI 与实施 PSP 和实施 TSP 有机地结合起来,才能达到软件过程持续改善的效果。

12.6　本章小结

本章主要介绍 CMM/CMMI/PSP/TSP 的体系结构以及它们在软件开发中的作用。

CMM 是过程改善的第一步,它提供了评价组织的能力、识别优先改善需求和追踪改善进展的管理方式。企业只有开始 CMM 改善后,才能接受需要规划的事实,认识到质量的重要性,才能注重对员工经常进行培训,合理分配项目人员,并且建立起有效的项目小组。然而,它实现的成功与否与组织内部有关人员的积极参加和创造性活动密不可分。CMMI 提供了阶段式和连续式两种表示方法,但是这两种表示法在逻辑上是等价的。

PSP 能够指导软件工程师如何保证自己的工作质量,估计和规划自身的工作,度量和追踪个人的表现,管理自身的软件过程和产品质量。经过 PSP 学习和实践的正规训练,软件工程师们能够在他们参与的项目工作之中充分运用 PSP,从而有助于 CMM 目标的实现。

TSP 指导项目组中的成员如何有效地规划和管理所面临的项目开发任务,并且告诉管理人员如何指导软件开发队伍,始终以最佳状态来完成工作。TSP 实施集体管理与自己管理自己相结合的原则,最终目的在于指导开发人员如何在最少的时间内,以预定的费用生产出高质量的软件产品,所采用的方法是对群组开发过程的定义、度量和改进。TSP 致力于开发高质量的产品,建立、管理和授权项目小组,并且指导他们如何在满足计划费用的前提下,在承诺的期限范围内,不断生产并交付高质量的产品。

TSP 结合了 CMM 的管理方法和 PSP 的工程技能,它告诉软件工程师如何将个人过程结合到小组软件过程中去,并且将小组软件过程与组织联系起来,进而与整个系统联系起来;通过告诉管理层如何支持和授权项目小组,坚持高质量的工作,并且依据数据进行项目的管理,向组织展示如何应用 CMM 的原则和 PSP 的技能去生产高质量的产品。

总之,单纯实施 CMM,永远不能真正做到能力成熟度的升级,只有将实施 CMM 与实施 PSP 和 TSP 有机地结合起来,才能发挥最大的效力。因此,软件过程框架应该是 CMM/PSP/TSP 的有机集成。

习　题　12

1. 什么是 CMM 与 CMMI?
2. CMM 的体系结构是怎样的?
3. 为什么要实施 CMM?
4. CMMI 的基本思想有哪些?
5. CMMI 与 CMM 有什么区别?
6. 什么是 PSP? 为什么要使用 PSP?
7. PSP 分为哪几个阶段? 在每个阶段要做什么事情? 各个阶段有什么不同?
8. 什么是 TSP? TSP 在什么情况下使用? 对周围环境和软件开发师有什么要求?
9. TSP 小组里面有哪些角色? 各个角色的职责是什么?
10. CMM、CMMI、PSP、TSP 之间有什么关系? 分别在何种情况下使用?

11. 假设你被指定为项目负责人,你的任务是开发一个应用系统,该系统类似于你的小组以前做过的那些系统,但是规模更大且更复杂一些。用户已经写出了完整的需求文档。你将选用哪种项目组结构? 为什么? 你打算采用哪种(些)软件过程模型? 为什么?

12. 应用 PSP 的各个阶段过程编写一个或多个程序,请如实地依照特定的 PSP,记录所有需要的数据,并且写成一个程序报告。